生活垃圾焚烧发电厂
水处理工程实践

白力 王罗春 宗海峰 著

北 京
冶 金 工 业 出 版 社
2024

内 容 提 要

本书共分7章,主要内容包括:生活垃圾焚烧发电厂用水及废水;生活垃圾焚烧发电厂给水与废水处理概况;生活垃圾焚烧发电厂给水处理工程;生活垃圾焚烧发电厂渗沥液处理工程;生活垃圾焚烧发电厂工业废水处理工程;渗沥液处理工程的运行优化等。本书全面完整地描述了生活垃圾焚烧发电厂水处理工程,特别是锅炉补给水处理和渗沥液处理的工艺设计、工程建设、调试运行等方面的主流技术和最新成果。

本书适合生活垃圾焚烧发电行业的研发、设计、建设、调试、运行、环保等部门工作的科技人员和管理人员阅读,也可作为高等院校环境、能源及相关专业教学用书。

图书在版编目(CIP)数据

生活垃圾焚烧发电厂水处理工程实践/白力等著. —北京:冶金工业出版社,2021.12(2024.3 重印)

ISBN 978-7-5024-8978-6

Ⅰ.①生… Ⅱ.①白… Ⅲ.①垃圾发电—发电厂—水处理

Ⅳ.①X705 ②TM621.8

中国版本图书馆 CIP 数据核字(2021)第 276252 号

生活垃圾焚烧发电厂水处理工程实践

出版发行 冶金工业出版社		**电 话** (010)64027926	
地 址 北京市东城区嵩祝院北巷 39 号		**邮 编** 100009	
网 址 www.mip1953.com		**电子信箱** service@mip1953.com	

责任编辑 程志宏 王悦青 美术编辑 彭子赫 版式设计 郑小利
责任校对 葛新霞 责任印制 窦 唯
北京富资园科技发展有限公司印刷
2021 年 12 月第 1 版,2024 年 3 月第 2 次印刷
787mm×1092mm 1/16;15.5 印张;374 千字;235 页
定价 79.00 元

投稿电话 (010)64027932 投稿信箱 tougao@cnmip.com.cn
营销中心电话 (010)64044283
冶金工业出版社天猫旗舰店 yjgycbs.tmall.com
(本书如有印装质量问题,本社营销中心负责退换)

前　言

《"十三五"全国城镇生活垃圾无害化处理设施建设规划》指出，到 2020 年年底，直辖市、计划单列市和省会城市、其他城市以及县城的生活垃圾无害化处理要分别达到 100%、95% 以上和 80% 以上；设市城市生活垃圾焚烧处理能力占无害化处理总能力的 50% 以上。目前，焚烧已成为我国生活垃圾处理的主要方式。截至 2019 年，我国已建成生活垃圾焚烧厂 430 座，处理规模 49.24 万吨/日，占无害化处理总量的 54.5%。

近几年，我国生活垃圾焚烧发电技术和投资也随着"一带一路"走出国门。东南亚"一带一路"沿线国家，除新加坡外，均属发展中国家，其城市生活垃圾产生量处于快速增长阶段，垃圾焚烧发电将是这些国家城市生活垃圾处理的重点扶持和发展方向。东南亚"一带一路"沿线国家的城市生活垃圾组成与我国比较接近，我国与东南亚地区在垃圾焚烧领域的合作有着非常美好的前景。

水处理工程是生活垃圾焚烧发电厂的重要组成部分，涉及工程安全运行、资源回收利用以及环保达标排放，其中工业水处理系统、锅炉补给水处理系统以及渗沥液处理系统等是生活垃圾焚烧发电厂重要配套建设的内容。锅炉补给水处理关系着生活垃圾焚烧发电厂锅炉运行的安全与稳定，水质达标是防止发电设备腐蚀、结垢、积盐的关键；渗沥液处理则关系着重要环保排放指标，发达国家生活垃圾的热值较高（8400~17000kJ/kg），含水率低，产生的渗沥液量少，可以采用直接回喷入炉的方式进行处置，因此可供借鉴涉及生活垃圾焚烧发电厂垃圾渗沥液无害化处理的国外工程案例较少。目前，生活垃圾焚烧发电厂渗沥液无害化处理成为以我国为代表的发展中国家的特色。

本书主要以宁波市洞桥生活垃圾焚烧发电项目（简称"宁波项目"）为工程实例，根据作者多年来在生活垃圾焚烧发电厂水处理系统的工艺设计、工程建设、调试运行等方面的经验编写而成。全书共 7 章，第 1 章为生活垃圾焚烧发电厂给水及废水，主要介绍生活垃圾焚烧发电厂给水和废水的分类及其特性；第2章为生活垃圾焚烧发电厂给水与废水处理概况，介绍了目前生活垃圾焚烧发电厂常用的给水与废水处理工艺，以及宁波项目给水与废水处理工程概况、平面布置和水平衡分析；第3章为生活垃圾焚烧发电厂给水处理工程，详细介绍了生活垃圾焚烧发电厂给水处理系统设备情况以及宁波项目给水处理的工程设计、调试、运行与维护等；第4章为生活垃圾焚烧发电厂工业废水处理工程，介绍了循环水排污水和洗烟废水处理系统处理工艺，青岛西海岸生活垃圾焚烧发电项目（简称"黄岛项目"）循环水排污水处理系统的调试与运行以及宁波项目洗烟废水处理系统的调试与运行；第5章为生活垃圾焚烧发电厂渗沥液处理工程，介绍渗沥液处理系统各处理单元的设计原则，以及宁波项目渗沥液处理系统的调试与运行；第6章为渗沥液处理工程运行优化，重点论述宁波项目渗沥液处理系统的运行效能、渗沥液深度处理膜系统的主要污染因子以及深度处理膜系统污染物削减技术；第7章为东南亚地区生活垃圾焚烧发电厂水处理工程技术的适用性分析，主要从东南亚地区城市生活垃圾特性和生活垃圾焚烧发电厂发展趋势的角度，分析了我国生活垃圾焚烧发电厂水处理工程技术在东南亚"一带一路"沿线国家的应用前景。

本书由白力（上海康恒环境股份有限公司）总策划，王罗春（上海电力大学）进行统稿，参与本书撰写工作的还有宗海峰、杨德坤、王成林、邹昕（上海康恒环境股份有限公司）和周振、蒋路漫、何昌伟、吕泓颖（上海电力大学）以及楼紫阳（上海交通大学）。

本书建议的读者对象：生活垃圾焚烧发电厂给水及废水处理工艺设计、建设、调试、运行、维护管理人员；各大院校、科研院所相关人员；政府部门相关人员以及对生活垃圾焚烧感兴趣的人员。

由于时间关系和作者水平有限，书中存在一些遗漏和不足是难免的，恳请读者批评和指正。编写过程中引用了多项垃圾焚烧及（废）水处理领域的技术标准和规范，以及国内出版的多部相关参考资料，在此深表谢意。

编　者

2021 年 11 月于上海

目　　录

主要缩写及符号表

A/O：缺氧/好氧

AAS：原子吸收光谱法

AF：厌氧生物滤池

AOP：高级氧化技术

BAF：曝气生物滤池

BOD：生化需氧量

BOD_5：五日生化需氧量

CA/CTA：醋酸纤维膜

CF：浓缩系数

CNG：压缩天然气

COD：化学需氧量

COD_{Cr}：化学需氧量（重铬酸钾法）

DCS：集散控制系统

DO：溶解氧

DOM：溶解性有机物

DTRO：碟管式反渗透（Disc Tube Reverse Osmosis）

STRO：管网式反渗透（Space Tube Reverse Osmosis）

EDI：电除盐

EDTA：乙二胺四乙酸

EGSB：膨胀颗粒污泥床

FRP：玻璃纤维增强塑料

GE EDI：GE EDI 模块，是美国通用（GE）公司生成的 EDI 模块

HDPE：高密度聚乙烯

HPAM：水解聚丙烯酰胺

I/O：输入/输出

IC：内循环厌氧反应器

ICP：电感耦合等离子体

IOC：内外循环厌氧反应器

MAP：鸟粪石（磷酸镁铵）

MBR：膜生物反应器

MF：微滤

MLSS：混合液悬浮固体

MLVSS：混合液挥发性悬浮固体

MVC：机械蒸汽压缩（Mechanical Vapor Compression）

Na_2EDTA：乙二胺四乙酸二钠

Na_4EDTA：乙二胺四乙酸四钠

NF：纳滤

ORP：氧化还原电位

PA：聚酰胺

PAC：聚合氯化铝

PAFC：聚合硫酸铝铁

PAM：聚丙烯酰胺

PAN：聚丙烯腈

PE：聚乙烯

PEO：聚氧化乙烯

PES：聚醚砜

PLC：可编程逻辑控制器

PP：聚丙烯

PPR：无规共聚聚丙烯

PVC：聚氯乙烯

PVDF：聚偏氟乙烯

RO：反渗透

SBR：序批式活性污泥法

SBS：亚硫酸氢钠

SCE：浸没燃烧蒸发

SCR：选择性催化还原

SDI：污染指数

SDI_{15}：通常，SDI_{15}简记为 SDI

SEM-EDS：线扫描分析（联合扫描电镜与 X 射线能谱仪）

SNCR：选择性非催化还原

SS：悬浮物

SV_{30}：污泥沉降比

TDS：总溶解固体

TMP：跨膜压差

TN：总氮

TOC：总有机碳

TP：总磷

TS：总固体

TUF：管式超滤膜

UASB：上流式厌氧污泥床反应器

UBF：升流式厌氧生物滤池反应器

UF：超滤

VFA：挥发性脂肪酸

VSS：挥发性悬浮物

第1章 生活垃圾焚烧发电厂给水及废水

生活垃圾焚烧发电厂给水包括原水、锅炉用水、炉水和循环冷却水补充水、消防水、烟气净化系统工艺用水、生活用水等，生活垃圾焚烧发电厂废水包括垃圾渗沥液、初期雨水、洗烟废水、除盐系统浓水或再生废水、冷却塔排污水、锅炉排污水、生活污水等。本章概括了各种给水和废水的性质，比较了各种给水和废水的水量。

1.1 生活垃圾焚烧发电厂给水

生活垃圾焚烧发电厂给水包括原水、锅炉用水（补给水和凝结水）、炉水和循环冷却水补充水4种水汽系统用水，此外还包括消防水、冲洗用水、烟气净化系统工艺用水、灰渣冷却用水、生活用水、化验室用水等，其中循环冷却水补充水用量最大，一般占到总用水量的50%~90%。以宁波项目为例，各种用水的水量见表1-1。

表1-1 生活垃圾焚烧发电厂主要用水的水量

序号	用水项目	水量/m³·d⁻¹
1	原水	6377.3
2	循环冷却水补充水	6621.3
3	锅炉补给水	296
4	消防水	864
5	冲洗用水	32
6	烟气净化系统工艺用水	432
7	灰渣冷却用水	245
8	生活用水	14
9	化验室用水	2

1.1.1 原水

生活垃圾焚烧发电厂原水的主要来源有河水、湖水、地下水、海水和中水等[1]。我国南方地区地表水丰富，大多生活垃圾焚烧发电厂以河水作为原水。北方地区地表水缺乏，部分生活垃圾焚烧发电厂以地下水为原水。滨海的生活垃圾焚烧发电厂，则以海水为原水。另外，我国中水资源化利用潜力巨大，根据《中国水资源公报》统计数据，2018年我国的废污水排放总量为750亿米³。自《水污染防治行动计划》（"水十条"）的颁布实施后，中水利用受到高度重视，中水将是生活垃圾焚烧发电用水水源之一。

1.1.1.1 河水

河水是水圈中最为活跃的部分，其化学组分具有多样性和易变性，因为这种水在时间和空间上都有很大差异，同一条河流水的化学组分在冬季和夏季可能有很大变化，在上游和下游也有很大差异。

表1-2列出河水的平均化学组分。一般来讲：低含盐量水（小于200mg/L）为碳酸盐型水质，阳离子以Ca^{2+}为主；较高含盐量水（大于500mg/L）为硫酸盐型水质，阳离子以Na^+为主；高含盐量水（大于1000mg/L）为氯化物型水质，阳离子也以Na^+为主。

表1-2 河水的平均化学组分

主要离子	浓度/mg·kg^{-1}	微量离子		浓度/μg·kg^{-1}
HCO_3^-	58.4	卤素	F^-	<1000
SO_4^{2-}	11.2		Br^-	约20
Cl^-	7.8		I^-	约20
NO_3^-	1.0	过渡元素	V	≪1
Ca^{2+}	15.0		Ni	约10
Mg^{2+}	4.1		Zn	10
Na^+	6.3		Cu	约10
K^+	2.3		B	约13
总Fe	0.7		Rb	1
SiO_2	13.1	其他	Ba	50
总离子量	120.0		Pb	1~10
			U	约1

1.1.1.2 湖水

湖水中化学组分的变化与河水相似，随着离子总量的增加，优势离子的顺序为：$HCO_3^- \rightarrow SO_4^{2-} \rightarrow Cl^-$，$Ca^{2+} \rightarrow Mg^{2+} \rightarrow Na^+$。

湖水按其离子总量分为淡水湖、咸水湖和盐湖，淡水湖的离子总量为小于1000mg/L，咸水湖的离子总量为1000~25000mg/L，盐水湖的离子总量为大于25000mg/L。

1.1.1.3 地下水

埋藏在地表以下的所有天然水都称为地下水。按其埋藏的条件分为潜水（浅层地下水）和承压水（深层地下水）两种。浅层地下水是指分布在第一个隔水层以上靠近地表面的沉积物孔隙内水、风化岩石裂缝内水、碳酸盐岩溶洞内水等。深层地下水是指隔水层之间的水。

由于地下水与大气圈接触少，而与岩石矿物接触时间长，使地下水不同程度地含有地壳中所有的化学元素；地下水与地表水相比，悬浮固体含量少，清澈透明，除含有主要离子HCO_3^-、SO_4^{2-}、Cl^-、Ca^{2+}、Mg^{2+}、Na^+以外，还含有较多的Fe^{2+}、Mn^{2+}、NO_3^-、NO_2^-、H^+、As(Ⅲ)。

浅层地下水的分布深度为地表以下60m以内，主要依靠大气降水、地表水和水库渗漏水补充，有时也由深层地下水补充，大部分情况下是混合补充。由于浅层水与大气接触多，水中富氧及淋溶作用强烈，所以浅层水的化学组分及浓度与岩石矿物的化学组分有关。

1.1.1.4 海水

海水是一种中等浓度的电解质水溶液，它覆盖的面积约占地球表面的71%。

由于海水长期的蒸发、浓缩作用，其含盐量高达 30～50g/L。其中，以氯化钠的含量最高，约占含盐的89%；其次是硫酸盐和硅酸盐。由于世界各大洋相通，水质基本稳定，各主要离子之间的比例也基本一致，HCO_3^-、CO_3^{2-} 两种离子变化较大，各主要离子的含量大小依次是：$(K^+ + Na^+) > Mg^{2+} > Ca^{2+}$；$Cl^- > SO_4^{2-} > (HCO_3^- + CO_3^{2-})$。除以上主要离子组分之外，还有少量微量浓度的碘、汞、镉和镭等。

1.1.1.5 中水

"中水"是相对于"上水（给水）"和"下水（排水）"而言的，是指各种排水经处理后，达到规定的水质标准，可在生活、市政、环境等范围内利用的非饮用水。《城镇污水处理厂污染物排放标准》（GB 18918—2002）规定，当城镇污水处理厂出水达到一级A标准时，即可作为一般回用水进行利用。《水污染防治行动计划》（"水十条"）和"十三五"规划发布后，我国对污水处理和水再生回用的要求进一步提高。

生活垃圾焚烧发电厂作为工业用水大户，目前，中水已广泛回用于循环冷却水补充水和除盐水制备[2~5]，成为生活垃圾焚烧发电厂非常重要的替代水源之一。

1.1.2 工业用水

工业用水指生活垃圾焚烧发电厂各部门在工业生产过程中，制造、加工、冷却、空调、洗涤、锅炉等处用水的总称。

生活垃圾焚烧发电厂工业用水可以分为锅炉用水、炉水、冷却水、消防水、冲洗用水、烟气净化系统工艺用水、灰渣冷却用水、化验室用水等。

1.1.2.1 锅炉用水

直接进入锅炉，被锅炉蒸发或加热使用的水称为锅炉用水。锅炉用水通常由补给水和生产回水两部分混合组成。锅炉用水水质的要求取决于锅炉过热蒸汽压力，锅炉主蒸汽压力不小于3.8MPa的蒸汽动力设备（锅炉）的用水水质须满足《火力发电机组及蒸汽动力设备水汽质量》（GB/T 12145—2016)中的要求，锅炉额定出口蒸汽压力不大于3.8MPa的工业锅炉的用水水质须满足《工业锅炉水质》（GB/T 1576—2018）中的要求。

（1）补给水。锅炉在运行中由于取样、排污、泄漏等损失掉一部分水以及生产回水被污染不能回收利用或无蒸汽回水时，都需要补充符合水质要求的水，这部分水叫锅炉补给水。由于锅炉给水有一定的质量要求，因此补给水一般都要经过适当的处理。

（2）凝结水。蒸汽锅炉产生的蒸汽做功或热交换冷凝后的水称为凝结水，凝结水一般可回收循环使用，但如果蒸汽和热水在生产流程中已被严重污染，则不能进行回用。

1.1.2.2 炉水

正在运行的锅炉本体系统中流动着的水称为锅炉水，简称炉水。与给水相同，锅炉炉水水质的要求取决于锅炉过热蒸汽压力，须满足《火力发电机组及蒸汽动力设备水汽质量》（GB/T 12145—2016）或《工业锅炉水质》（GB/T 1576—2018）相关要求。具体请详见1.1.2.1锅炉用水。

1.1.2.3 冷却水

机组运行中用于冷却锅炉附属设备的水，称为冷却水。生活垃圾焚烧发电厂一般采用原水作冷却水，间冷开式系统循环冷却水水质要求见表1-3。循环冷却水是工业用水中的用水大项，在垃圾焚烧发电行业，循环冷却水的用量占用水总量的50%~90%。

表1-3 间冷开式系统循环冷却水水质指标

项目	要求或使用条件	限值
浊度/NTU	根据生产工艺要求确定	≤20.0
	换热设备为板式、翘片管式、螺旋板式	≤10.0
pH 值(25℃)	—	6.8~9.5
钙硬度+全碱度 (以 $CaCO_3$ 计)/mg·L^{-1}	—	≤1100
	传热面水侧壁温大于70℃	钙硬度<200
总铁浓度/mg·L^{-1}	—	≤2.0
Cu^{2+} 浓度/mg·L^{-1}	—	≤0.1
Cl$^-$ 浓度/mg·L^{-1}	水走管程：碳钢、不锈钢换热设备	≤1000
	水走管程：不锈钢换热设备，传热面水侧壁温小于或等于70℃，冷却水出水温度小于45℃	≤700
SO_4^{2-} + Cl$^-$ 浓度 /mg·L^{-1}	—	≤2500
硅酸（以 SiO_2 计)/mg·L^{-1}	—	≤175
$Mg^{2+} \times SiO_2$ （Mg^{2+}以 $CaCO_3$ 计) 浓度/mg·L^{-1}	pH 值(25℃)≤8.5	≤50000
NH_3—N 浓度/mg·L^{-1}	—	≤10
游离氯浓度/mg·L^{-1}	循环水总管处	0.1~1.0
石油类浓度/mg·L^{-1}	—	≤5.0
化学需氧量(COD)浓度/mg·L^{-1}	—	≤150

1.1.2.4 消防水

消防水指灭火设施、车载或手抬等移动消防水泵、固定消防水泵、消防水池等的用水。全厂消防系统包括室内消火栓系统、室外消火栓系统和消防炮灭火系统。消防用水量以全厂最大的一座建筑物，即综合主厂房灭火用水量计算设计，综合主厂房室内消火栓用水量和室外消火栓用水量的计算应符合《消防给水及消火栓系统技术规范》（GB 50974—2014）的规定。

垃圾池的消防设施宜采用固定式消防水炮灭火系统，且消防水炮的室内供水系统宜采用独立的供水管网[6]，并设置成环状；室内供水系统应至少有2条进水管与室外环状管网连接，当管网的1条进水管发生事故时，其余的进水管应能供给全部的消防水量。

市政给水、消防水池、天然水源等均可作为消防水源，优先采用市政给水作为消防水源。

1.1.2.5 其他工业用水

生活垃圾焚烧发电厂的冲洗用水、烟气净化系统工艺用水、灰渣冷却用水和化验室用水的水量一般都较小，冲洗用水、烟气净化系统工艺用水和灰渣冷却用水都可以由循环冷却水排污水回用提供，化验室用水则可以根据水质要求分别由市政给水和除盐水提供。

1.1.3 生活用水

生活用水是指生活垃圾焚烧发电厂运行人员日常生活所需用的水，包括餐饮、洗涤、冲厕、淋浴等。用水量一般略高于当地城市居民生活用水量。城市居民生活用水量标准主要与当地人均水资源量有关，根据《城市居民生活用水量标准》（GB/T 50331—2002）要求，满足100%家庭日常生活基本需要的居民生活用水量见表1-4。生活垃圾焚烧发电厂的生活用水一般由市政给水供给。

表 1-4　城市居民生活用水量标准

人均水资源量/$m^3 \cdot a^{-1}$	居民人均生活保障基本用水量/$L \cdot d^{-1}$
≤500	100
500~1000	100~110
1000~1700	100~120
>1700	100~130

1.2　生活垃圾焚烧发电厂废水

生活垃圾焚烧发电厂废水包括垃圾渗沥液、初期雨水、洗烟废水、除盐系统浓水或再生废水、冷却塔排污水、锅炉排污水、生活污水、栈桥洗车水、车间冲洗水、化验室排水等。以宁波项目为例，各种废水的水量见表1-5，其中废水量最大的两种废水是循环冷却水系统排污水和垃圾渗沥液。

表 1-5　宁波项目各种废水排放量

给水系统	废水种类	废水量/$m^3 \cdot d^{-1}$	废水占比/%
循环冷却水系统	循环冷却水排污水	1278.3	55.77
生产用水系统	除盐水制备产生的浓水	198.0	8.64
	栈桥冲洗废水	20.0	0.87
	锅炉定连排污水	53.2	2.32
	车间地面冲洗废水	12.0	0.52
	化验室废水	1.0	0.04
生活用水系统	生活污水	11.2	0.49
物料携带水	垃圾渗沥液	718.2	31.34
合　计		2291.9	100

注：初期雨水为非常规废水，未统计。

1.2.1　垃圾渗沥液

1.2.1.1　生活垃圾焚烧发电厂渗沥液的来源

我国城市生活垃圾的水分含量较高、热值较低，运送到生活垃圾焚烧发电厂后不适合直接入炉焚烧，一般需要在垃圾池堆酵5~7d，以使垃圾熟化并渗出其中的水分，提高进炉垃圾的热值，保证垃圾焚烧发电的经济性。焚烧厂渗沥液主要为垃圾本身的水分、垃圾中易降解成分短期发酵形成的水分、垃圾溶出的污染物以及随水流出的细小悬浮物。

1.2.1.2 生活垃圾焚烧发电厂渗沥液的产生量

生活垃圾焚烧发电厂渗沥液的产生量主要与季节和垃圾收集的分类程度有关，受地域分布影响较小[7]。

在实际工程设计中，入厂垃圾量是不确定的，用一个不确定的量来估算渗沥液的产生量，会使整个渗沥液处理站规模的确定出现偏差。目前，在确定生活垃圾焚烧发电厂渗沥液处理站的规模时，以垃圾的入炉量来确定，一般采用式（1-1）[8]来确定

$$Q = \frac{C_d \times f}{1-b} \times b + q \tag{1-1}$$

式中　Q——渗沥液产生量，m^3/d；

　　　C_d——设计入炉垃圾量，t/d；

　　　f——不均匀系数或变化系数；

　　　b——入厂垃圾渗沥液产生率，取值范围一般为 0.17~0.24；

　　　q——卸料平台冲洗水、垃圾运输车冲洗水等水量，m^3/d。

垃圾渗沥液产生率主要与地域、季节等因素有关，一般夏季比冬季高[8]，南方比北方高。考虑到渗沥液处理站的稳定运行，在确定渗沥液处理站的规模时，渗沥液产率需以项目所在地实地调研结果为准，按照渗沥液产生率大的夏季来确定。

1.2.1.3 生活垃圾焚烧发电厂渗沥液特点

生活垃圾焚烧发电厂渗沥液的产量及成分受进厂垃圾的成分、贮存时间及天气影响较大，具有如下特点[9~12]。

（1）水量变化大。气候、季节的变化以及生活垃圾的种类均会影响水量的变化，比如冬季渗沥液水量明显少于夏季，雨雪天气垃圾渗沥液的水量明显增加。

（2）色度深，有恶臭。渗沥液呈黄褐色或灰褐色，挥发出的气体带有强烈恶臭。

（3）水质复杂。渗沥液中含有多种污染物，有研究者监测到的渗沥液中有机物种类有93种之多，包括难降解的多氯联苯和萘、菲等非氯代芳香族有机化合物，其中22种被列入我国和美国EPA环境优先控制污染物的黑名单中。除有机物外，渗沥液还含有大量的金属离子，包括镍、镉、铬、铜、镁、锌、钾、钙、铁、铅和钠等十多种金属，水质十分复杂。

（4）有机物浓度高，可生化性较好。生活垃圾焚烧发电厂的渗沥液 COD_{Cr} 可达 90000mg/L，BOD_5（五日生化需氧量）可达 38000mg/L，可生物降解性高，垃圾渗沥液中非溶解性有机物约占有机物总量的23%，分子量小于4000的有机物含量可达溶解性有机物总量的88%，约占有机物总量的70%[13]。

（5）氨氮含量高。氨氮浓度可以达到 1500~3500mg/L，渗沥液中的氮多以氨氮形式存在，约占总氮的50%以上。

（6）微生物营养元素比例失调。渗沥液中磷的含量较低，有机物和氨氮浓度较高，$m(C)/m(N)$ 比失调，P元素缺乏，无法满足微生物生长所需要的 $m(C):m(N):m(P)$ 最佳比例 100:5:1，其中BOD为生化需氧量。

1.2.2　初期雨水

初期雨水就是降雨初期时的雨水。雨水径流有明显的初期冲刷作用，多数情况下污染

物集中在初期的数毫米雨量中。由于降雨初期，雨水溶解了空气中的大量酸性气体、汽车尾气、工厂废气等污染性气体，降落地面后，又由于冲刷沥青油毡屋面、沥青混凝土道路、建筑工地等，使得初期雨水中含有大量的有机物、病原体、重金属、油脂、悬浮固体等污染物质，因此初期雨水的污染程度较高，通常超过了普通的城市污水的污染程度。

大气污染是初期雨水污染的背景。降落到地面之前的雨水，在淋洗大气后，其含有的杂质主要是空气中的尘埃和大气污染物，这部分污染主要以 SS（悬浮物）和 COD 为主，其他污染物浓度较低。地表污染或屋面状况是初期雨水径流污染的主要污染源。雨水降落到地（屋）面后对地（屋）面冲刷形成径流，径流中的污染物浓度受地（屋）面性质、地（屋）面污染物积累状态的影响。

路面初期雨水主要污染物为路面沉淀物和垃圾等，污染物浓度很高。屋面初期雨水污染比较严重，主要与屋面材料、空气质量、气温等外部因素有关。屋面材料对径流水质有很大影响，平顶沥青油毡屋面雨水径流比坡顶瓦屋面的污染明显严重，其初期径流 COD 浓度可高达上千，且色度大，有异味，主要为溶解性 COD。坡顶瓦屋面由于易于冲刷，初期径流的 SS 浓度可能较高，取决于降雨条件和降雨时间，但色度和 COD 浓度一般均小于油毡屋面。如遇到暴雨，强烈的冲刷作用将平顶屋面上的颗粒物体冲洗下来，则初期雨水中的 SS 也会达到较高浓度。两种屋面初期径流 COD 浓度一般相差 3~8 倍左右，随着气温升高差距增大。由于沥青为石油副产品，其成分较为复杂，许多污染物质可能溶解到雨水中，而瓦屋面不含溶解性化学成分。

目前，对于初期雨水截流系统规模的确定尚无准确的计算方法可以参考。以北京为例，通常同一场降雨，路面的初期雨水量比屋面大。屋面初期雨水净雨量为 2~3mm，可控制整场降雨径流污染负荷约 60% 以上；路面初期雨水净雨量数据变化幅度大，一般净雨量 7~8mm 时，径流污染相对较轻[14]。

1.2.3 洗烟废水

生活垃圾焚烧发电厂的洗烟废水产生于烟气湿法脱酸处理系统。在烟气洗涤塔中，喷淋的洗涤液为 NaOH 溶液，NaOH 与烟气中的 HCl、SO_2 等酸性气体发生化学反应生成盐，洗涤液在达到设定盐浓度之前循环使用，当洗涤液达到一定的盐浓度时，排放出一部分洗涤液并补充新的 NaOH 溶液，设计中通常以 3% 含盐量作为排放控制指标，也有将含盐量控制在 5%~6% 时再进行排放，此阶段排出的废水即为洗烟废水。

洗烟废水中主要污染物有硫酸盐、亚硫酸盐、氯盐、氢氧化钠、烟尘（包括重金属在内）等，表 1-6 和表 1-7 分别为上海地区 3 家生活垃圾焚烧发电厂烟气湿法脱酸废水的水量和水质[15]。

表 1-6　湿法脱酸废水水量

项目名称	焚烧厂设计规模 /t·d⁻¹	烟气脱酸废水系统设计规模/m³·h⁻¹	实际排放水量 /m³·h⁻¹	盐浓度 /%
生活垃圾焚烧发电厂 1	3000	16	12.5~16.6	3~5
生活垃圾焚烧发电厂 2	2000	10	12.5~14.6	3~5
生活垃圾焚烧发电厂 3	1000	5	5~6.25	3~5

表1-7 生活垃圾焚烧发电厂烟气湿法脱酸废水水质

序号	水质指标	生活垃圾焚烧发电厂Ⅰ	生活垃圾焚烧发电厂Ⅱ	生活垃圾焚烧发电厂Ⅲ
1	总氰化物/mg·L⁻¹	—	<0.004	<0.004
2	氯化物/mg·L⁻¹	16600	10300	11000
3	氟化物/mg·L⁻¹	1.84	1.61	2.79
4	硫酸根/mg·L⁻¹	1770	1050	1060
5	六价铬/mg·L⁻¹	—	0.02	0.055
6	砷/mg·L⁻¹	—	0.002	<0.0003
7	镉/mg·L⁻¹	—	<0.001	<0.001
8	铅/mg·L⁻¹	—	<0.01	<0.01
9	铜/mg·L⁻¹	0.011	—	—
10	镍/mg·L⁻¹	0.012	—	—
11	锌/mg·L⁻¹	0.163	0.153	—
12	铬/mg·L⁻¹	0.015	0.031	0.119
13	汞/mg·L⁻¹	0.189	0.0575	0.029
14	锰/mg·L⁻¹	0.043	—	—
15	钠/mg·L⁻¹	7180	8100	8550
16	钙/mg·L⁻¹	55	66.5	20.4
17	镁/mg·L⁻¹	10	30.8	6.05
18	氨氮/mg·L⁻¹	33.4	23.1	14.6
19	总氮/mg·L⁻¹	44.3	36.5	23.2
20	COD/mg·L⁻¹	—	203	106
21	总磷/mg·L⁻¹	0.074	0.98	0.14
22	pH值	7.51	6.86	6.89
23	电导率/mS·cm⁻¹	33	15.8	18.4
24	TDS/mg·L⁻¹	21300	20500	25600

1.2.4 除盐系统废水

生活垃圾焚烧发电厂余热锅炉的给水，需采用满足"标准"水质要求的除盐水。锅炉补给水的除盐工艺可分为离子交换法和膜分离法。

膜分离除盐法与离子交换法相比，可连续生产，产水品质好，无废水、化学污染物产生，有利于节水和环保，是一项对环境无害的水处理工艺[17]。化学除盐（离子交换）是利用离子交换树脂上可交换的 H^+ 和 OH^-，与水中溶解盐发生离子交换，达到去除水中盐的目的。离子交换树脂技术用于除盐水制备，具有水质好、生产成本较低、技术成熟等突出优点，但树脂再生会产生大量废酸废碱液[16]。

离子交换树脂再生废水包括阴树脂进碱与置换、阳树脂进酸与置换、阴/阳树脂正洗前期排放废水，表1-8是典型的离子交换树脂再生废水水质[18,19]。

表1-8 离子交换树脂再生废水水质

序号	水质指标	数值范围
1	电导率/mS·cm^{-1}	7.5~8.6
2	含盐量/mg·L^{-1}	3803~4860
3	COD$_{Cr}$/mg·L^{-1}	约300
4	氨氮/mg·L^{-1}	458~763
5	Na$^+$/mg·L^{-1}	1290~1320
6	Cl$^-$/mg·L^{-1}	2540~2920
7	总硬度/μmol·L^{-1}	10.6~14.2
8	全铁/mg·L^{-1}	0.11
9	SO$_4^{2-}$/mg·L^{-1}	4~5
10	浊度/NTU	0.1~0.2

1.2.5 循环冷却水排污水

循环冷却水经过长期运行后，水中含有相当量的盐类、有机物、悬浮物和胶体杂质，水的硬度和碱度也较高，不但会减少水的流量，降低换热器的冷却效率，严重的会使设备腐蚀穿孔。为了保证系统设备的安全运行，避免给企业运营生产带来不必要的经济损失，循环冷却水浓缩到一定倍数需排出一定的浓水，并补充新水，来降低循环冷却水中的盐类等杂质浓度，循环冷却水排出的浓水即循环冷却水排污水。

生活垃圾焚烧发电厂的循环冷却水排污水成分与火电厂类似，浓度主要取决于循环水浓缩倍率，一般与具有以下特征[20]：

（1）含盐量高，硬度和碱度较高。循环冷却水中所含主要阳离子有 Ca^{2+}、Mg^{2+}、Na$^+$，主要阴离子有 CO$_3^{2-}$、HCO$_3^-$、Cl$^-$、SO$_4^{2-}$、PO$_4^{3-}$，这些盐类来源于循环冷却水中的盐类浓缩和投加的缓蚀剂、阻垢剂、杀生剂以及工艺物料渗漏；

（2）有一定浓度的 COD，BOD 较低，BOD/COD 比例值很小，可生化性差。循环冷却水中添加的有机缓蚀剂、阻垢剂和杀生剂均会增加水中有机物的含量；

（3）有一定量的 SS 和胶体。主要成分为粗大的悬浮颗粒、灰尘、泥土、藻类、微生物（包括细菌和病毒）、絮凝体、其他无机及有机杂质等，这些污染物主要来源于空气及补充水中的杂质，生产过程中的工艺侧漏物质，循环冷却过程中的化学反应及其他作用产生的悬浮物、腐蚀产物及黏垢、污垢脱落的碎屑。

循环水排污水主要水质指标见表1-9[21]。

表 1-9　循环冷却水排污水水质特性

序号	项　　目	数　　值
1	电导率/μS·cm⁻¹	1515
2	pH 值	8.21
3	$Ca^{2+}/mg·L^{-1}$	94.6
4	$Mg^{2+}/mg·L^{-1}$	75.12
5	总硬度/mmol·L⁻¹	11.00
6	$Cl^-/mg·L^{-1}$	162.32
7	碱度/mmol·L⁻¹	2.97
8	总溶解固体/mg·L⁻¹	1060
9	总固体/mg·L⁻¹	1083
10	悬浮物/mg·L⁻¹	23
11	全硅/mg·L⁻¹	25.2
12	$SO_4^{2-}/mg·L^{-1}$	380.98
13	TOC/mg·L⁻¹	23.13
14	COD/mg·L⁻¹	63.0
15	NH_3-N/mg·L⁻¹	0.85
16	总磷/mg·L⁻¹	1.25

1.2.6　锅炉排污水

为了控制锅炉炉水的水质符合规定的标准，使炉水中的杂质保持在一定限度内，需要从锅炉中排出含盐分和碱度较大的炉水、沉积的水渣和松散的沉淀物，这个过程就是锅炉排污，排出的废水即为锅炉排污水。

锅炉排污一般有两种形式，（1）连续排污；（2）定期排污。

连续排污又称表面排污，要求连续不断地从汽包炉水表面层排出盐分和碱度较高的炉水，以减少炉水中含盐量和碱度，防止炉水浓度过高而影响蒸汽品质。连排管均设在正常水位下 80~100mm 处。连续排污的水量可根据炉水水质而定。对于用除盐水作为锅炉补给水的锅炉，通常按炉水的允许含硅量来决定其排污率[22]。

定期排污又称为间断排污或底部排污，其作用是排出积聚在锅炉下部的水渣和磷酸盐处理后的软质沉淀物。定期排污口多设置在锅筒的下部及联箱底部。定期排污时间，一般选择在锅炉高水位、低负荷或压火状态。定期排污持续时间很短，但排出炉内沉淀物的能力很强。定期排污间隔时间根据水质情况而定，有的 8~24h 排放一次，当补充高纯度除盐水时，也可以数天排放一次。每次排放时间大约 0.5~1.0min，每次排放量约为锅炉蒸发量的 0.1%~0.5%。

锅炉的排污水量取决于锅炉水的水质变化情况。排污量过大造成锅炉热损失增高，排污量太小可使锅炉结垢和蒸汽品质恶化。

根据杂质在炉水中的进出平衡，可得出以下的锅炉排污率公式：

$$P = \frac{S_{GE} - S_B}{S_P - S_{GE}} \times 100\% \qquad (1-2)$$

式中　P——锅炉排污率，%；

S_{GE}——锅炉给水中某种物质的浓度，$\mu g/L$；

S_B——蒸汽中某种物质的浓度，$\mu g/kg$；

S_P——排污水水中某种物质的浓度，$\mu g/L$。

此处所述的某种物质，可以是硅或氯离子等。对于采用全挥发处理的炉水，还可以是 Na^+；对于采用 NaOH 处理的炉水，则不能使用 Na^+；对于采用磷酸盐处理的炉水，不能使用 Na^+ 和 PO_4^{3-}。当锅炉补给水采用软化水时，可用含盐量或 Cl^- 来计算排污率。由于蒸汽中的含盐量或 Cl^- 远远小于给水的含量，故可以略去，即按下式计算[22]：

$$P = \frac{S_{GE}}{S_P - S_{GE}} \times 100\% \qquad (1-3)$$

在实际操作中，应选取最大的一组数据作为锅炉的排污率。为了安全起见，炉水的允许含硅量按临界值的 80% 考虑，但为了防止锅内水渣聚集，锅炉的排污率还应保证不小于 0.3%。

锅炉排污水水质因锅炉的类型及对锅炉用水要求的不同而有所差异，根据工业锅炉用水的水质要求，锅炉排污水一般具有以下特点：

(1) 水温较高，热量具有回收利用价值[23]；

(2) 不含悬浮物、油类物质；

(3) 属于软化水，含盐量、溶解氧量低，铁、铜、游离氯含量低；

(4) 含有一定碱度，pH 值（25℃）为 10~12 左右。

1.2.7　生活污水

生活垃圾焚烧发电厂生活污水是指厂区职工在日常生活中所产生的废水，它包括厨房洗涤、淋浴、衣服洗涤、卫生间冲洗等废水。生活垃圾焚烧发电厂生活污水的水质和水量特点与火电厂的生活污水类似[24]。

1.2.8　其他废水

生活垃圾焚烧发电厂污水，除了以上详细论述的垃圾渗沥液、初期雨水、洗烟废水、除盐系统浓水或再生废水、冷却塔排污水、锅炉排污水和生活污水外，还有垃圾车冲洗水（卸料平台冲洗水）、车间冲洗水和化验室废水等，其共同特点是量少、污染物浓度不高，一般与其他废水混合处理，而不做单独处理。垃圾车冲洗水和车间冲洗水一般进入垃圾渗沥液处理系统处理；化验室排水中的污染物仅来自测试剩余的水样以及实验器材的清洗，其污染物种类和浓度取决于测试样品的类型和数量以及测试所需使用的化学试剂，其产生量和污染物浓度较低，一般可以与生活污水混合处理。以宁波项目其他废水为例，以上三种废水的产生量和水质见表 1-10。

表1-10　生活垃圾焚烧发电厂三种废水的产生量和水质

废水类型	废水产生量 /m³·d⁻¹	水质指标				
		COD_{Cr} /mg·L⁻¹	BOD_5 /mg·L⁻¹	SS /mg·L⁻¹	NH_3-N /mg·L⁻¹	pH 值
卸料平台冲洗水	12～16	200～500	100～250	100～300	—	6～8
车间清洁冲洗水	9.6	80～150	60～100	80～150	—	6～8
员工生活及化验室废水	20.4	100～300	80～150	100～200	20～30	6～8

参 考 文 献

［1］ 周振，王罗春，蔡毅飞，等．电厂用水水质分析［M］．北京：冶金工业出版社，2020．

［2］ Chai Hoon Koo, Abdul Wahab Mohammad, Fatihah Suja. Recycling of oleochemical wastewater for boiler feed water using reverse osmosis membranes-A case study［J］. Desalination, 2011, 271 (1~3)：178~186.

［3］ Katsoyiannis I A, Petros Gkotsis, Massimo Castellana, et al. Production of demineralized water for use in thermal power stationsby advanced treatment of secondary wastewater effluent［J］. Journal of Environmental Management, 2017, 190：132~139.

［4］ Su Weina, Tian Yimei, Peng Sen. The influence of sodium hypochlorite biocide on the corrosion of carbon steel in reclaimed water used as circulating cooling water［J］. Applied Surface Science, 2014, 315：95~103.

［5］ Liu Hongbo, Yang Changzhu, Pu Wenhong, et al. Removal of nitrogen from wastewater for reusing to boiler feed-water by an anaerobic/aerobic/membrane bioreactor［J］. Chemical Engineering Journal, 2007, 140 (1)：122~129.

［6］ 蓝优生．广东某垃圾焚烧发电厂消防灭火系统设计［J］．工程技术研究，2019 (1)：195~196.

［7］ 杜海亮，焦学军，王若飞，等．生活垃圾焚烧发电厂渗滤液产率变化趋势分析［J］．环境卫生工程，2019, 27 (4)：48~50, 54.

［8］ 彭勇．垃圾焚烧厂渗滤液处理工艺参数优化与综合效能评价研究［D］．北京：清华大学，2015．

［9］ 王涛．CLR-A²O-MBR 耦合工艺处理生活垃圾焚烧厂渗滤液的优化运行及效能研究［D］．无锡：江南大学，2018．

［10］ 杨飞黄．膜组合技术处理城市垃圾焚烧厂渗滤液运行特性的研究［D］．成都：西南交通大学，2007．

［11］ 陈睿．强化升流式厌氧工艺处理垃圾渗滤液效能研究［D］．哈尔滨：哈尔滨工业大学，2017．

［12］ 陈娟娟．负荷分配与成本控制对垃圾渗滤液处理工艺设计的影响［D］．广州：华南理工大学，2014．

［13］ 何品晶，冯军会，瞿贤，等．生活垃圾焚烧厂贮坑沥滤液的污染与可处理特性［J］．环境科学研究，2006, 19 (2)：86~89.

［14］ 洪忠．城市初期雨水收集与处理方案研究［J］．中国农村水利水电，2010 (6)：41~43.

［15］ 熊斌，陈刚，李强，等．生活垃圾焚烧发电厂烟气湿法脱酸废水处理分析［J］．给水排水，2018, 54 (10)：64~67.

［16］ 刘小平，傅晓萍，李本高，等．除盐水制备技术进展［J］．工业水处理，2008, 28 (4)：6~9.

［17］ 丁桓如，吴春华，龚云峰．工业用水处理工程［M］．2 版．北京：清华大学出版社，2014．

［18］ 张统．污水处理工程设计方案［M］．北京：中国建筑工业出版社，2016．

［19］ 王罗春，沈丽蓉，丁桓如，等．Fenton 试剂处理电厂离子交换树脂再生废水［J］．环境污染与防

治，2001，23（5）：238~240.

[20] 覃娟.循环冷却水排污水处理系统的设计研究与应用 [D].上海：上海交通大学，2016.

[21] 胡大龙，许臻，杨永，等.火电厂循环水排污水回用处理工艺研究 [J].工业水处理，2019，39（1）：33~36.

[22] 武琳.锅炉排污水离子交换法处理回用工艺研究 [D].兰州：兰州理工大学，2008.

[23] 林晓宏.锅炉排污水余热回收节能工程分析与实践 [J].华东电力，2013，41（12）：2633~2635.

[24] 周振，王罗春，胡晨燕，等.电力环境保护 [M].北京：中国电力出版社，2019.

第2章　生活垃圾焚烧发电厂给水与废水处理概况

生活垃圾焚烧发电厂水处理工程包括给水和废水处理，本章概括了水处理工程的平面布置原则和水平衡分析方法，以宁波项目的水处理工程平面布置为例，介绍了给水和废水的平面布置，并对该厂的水平衡进行了分析。另外，归纳了生活垃圾焚烧发电厂各种给水和废水处理工艺的特点。

2.1　工程平面布置与水平衡分析

宁波市洞桥生活垃圾焚烧发电项目位于宁波市海曙区洞桥镇宣裴村裴岙，采用垃圾焚烧技术处理生活垃圾，处理规模为2250t/d，设置三条焚烧线，单台焚烧炉处理能力为750t/d，余热锅炉采用中温中压蒸汽锅炉（450℃，4.0MPa），并配置有两台30MW凝汽式汽轮发电机组。该项目配套新建了处理800t/d的渗滤液污水处理站。

2.1.1　平面布置

2.1.1.1　布置原则

A　标准要求

生活垃圾焚烧发电厂总平面布置原则一般参照《生活垃圾焚烧处理工程技术规范》（CJJ 90—2009）中相关规定，如：

（1）人流、物流应分开，并应做到通畅；

（2）结合地形、风向、用地条件，按功能分区合理布置，并应考虑厂区的立面和整体效果；

（3）总平面布置应有利于减少垃圾运输和处理过程中的恶臭、粉尘、噪声、污水等对周围环境的影响，防止各设施间的交叉污染。

B　功能分区

平面布置需结合项目的工艺流程、设备布置和物流方向的要求，并充分结合现场的地形环境条件，按节约用地、布局紧凑又便于施工和生产管理的原则，同时适当利用道路和绿化带合理布局各功能分区[1]。

根据工艺流程、厂外道路及垃圾车辆方向、建设用地等具体条件，一般将厂区分为生产区、辅助生产区和办公生活区等3个功能区：

（1）生产区：主要包括生活垃圾焚烧间、烟囱及上料坡道；

（2）辅助生产区：主要由物流进口称量系统、水工设施、油泵房及地下油罐、主变、场内停车场等组成，其中物流进口称量系统包括物流大门、地磅房、电子汽车衡，水工设施包括综合水泵房、冷却塔、工业消防水池、净水器、生物滤池、回用水池、沉淀池；

（3）办公生活区：主要包括综合楼、停车场、厂前区广场、景观喷泉、厂前集中绿化以及门卫等。

2.1.1.2 工程实例

A 总平面布置

宁波项目位于宁波市鄞州区洞桥镇宣裴村裴岙山坳内，春季盛行东风，夏季盛行东南偏南风，秋季盛行东风，冬季盛行西北偏北风。全年主导风以东风和西北偏北风风向居多[2]。

根据《生活垃圾焚烧处理工程技术规范》（CJJ 90—2009）对生活垃圾焚烧发电厂总平面布置的规定，结合厂界形状和当地的气象气候特征，最后确定本生活垃圾焚烧发电厂总体平面布置如图 2-1 所示。

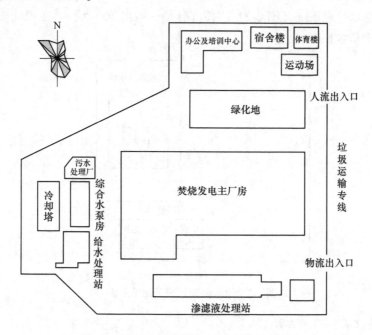

图 2-1　生活垃圾焚烧发电厂总平面示意图

生活办公区为较洁净区，应位于全年最小风频下风向，以减小生产区和辅助生产区对生活办公区的污染，故将其设于建设用地北侧，正对场外的市政道路布置，方便对外联络及职工上下班进出厂区，同时也有利于企业文化的对外宣传与展示。生活办公区包括综合办公楼、传达室、停车场、广场、喷泉及篮球场等。综合办公楼布置在厂前区的西侧位置，同时在厂前区的空地上布置了大片景观绿化及景观水景。喷泉、水景及集中绿化的搭配布置既可以美化环境，调节办公区的小气候，同时又展现了环保企业的环保主题。

生产区布置在厂区南侧，主厂房呈东西向布置。根据生产工艺流程，车间内自东向西依次布置有卸料平台、垃圾库、焚烧间、通道，烟气净化间及烟囱。运输垃圾的车辆由厂区南侧的物流出入口进入厂区，途经地磅称重后经由场内道路沿上料坡道及栈桥进入卸料大厅，空车由原路返回。上料坡道及栈桥布置在主厂房的南侧，远离厂前区及主厂房的主立面。如此布置，使得厂区内的主要交通运输集中在厂区的南侧，减少并防止了与场内人流的交叉。

辅助生产区的水工设施与主厂房联系比较密切，包括冷却塔、综合水泵房、工业消防水池、净水器、生物滤池、回用水池、沉淀池等，水工设施集中在主厂房与西侧和南侧厂界之间，远离生活办公区。冷却塔因有水雾散发，布置在主厂房的西侧，紧邻西侧厂界；综合水泵房位于冷却塔和主厂房之间；给水处理站布置在厂区的南面，紧邻冷却塔和综合水泵房；垃圾渗沥液处理站布置在主厂房和厂区南侧厂界之间。地磅房布置在厂区的物流主干道上，方便物料的称量。油库油泵房布置在了厂区的西南角落位置，靠近焚烧车间，紧邻场内环路，方便油品的装卸。

  B 给水处理系统平面布置

宁波项目给水处理系统（图2-2）主体部分是一体化净水器，其主要功能是为循环水系统提供循环冷却水补充水。

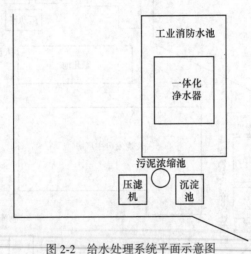

图2-2　给水处理系统平面示意图

  C 污水处理系统平面布置

宁波项目污水处理系统主体部分是垃圾渗沥液处理站，生活污水、垃圾车洗车水、车间冲洗水、化验室排水和初期雨水均汇集垃圾渗沥液处理站一并处理，除盐系统废水、冷却塔排污水和锅炉排污水则直接回用或梯级利用，只有洗烟废水在车间内处理后，淡水回用，浓水并入垃圾渗沥液处理站处理。

垃圾渗沥液处理站布置在主厂房和厂区南侧厂界之间。按工艺流程，从东至西依次布置调节池、反应罐、加温池、厌氧池、A/O（厌氧/好氧）池、深度处理车间（膜处理系统），如图2-3所示。调节池邻近垃圾磅房和垃圾池，有利于渗沥液收集；深度处理车间（膜处理系统）靠近工业消防水池，便于膜处理系统反渗透淡水回用于循环冷却水补充水。

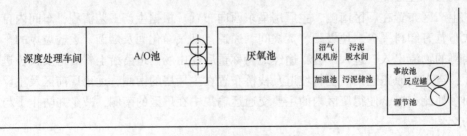

图2-3　渗沥液处理系统平面示意图

2.1.2 水平衡分析

水平衡分析中有 3 种水量需区分，即串用水量、回用水量和循环水量。

串用水量是指在水质、水温满足要求的条件下，前一系统的排水被直接用作另一系统补充水的水量。回用水量是指生产过程中已使用过的水，经过适当处理后被回收利用于另一系统的水量。串用水与回用水的差别在于串用水无需对上一级排水水质做更多的处理。循环水量是指在工业系统中用过的水经适当处理后，仍用于原工艺流程形成循环回路的水量。

还有复用水量，它是指在生产过程中使用两次及两次以上的水量，包括串用水量、回用水量和循环水量。

2.1.2.1 水平衡分析依据

参考《火力发电厂能量平衡导则第 5 部分：水平衡试验》（DL/T 606.5—2009），对全厂水系统的重复利用率、排放水率、废水回用率等指标进行分析、评价；参考《工业循环冷却水处理设计规范》（GB/T 50050—2017）对循环水浓缩倍数进行计算、分析[3]。

（1）全厂总取水量、总用水量、复用水量、循环水量、回用水量等计算公式如下：

$$Q_f = Q_{xh} + Q_{cy} + Q_{hy} \tag{2-1}$$

$$Q_z = Q_q + Q_f \tag{2-2}$$

式中　Q_f——复用水量，m^3/h；

　　　Q_{xh}——循环水量，m^3/h；

　　　Q_{cy}——串用水量，m^3/h；

　　　Q_{hy}——回用水量，m^3/h；

　　　Q_z——总用水量，m^3/h；

　　　Q_q——取水量，m^3/h。

（2）全厂重复利用率、排放水率、废水回用率的计算公式如下：

$$R = \frac{Q_f}{Q_f + Q_q} \times 100\% \tag{2-3}$$

$$k_p = \frac{Q_p}{Q_q} \times 100\% \tag{2-4}$$

$$k_f = \frac{Q_{fsh}}{Q_{fs}} \times 100\% \tag{2-5}$$

式中　R——重复利用率，%；

　　　k_p——排放水率，%；

　　　Q_p——总排放水量，m^3/h；

　　　k_f——废水回用率，%；

　　　Q_{fsh}——全厂回收利用的废水总量，m^3/h；

　　　Q_{fs}——生产过程中产生废水总量，m^3/h。

(3) 间冷开式循环冷却系统浓缩倍数计算公式如下：

$$N = \frac{Q_m}{Q_b + Q_w} = \frac{Q_e + Q_b + Q_w}{Q_b + Q_w} \tag{2-6}$$

式中　N——浓缩倍率；

Q_m——补充水量，m^3/h；

Q_e——蒸发损失水量，m^3/h；

Q_b——排污损失水量，m^3/h；

Q_w——风吹损失水量，m^3/h。

2.1.2.2　水平衡分析实例

宁波项目的水平衡图见图 2-4。

根据 2.1.2.1 相关公式，可得以下计算结果。

(1) 取水量：

$$Q_q = 剡江河取水 + 市政自来水取水 = 5686.3 + 691 = 6377.3 m^3/d$$

(2) 循环水量：

$$Q_{xh} = 主机设备冷却循环水 + 辅机设备冷却循环水 = 380880 + 8911 = 389791 m^3/d$$

(3) 渗沥液及冲洗水量：

$$渗沥液及冲洗水量 = 800 m^3/d$$

(4) 回用水量：

$$\begin{aligned} Q_{hy} &= 渗沥液反渗透清液 + 降温池回用水 + 洗烟废水处理系统清液 \\ &= 600 + 521.5 + 140 = 1261.5 m^3/d \end{aligned}$$

(5) 串用水量：

$$\begin{aligned} Q_{cy} &= 化学除盐设备反洗排水 + 一体化净水器沉淀池上清液回流水 \\ &= 198 + 295.7 = 493.7 m^3/d \end{aligned}$$

(6) 复用水量：

$$Q_f = Q_{xh} + Q_{cy} + Q_{hy} = 389791 + 1261.5 + 493.7 = 391546.2 m^3/h；$$

(7) 总用水量：

$$Q_z = Q_q + Q_f = 6377.3 + 391546.2 = 397923.5 m^3/h；$$

(8) 全厂重复利用率：

$$R = \frac{Q_f}{Q_f + Q_q} \times 100\% = \frac{391546.2}{391546.2 + 6377.3} \times 100\% = 98.40\%$$

(9) 全厂排放水率：

$$k_p = \frac{Q_p}{Q_q} \times 100\% = 0\%$$

(10) 全厂废水回用率：

$$k_f = \frac{Q_{fsh}}{Q_{fs}} \times 100\% = 100\%$$

(11) 间冷开式循环冷却系统浓缩倍数：

$$N = \frac{Q_m}{Q_b + Q_w} = \frac{Q_e + Q_b + Q_w}{Q_b + Q_w} = \frac{4765 + 1278.3 + 380}{1278.3 + 380} = 3.87$$

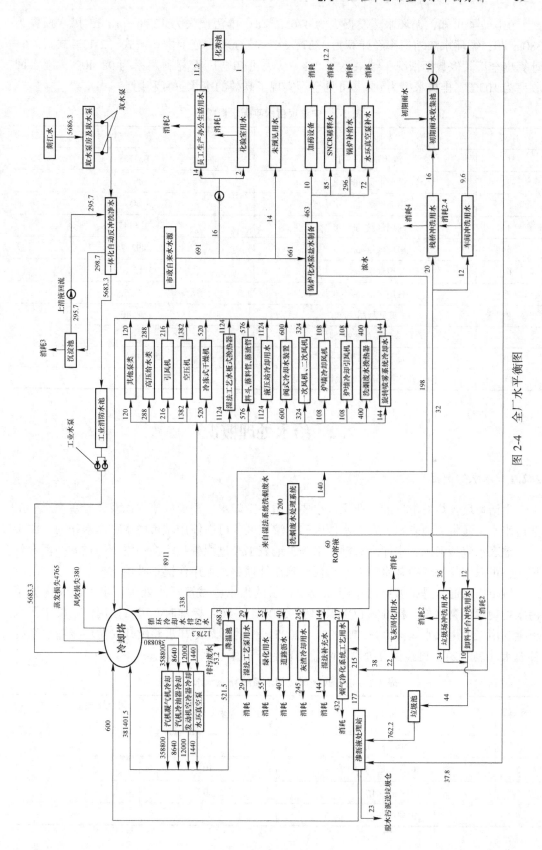

图 2-4 全厂水平衡图

由图 2-4 可知，循环水蒸发损失为 4765m³/d，排污损失为 1278.3m³/d，风吹损失为 380m³/d，循环水浓缩倍率经计算为 3.87，在比较合理的范围内。按式（2-1）~ 式（2-6）计算出全厂其他数据情况，结果见表 2-1。从表可知全厂重复利用率为 98.40%，废水回收率为 100%，排放水率为 0%。可见全厂实现了高效的废水重复利用。

表 2-1 宁波项目水平衡水量关系

序号	项 目	数 值
1	取水量/m³·d⁻¹	6377.3
2	循环水量/m³·d⁻¹	389791
3	渗沥液量/m³·d⁻¹	800
4	回用水量/m³·d⁻¹	1261.5
5	串用水量/m³·d⁻¹	493.7
6	复用水量/m³·d⁻¹	391546.2
7	总用水量/m³·d⁻¹	397923.5
8	重复利用率/%	98.40
9	全厂排放水率/%	0
10	全厂废水回用率/%	100
11	间冷开式循环冷却系统浓缩倍数	3.87

2.2 给水处理概况

2.2.1 水源的选择

生活垃圾焚烧发电厂的工业用水主要有循环冷却水、锅炉补给水以及化验室用水。工业用水水源通常为地表水，在缺水地区和沿海地区，可以使用城市中水和海水作为水源。

地表水包括河水、水库水和湖泊水等，地表水经过混凝→沉淀→澄清→过滤→消毒处理后，可以用作循环冷却水补充水，再经除盐处理后，可用作锅炉补给水。

城市中水通常是指城市污水经二级处理后的出水，城镇污水处理厂出水达到《城镇污水处理厂污染物排放标准》（GB 18918—2002）一级 A 标准时，可直接用作《城市污水再生利用工业用水水质》（GB/T 19923—2005）中的循环冷却水和敞开式循环冷却水系统补充水（表 2-2），再经深度处理和除盐处理后，可用作锅炉给水。

表 2-2 敞开式循环冷却水系统补充水水质标准

序号	水质指标	一级 A 标准值	间冷敞开式循环冷却水系统补充水水质
1	COD/mg·L⁻¹	50	≤60
2	BOD₅/mg·L⁻¹	10	≤10
3	SS/mg·L⁻¹	10	—
4	动植物油/mg·L⁻¹	1	—

序号	水 质 指 标	一级 A 标准值	间冷敞开式循环冷却水系统补充水水质
5	石油类/mg·L⁻¹	1	≤1
6	阴离子表面活性剂/mg·L⁻¹	0.5	≤0.5
7	总氮（以 N 计）/mg·L⁻¹	15	—
8	氨氮（以 N 计）/mg·L⁻¹	5(8)	≤10
9	2005 年 12 月 31 日前建的污水处理厂总磷（以 P 计）/mg·L⁻¹	1	≤1
	2006 年 1 月 1 日后建的污水处理厂总磷（以 P 计）/mg·L⁻¹	0.5	
10	色度（稀释倍数）	30	≤30
11	pH 值	6~9	6.5~8.5
12	粪大肠菌群数/个·L⁻¹	1000	≤2000

注：括号外数据为水温大于 12℃时的控制指标，括号内为水温不大于 12℃时的控制指标。

利用海水作为工业冷却水，是解决淡水资源缺乏的沿海城市和地区用水的方法之一。当海水符合《海水水质标准》（GB 3097—1997）中三类及三类以上水质标准时，可直接用作冷却水；当海水符合《海水循环冷却水处理设计规范》（GB/T 23248—2009）和《海水循环冷却系统设计规范　第 1 部分：取水技术要求》（HY/T 187.1—2015）中的海水循环冷却水补充水水质（表 2-3）要求时，可直接用作循环冷却水补充水，否则应根据海水状况，采取拦污、防污损生物附着、絮凝、沉降等预处理措施处理达标后使用。海水经淡化除盐后，可用作锅炉补给水。

以地表水、城市中水和海水作为水源的特点比较见表 2-4[4]。

表 2-3　海水循环冷却水补充水水质指标

序号	项　目	控制值
1	浊度/NTU	<10
2	盐度/‰	20~40
3	pH 值	7.0~8.5
4	COD_{Mn}/mg·L⁻¹	≤4
5	溶解氧/mg·L⁻¹	≥4
6	总铁/mg·L⁻¹	<0.5
7	硫化物（以 S 计）/mg·L⁻¹	<0.1
8	油类/mg·L⁻¹	<1
9	异养菌总数/cfu·mL⁻¹	$<10^{-3}$

表 2-4　不同类型水源特点对比分析

水样类型	水资源量	费用	适用地区
地表水	随着经济的发展和人口的增长越来越紧张；水质受到不同程度的污染	水价越来越高；用于冷却水，建设和运行费用较低；用于除盐水制备，建设和运行费用低	不适合北方和缺水地区
中水	随着经济的发展和人口的增长越来越多；分布广	水价相对较低；用于冷却水，建设和运行费用较低；用于除盐水制备，建设和运行费用较高	适合所有地区
海水	丰富	水价低；用于冷却水，建设和运行费用较高；用于除盐水制备，建设和运行费用高	仅限于滨海地区

2.2.2　工业水处理

2.2.2.1　以地表水为水源的工业水处理

A　工艺选择

生活垃圾焚烧发电厂一般需自建地表水处理系统，将地表水处理达标后供给循环冷却水补充水，采用混凝→沉淀→澄清→过滤→消毒处理工艺，其设计应符合《室外给水设计标准》（GB 50013—2018）的要求，也可以采用集混凝、沉淀、排污、反冲洗、集水过滤等工艺于一体的一体化净水器（图 2-5）。自建地表水处理系统供水量大，但占地面积大，运行与维护费用较高；一体化净水器则供水量较小，占地面积小，运行与维护费用较低。生活垃圾焚烧发电厂循环冷却水补充水供水规模较小[3]，通常只需降低原水中的固体悬浮物含量，一般采用一体化净水器即可。

一体化净水器特别适用于水量较小，远离城市供水系统以外的区域[6]，其配有自动加药装置，无需人员操作而能达到单体全自动运行。

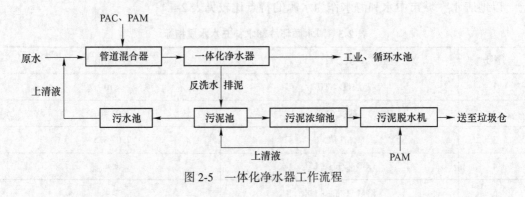

图 2-5　一体化净水器工作流程

B　一体化净水器组成及净水原理

一体化净水器由高效反应室、沉淀室、过滤室、污泥贮藏室、高位水箱、底部清水区、清水箱、虹吸管等组成（图 2-6），具有处理效果好、出水水质优良、自耗水量少、动力消耗省、占地面积小、自动化程度高等特点。

一体化净水装置集混凝、沉淀、过滤、反冲洗为一体，净化流程与城市供水厂相似，主要工艺段如下[7]。

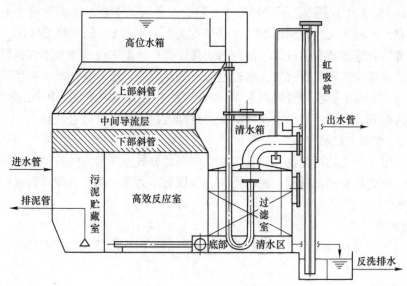

图 2-6　一体化净水器简图

a　高效反应室（混凝池）

投加混凝剂的原水由进水管进入混凝池内，使水中的悬浮物和混凝剂充分接触反应形成矾花。此处底部布设布水器，使投混凝剂脱稳后的胶体颗粒有充分接触碰撞的概率，又不至于使形成的较大的絮凝颗粒破碎。

混凝剂可以采用聚合氯化铝（PAC）、絮凝剂采用阴离子型聚丙烯酰胺（PAM）。

b　沉淀室（沉淀池）

原水混合液经过梯形斜板沉淀室沉淀后完成固液分离，沉淀下来的污泥排入泥斗送至污泥处理站处理。

净水器沉降区分为上下两部分，依据浅层沉淀理论，设置了斜管以加速沉降。下部沉降快，并形成了大颗粒状絮体，具有一定的稳流作用；在两层斜管之间由于水流方向的改变，会增加小颗粒絮体间的碰撞机会，在流经下层斜管时，将进一步提高水质；在沉降池的清水区，有一部分悬浮物存在，本设备设置了一个挡板及浮渣槽，浮渣通过溢流口定期排放。沉淀池污泥一部分回流混凝反应池，剩余污泥部分进入污泥区，定期外排。

（1）上部斜管组。该区属于混凝沉淀（干涉沉淀）区，在沉淀过程中，颗粒与颗粒之间互相碰撞产生混凝作用，使颗粒的粒径与质量逐渐增大，沉降速度不断加快，产生的沉淀物随斜管中水流输送至中间导流层。

（2）中间导流层。在此处，上部斜管组沉淀产生的沉淀物，随来自下部斜管组的具有倾斜水力的水流，流入污泥浓缩室部分。

（3）下部斜管组。下部斜管主要起均匀布水与导流作用，使水流侧向流动，推动上部斜管组沉淀产生的沉淀物流向污泥浓缩室。

c　过滤室

滤池底部为布水管，采用反射板布水，多孔板集水。过滤室采用双层滤料形式，中部为 0.5~1.0mm 的天然石英砂，下置卵石承托层，上部为无烟煤。沉淀后的水由上部进水管进入过滤室，水向下流经滤层过滤，过滤速度为 $8 \sim 10 m^3 / h$。悬浮物被截留，清水进入滤池滤板底部，再通过清水管进入上部的清水箱。最后流至工业消防水池内供厂区使用。

当滤层水头损失达到设置值时，通过虹吸原理自动启动反冲洗，反冲强度可调。过滤池反冲周期为 12h 左右，反冲洗时间为 4~6min。反冲洗及排泥水进入沉淀池，上清液回流至净水器再处理，污泥主要来自泥沙沉积，定期清挖后送至垃圾仓焚烧。

d　污泥浓缩室（贮藏室）

斜管沉淀室中产生的沉淀物在斜管沉淀室中间部分导流区水流的推动作用下，沉积到污泥浓缩室，此处设有电动磁阀，用以排泥，并设有压力水冲洗。低端可设置斜板，防止死角产生。

e　高位水箱

高位水箱上部设有溢流堰，主要起到水量调节的作用，使得水流稳定均匀，保证设备的稳定运行。

f　底部清水区

底部清水区是作为高位水箱与清水箱之间的中间连接部分。

g　清水箱

此部分主要作用是存储经过滤后的清水，清水从清水箱中流出，完成箱体部分的净化。反冲洗水也是来自清水箱，清水箱的内部设置了可调节的虹吸破坏斗，用以调整反冲洗时间。

h　虹吸管

一体化净水器的虹吸管的主要作用在于当滤料层截留物淤积到一定程度时，自动诱发反冲洗，冲洗结束时，自动破坏虹吸，继续过滤。

一体化净水器通过虹吸作用进行自动反冲洗原理（图 2-7）和步骤如下[7]：

（1）随着过滤室中过滤作用的不断运行，滤料内部和表面的滤渣开始慢慢形成淤积，与之相应的，通过 U 形布水管（见图 2-6）的进水透过滤料所需的压力逐渐增大；

（2）当透过滤料所需的压力超过从高位水箱溢流堰到滤料表面之间的水柱形成的压力时（$p = \rho g h$），高位水箱中的进水将不再透过滤料，而是直接进入虹吸上升管；

（3）随着虹吸上升管中的水位不断上升，当水面达到虹吸辅助管的管口时，水自该管落下，依靠水流抽气和挟气作用使虹吸管真空增大，同时，虹吸下降管中的液面由于真空的作用，也会不断上升，这进一步挤压了虹吸管中的空气，空气全部通过抽气管排走，最终，虹吸上升管与虹吸下降管中的水面接触，形成连续虹吸作用；

（4）随着虹吸作用的进行（此时，高位水箱中的进水流速不变），过滤室中滤料上部的压力骤降，在下部清水区压力不变的情况下，下部清水区中的清水开始穿过滤板进入滤料层，对滤料进行反冲洗，与此同时，清水箱中的清水穿过联通管进入下部清水区。反冲洗产生的废水通过虹吸上升管后，进入虹吸下降管，然后排走；

（5）随着反冲洗的进行，清水箱中的水位不断下降，当其水位下降到虹吸破坏管管口以下时，气体进入虹吸破坏管，管口与大气相通，这导致虹吸管中的真空破坏，反洗结束，过滤重新开始。

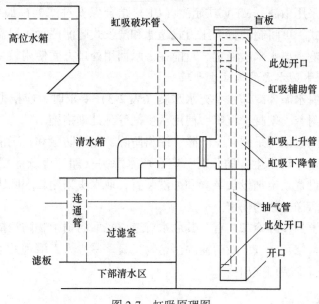

图 2-7　虹吸原理图

2.2.2.2　以城市中水为水源的工业水处理

以城市中水为循环冷却水补充水水源，应对城市中水进行深度处理。中水深度处理主体工艺经历了从过滤沉淀、石灰混凝到双膜工艺的演变，目前中水回用深度处理工艺主要是双膜工艺，其工艺流程见图 2-8[8,9]。

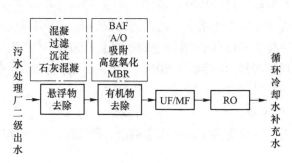

图 2-8　双膜法中水深度处理工艺流程

深度处理工艺由混凝沉淀、有机物去除和除盐三个单元组成[8,10]。

石灰混凝澄清过滤单元，主要通过石灰混凝吸附同时去除水中的暂时硬度、磷和部分有机物。中水经过石灰混凝后，多采用变孔隙滤池和机械搅拌澄清池，通过过滤或沉淀实现絮体的分离。

有机物去除单元的主要功能是降低中水的 COD 以及 NH_3-N 浓度，可以采用曝气生物滤池（BAF）、厌氧/好氧工艺（A/O 工艺）、膜生物反应器（MBR）、高级氧化、活性炭吸附等方法，其中曝气生物滤池集滤层的截留过滤效能和生物膜的强氧化降解能力于一体，既可以有效去除污水中的悬浮物和有机物，也可实现硝化、脱氮、除磷以及有害物质的去除，且具有体积小、占地面积少、处理效率高、出水水质好、流程简单、操作管理方便等优点[11,12]，应用较广泛。

除盐单元一般采用微滤（MF）或超滤（UF）结合保安过滤器再加反渗透（RO）工艺。按膜的运行方式，可将超滤分为压力式超滤和浸没式超滤两种，浸没式超滤不易受水质、水量波动的影响，出水水质稳定，目前在中水回用处理方面使用较多[10]。

2.2.2.3 以海水为水源的工业水处理

当海水不符合海水循环冷却水补充水水质（表2-3）要求时，应根据海水状况，选择拦污、防污损生物附着、絮凝、沉降、使用杀生剂等预处理措施。

防污损生物防除一般可采用化学防除、涂料防除、过滤防除和人工清除。

当采用杀生剂进行污损生物防除时，应在取水源头投加环境友好型的非氧化性杀生剂，在取水头部内设置杀生剂投加装置和冲洗装置，取水头采用较小间距的格栅和较小的过水流速以减少对海洋生物的伤害。

采用海水为水源的循环冷却工程，其取水管道应采取污损生物防治措施，并在管道上间隔一定距离设置检修孔，以便及时清除污堵物，显著减少人工清理的工作量，并降低维护工作的危险性和减少费用支出[13]。

2.2.3 除盐水制备

2.2.3.1 淡水除盐

常用的淡水除盐制备锅炉补给水工艺有离子交换法、反渗透法和电除盐或电去离子（EDI）法，超纯水除盐系统目前常采用以上三种组合工艺[14~16]。

第一种是离子交换法，其优点是占地面积小，初期投资小；缺点是需要进行离子交换树脂的再生，耗费大量酸碱，污染环境。

第二种是反渗透法和混床工艺结合，此工艺比较经济，在初期投入较少，行业应用较多；缺点是需要用消耗酸碱进行离子交换树脂的再生，会对环境产生一定的污染。

第三种是"反渗透预脱盐+电除盐（EDI）"工艺，这是目前超纯水最环保和经济的制备工艺；缺点是在初期投资方面比较昂贵。

2.2.3.2 海水淡化除盐

海水淡化除盐工艺可以分为蒸馏法和反渗透法，蒸馏法海水淡化可采用多级闪蒸、多效蒸馏工艺。

A 蒸馏法

a 多级闪蒸

多级闪蒸宜采用盐水再循环式多级闪蒸工艺，多级闪蒸淡化工艺可仅设置加酸脱气预处理装置。

多级闪蒸的优点有：（1）加热与蒸发过程分离，并未使海水真正沸腾，可以改善一般蒸馏的结垢问题；（2）技术简单，运行安全性高，设备单机容量大，使用寿命长，出水品质好，热效率高。

但多级闪蒸也存在原水利用率低，设备传热面积大、动力消耗大、操作弹性小（设计值的80%~110%）、腐蚀和结垢速度快、造价高，不适应于制水量要求可变的场合，传热管腐蚀易污染水质等缺点[17]。此外，多级闪蒸一般与电站联合运行，以汽轮机低压抽汽作为热源。

b 多效蒸馏

多效蒸馏宜选择带热压缩的低温多效蒸馏工艺，多效蒸馏淡化工艺的预处理装置可采用混凝、澄清工艺。

低温多效蒸馏的特点是：海水的最高蒸发温度约为70℃，可以避免或减缓设备的腐蚀和结垢。相比于多级闪蒸，低温多效蒸馏的设备占地面积小、动力消耗小、操作弹性较大（设计值40%~110%），传热管的泄漏不会影响水质，系统操作更为安全可靠[17]。低温多效蒸馏一般也与电站联合运行，以汽轮机低压抽汽作为热源。

B 反渗透法

反渗透适用于大、中、小型规模的海水淡化系统，其具有能耗低（无相变）、不需要蒸汽源、建设期短、占地面积小、系统的操作弹性大、启停操作简单、能够灵活应对产水量的变化的优点。因此反渗透是滨海地区生活垃圾焚烧发电厂海水淡化首选工艺[17]。海水淡化反渗透膜宜选用卷式复合膜，需定期更换。相比于蒸馏法，反渗透的出水水质稍差，海水经一级反渗透处理后的出水含盐量<500mg/L，需要设置两级反渗透才能很好地降低出水的含盐量[17]。

反渗透对预处理的要求比较严格，针对海水中污染物对反渗透膜的影响，海水预处理主要目的是防止微生物滋长、控制进水污泥密度指数（SDI_{15}）。需根据海水水质和系统规模等因素选用适宜的预处理工艺。典型的海水预处理工艺包括：

（1）海水→混凝、澄清→多介质过滤→细砂过滤；

（2）海水→混凝、澄清→介质过滤→超（微）滤；

（3）海水→混凝、澄清→超（微）滤；

（4）海水→多介质过滤→细砂过滤；

（5）海水→超（微）滤。

海水预处理工艺中超滤具有性能可靠、抗污染能力强、透水性强、占地面积小、操作简便、出水水质优异等特点，海水经过超滤工艺处理后可减轻后续反渗透系统的运行负荷，保证系统持续稳定地运行，延长系统的化学清洗周期。目前，超滤已成为海水反渗透预处理系统使用较常见的工艺之一[17]。

海水经反渗透处理后的产水水质不能满足锅炉补给水的要求，如若需要作为锅炉补给水供水，需在反渗透之后再加设处理装置，如离子交换或电除盐（EDI）装置。

2.3 废水处理概况

2.3.1 渗沥液处理

经济较发达国家（地区）生活垃圾的热值较高（8400~17000kJ/kg），如图2-9所示，含水率低，产生的渗沥液量少，可以采用直接回喷入炉的方式进行处置[19]，因此可供借鉴的国外涉及生活垃圾焚烧发电厂垃圾渗沥液无害化处理的工程案例较少。目前，生活垃圾焚烧发电厂渗沥液处理已成为以我国为代表的发展中国家的特色。

2.3.1.1 处理标准

由于我国的生活垃圾焚烧项目对于社会稳定的风险敏感性非常高，因此许多项目的渗

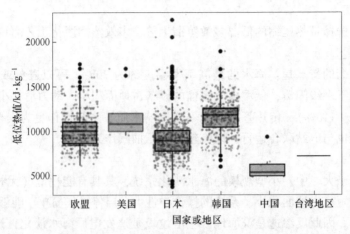

图 2-9　经济较发达国家（地区）生活垃圾热值比较（灰点为样品；黑点为偏差值）

沥液处理都要求实行"近零排放"。越来越多项目要求污水达到《城市污水再生利用　工业用水水质》（GB/T 19923—2005）中所规定的敞开式循环冷却水系统补充水水质标准（表 2-5），回用于循环冷却水系统。一般采用高效厌氧反应器-MBR 组合工艺不能达到回用处理目标，需增加 NF（纳滤）或 RO 深度膜处理工艺或者增加高级氧化等其他物化深度处理工艺[20]。

表 2-5　城市污水再生利用工业用水水质标准（敞开式循环冷却水系统补充水水质）

序号	控制污染物	水质标准
1	pH 值	6.5~8.5
2	悬浮物（SS）/mg·L^{-1}	—
3	浊度/NTU	≤5
4	色度（稀释倍数）	≤30
5	化学需氧量（COD$_{Cr}$）/mg·L^{-1}	≤60
6	生化需氧量（BOD$_5$）/mg·L^{-1}	≤10
7	铁/mg·L^{-1}	≤0.3
8	锰/mg·L^{-1}	≤0.1
9	氯离子/mg·L^{-1}	≤250
10	二氧化硅/mg·L^{-1}	≤50
11	总硬度/mg·L^{-1}	≤450
12	总碱度/mg·L^{-1}	≤350
13	硫酸盐/mg·L^{-1}	≤250
14	氨氮/mg·L^{-1}	≤10
15	总磷/mg·L^{-1}	≤1
16	溶解性总固体/mg·L^{-1}	≤1000
17	石油/mg·L^{-1}	≤1

序号	控制污染物	水质标准
18	阴离子表面活性剂/mg·L^{-1}	≤0.5
19	余氯/mg·L^{-1}	≤0.05
20	总大肠菌群/个·L^{-1}	≤2000

2.3.1.2 处理工艺

A 单独处理

生活垃圾焚烧发电厂渗沥液处理需建设渗沥液处理站，一般采用"生物处理+膜处理"工艺。其中生物处理包括厌氧处理和好氧处理，目前常采用厌氧-好氧联合工艺进行处理，去除渗沥液中有机物与总氮[20~24]。

a 厌氧处理工艺

厌氧处理单元在渗沥液处理中的主要作用是在较低的运行成本下削减高浓度有机物，其去除效率通常为70%~90%，但有机物的过渡削减会破坏渗沥液的营养比例，容易造成后续生物脱氮的碳源不足。

生活垃圾焚烧发电厂渗沥液 COD 浓度高，同时含有大量难生物降解有机物质，需要设置厌氧处理单元，通过厌氧发酵，在去除大部分的有机污染物的同时使大分子化合物分解成小分子化合物，减轻后续工艺的去除负荷。

常用的厌氧处理工艺有上流式厌氧污泥床（UASB 工艺）、厌氧生物滤池（AF 工艺）、内循环厌氧反应器（IC）等[25~29]，其中 UASB 工艺是目前国内垃圾焚烧发电厂通用的厌氧处理工艺，最优工况下 COD 去除率超过90%[25,26]。

b 好氧处理工艺

生活垃圾焚烧发电厂渗沥液好氧处理工艺主要针对有机物、氨氮和总氮三个指标进行选择性削减，通常以生物脱氮工艺为主。常用于渗沥液生物脱氮处理的工艺有序批式活性污泥法（SBR）[24]、缺氧-好氧活性污泥法（A/O）[30]和膜生物反应器（MBR）[31,32]等。

传统硝化反硝化工艺，是 NH_3-N 生成亚硝酸根（NO_2^-），进而生成硝酸根（NO_3^-），然后 NO_3^- 在缺氧条件下，生产 NO_2^-，再进一步生产 N_2。短程硝化是指 NH_3-N 生成 NO_2^-，不再生产 NO_3^-，而由 NO_2^- 直接生成 N_2。短程硝化反硝化主要是通过氨氧化菌在反应器的优势积累、适于氨氧化菌长期稳定生长并抑制亚硝酸氧化菌的最佳环境因素的构建、实现持续稳定的短程硝化过程控制模式的优化来实现的[33~35]。经过厌氧处理后的垃圾渗沥液属于典型的高氨氮、低碳氮比废水，传统的硝化反硝化脱氮工艺存在能耗高、碳源投加量大和停留时间长等问题。相对于传统硝化反硝化工艺，短程硝化反硝化技术可节约25%的耗氧量、40%左右的反硝化碳源，反硝化速率可以提高0.5~1倍，还具有低污泥产率等特点。短程硝化反硝化是生活垃圾焚烧发电厂生物脱氮处理工艺的发展趋势，也是目前研究热点之一，有研究者已完成了渗沥液短程硝化反硝化的中试试验[36,37]。

c 深度处理工艺

渗沥液经生物处理后，其出水通常需要进行深度处理以达到回用或外排污水管网要求，常用的深度处理技术有膜处理技术、蒸发浓缩技术、芬顿（Fenton）等高级氧化组合技术。

王罕等人[38]采用 UASB+MBR+NF 工艺处理某生活垃圾焚烧发电厂渗沥液，原水 COD、BOD_5、NH_3-N 和 SS 分别为 48700mg/L、19500mg/L、1528mg/L 和 11300mg/L，纳滤系统最大压力为 1.5MPa，净化水回收率 85%，出水 COD、BOD_5、NH_3-N 和 SS 分别达到 78mg/L、17mg/L、11mg/L 和 19mg/L，满足《生活垃圾焚烧污染控制标准》（GB 18485—2014）要求，该工艺 COD 去除 1kg 的费用仅为 0.57 元。

高级氧化技术（AOP）处理是指以羟基自由基（·OH）作为主要氧化剂的氧化过程。典型的 AOP 处理方法有 O_3/UV、O_3/H_2O_2、UV/H_2O_2、H_2O_2/Fe^{2+}（Fenton 试剂）、电化学氧化、光催化氧化、超声波氧化、催化湿式氧化等组合。多数高级氧化技术，不能去除生化出水中的氮，而无法单独应用于渗沥液的深度处理[39,40]。李仲[41]采用活化过硫酸盐深度处理重庆某生活垃圾焚烧发电厂 RO 前的 MBR 出水，原水 COD_{Cr}、TOC 和 NH_3-N 分别为 800mg/L、334mg/L 和 28mg/L，在最优的热活化过硫酸盐处理条件下，出水 COD_{Cr} 降至 50mg/L 以下、NH_3-N 和色度几乎为 0；在最优的紫外光照活化过硫酸盐处理条件下，出水 COD_{Cr} 和 TOC 分别降至 100mg/L 以下和 20mg/L、NH_3-N 和色度几乎为 0，出水均达到《生活垃圾焚烧污染控制标准》。邱家洲等人[42]采用臭氧氧化组合处理工艺 [（混凝）/AOP1(O_3)/ 生化 /AOP2(O_3/H_2O_2)] 处理上海某生活垃圾焚烧发电厂垃圾渗沥液 MBR 出水，原水 COD_{Cr}、BOD_5 和 TOC 分别为 328～382mg/L、1.8～5.7mg/L 和 95～128mg/L，处理后出水 COD_{Cr} 达到《生活垃圾焚烧污染控制标准》（GB 18485—2014）中的要求。

目前，MBR+NF/RO 工艺路线是生活垃圾焚烧发电厂渗沥液处理较常见的工艺。此工艺组合中生化部分可以高效地进行有机物降解和生物脱氮，MBR 的超滤膜部分恰好可以作为 NF/RO 工艺的预处理工艺。更重要的是，RO 可以作为出水可靠的把关环节，出水可以达到《城市污水再生利用　工业用水水质》（GB/T 19923—2005）中的敞开式循环冷却水系统补充水水质标准。工艺整体衔接流畅，占地小，不受地形约束，该工艺组合是国内的渗沥液处理主流工艺，其应用及变形还有 UASB+MBR+NF/RO、MBR+DTRO（碟管式反渗透膜）、MBR+STRO（管网式反渗透膜）等[43~46]。

负压蒸发浓缩法可以在低于渗沥液沸点的温度下，通过调节渗沥液的 pH 值控制蒸发冷凝液中污染物浓度，使冷凝液中 COD 和 NH_3-N 含量达到一级排放标准。程治良等人[47]采用负压蒸发浓缩法处理重庆某生活垃圾焚烧发电厂渗沥液，渗沥液 pH 值为 7.5，色度为 200~250 倍，TS、COD 和 NH_3-N 分别为 17877mg/L、9900mg/L 和 529mg/L。在负压蒸发浓缩过程中，保持渗沥液原液 pH 值为 7.5，以降低一次蒸发冷凝液中挥发性有机酸浓度；然后将一次蒸发冷凝液的 pH 值调整为 5.0，以降低二次蒸发冷凝液中 NH_3-N 浓度，最后得到的二次蒸发冷凝液的 COD 和 NH_3-N 分别为 59.1mg/L 和 3.02mg/L，达到《生活垃圾焚烧污染控制标准》（GB 18485—2014）排放标准。

d　浓缩液处理工艺

由于膜处理工艺本身的特点，采用纳滤或反渗透深度处理技术后的出水，必然会产生 15%~25% 的高盐分浓缩液，其典型水质见表 2-6[46]。目前，针对渗沥液膜处理产生的浓水，典型的处理方法是蒸发、回喷入炉和回用等[48,49]，各种方法的所占比例和优缺点见表 2-7[50]。

表 2-6 膜处理系统出水、反渗透和纳滤浓缩液的典型水质

序号	项目	参考值		
		MBR 出水	RO 浓缩液	NF 浓缩液
1	浓缩倍数		4	≥6
2	COD/mg·L^{-1}	300~800	2000~3600	4000~6000
3	BOD/mg·L^{-1}	≤30	约 100	约 150
4	SS/mg·L^{-1}	0	0	0
5	NH$_3$-N/mg·L^{-1}	<20	<40	<10
6	TN/mg·L^{-1}	<300	<1200	<1800

表 2-7 纳滤/反渗透膜浓缩液主要处置工艺所占比例和优缺点

处理工艺	所占比例/%	优点	缺点
回用	38.6	成本低廉、有收益、操作简单	可能无法完全消纳浓缩液
回喷入炉	22.8	成本低廉、操作简单、保护炉膛	运营成本过高
回喷垃圾池	7.0	成本低廉、操作简单	可能导致难降解有机物和盐分等的累积,系统崩溃;降低垃圾热值,可能大大增加二噁英产量,甚至可能灭火;运营成本高
回流调节池	3.5	成本低廉、操作简单	可能导致难降解有机物和盐分等的累积,系统崩溃
组合工艺	22.8	操作灵活	增加系统复杂度;增加基建成本
浓缩+处置	5.3	减小处置负担	增加基建和运营成本

膜浓缩液采用蒸发处理工艺可以使其减量 90% 以上[51]。目前,应用较多的蒸发工艺有多效蒸发、浸没燃烧蒸发(SCE)、机械蒸汽压缩蒸发(MVC)等。机械蒸汽压缩蒸发(MVC)是一种液体分离浓缩的装置,采用物理化学分离过程,清液回收率在 85% 左右,出水水质较好。由于浓缩液中腐殖质在蒸发过程中首先析出,蒸发器和换热器内壁易形成腐殖质黏液层,导致系统结垢严重,使换热效率和蒸发能效比降低,增加蒸发装置的清洗频率。此外,蒸发后的浓液还需进行干燥或固化填埋处理,增加处理费用[52]。

生活垃圾焚烧发电厂在烟气净化系统石灰制浆和飞灰固化等生产过程中需要使用大量生产用水,且对水质基本无要求[50]。将浓缩液泵至所需工序,可以直接将其利用。回用法设备简单,操作方便,基建和运行成本很低,还可节约生产用水,回收费用。南方沿海地区规模为 1800t/d 的某生活垃圾焚烧发电厂将浓缩液回用至石灰制浆和飞灰固化,不但实现了废水"近零排放",而且在不到一年的时间内回收了成本[53]。

石灰制浆和飞灰固化所需的水量有限,无法完全消纳所有的浓缩液,尤其是南方地区

的生活垃圾焚烧发电厂，在雨季垃圾渗沥液产量大幅度增加，浓缩液产量随之增大。经石灰制浆和飞灰固化消纳后剩余的浓缩液一般采用回喷入炉焚烧处理，最终实现生活垃圾焚烧发电厂废水"近零排放"。

将浓缩液与垃圾混合进炉或者回喷入炉，可利用焚烧炉的高温将有机物彻底分解，盐分结晶。将浓缩液回喷入炉焚烧，能大量消耗浓缩液，操作简单，运行成本低。如适当地控制回喷比（不大于3.96%），则不会影响生活垃圾焚烧工况和烟气中污染物浓度[54]。浓缩液回喷处理运营费相对于渗沥液处理运营费更低。另一方面，虽然浓缩液回喷造成热损失，发电量减少，但回喷可防止焚烧炉炉膛超温，减缓炉内结焦速度，降低因结焦导致停炉的频率，从而增加垃圾处理量和上网电量[55]。浓缩液回喷还能有效降低焚烧炉出口NO_x含量。回喷浓缩液能抑制NO_x的生成，浓缩液中的氨可与NO_x进行选择性非催化还原反应，且烟温的降低可以抑制热力型NO_x的生成率[56]。综合比较，采用浓缩液回喷具有一定的经济效益。

B 协同处理

生活垃圾焚烧发电厂渗沥液在一定条件下可以通过污水管网或采用密闭输送方式送至采用二级处理方式的城市污水处理厂与城镇生活污水协同处理，协同处理应满足以下条件：

（1）在生活垃圾焚烧发电厂内处理后，总汞、总镉、总铬、六价铬、总砷、总铅等污染物浓度达到《生活垃圾填埋场污染控制标准》（GB 16889—2008）规定的浓度限值要求（表2-8）；

（2）城市二级污水处理厂每日处理生活垃圾渗沥液和车辆清洗废水总量不超过污水处理量的0.5%；

（3）城市二级污水处理厂应设置生活垃圾渗沥液和车辆清洗废水专用调节池，将其均匀注入生化处理单元；

（4）不影响城市二级污水处理厂的污水处理效果。

生活垃圾焚烧发电厂渗沥液有机物浓度高，COD_{Cr}可达90000mg/L，BOD_5可达38000mg/L；含有大量的重金属离子，总汞、总镉、总铬、六价铬、总砷、总铅等污染物浓度远远超过协同处理要求的限值（表2-8），如杭州某生活垃圾焚烧发电厂垃圾渗沥液中铅的浓度达到12.3mg/L；微生物营养元素比例失调，渗沥液中磷的含量较低，有机物和氨氮浓度较高，$m(C)/m(N)$的比值经常失调，元素P缺乏，其中$m(BOD):m(N):m(P)$的比例约为1000：30：1，与微生物生长所需$m(C):m(N):m(P)$的正常比例（100：5：1）相差较大。因此焚烧厂渗沥液在输送至城市污水处理厂之前，需在焚烧厂内先进行预处理。

渗沥液预处理可以采用混凝沉淀、板框压滤和曝气吹脱组合工艺[57]。

表2-8 《生活垃圾填埋污染控制标准》主要指标值

序号	控制污染物	排放浓度限值	
		一般地区	敏感地区①
1	色度（稀释倍数）	40	30
2	悬浮物/mg·L⁻¹	30	30

序号	控制污染物	排放浓度限值	
		一般地区	敏感地区①
3	化学需氧量（COD_{Cr}）/mg·L^{-1}	100	60
4	生化需氧量（BOD_5）/mg·L^{-1}	30	20
5	总氮/mg·L^{-1}	40	20
6	氨氮/mg·L^{-1}	25	8
7	总磷/mg·L^{-1}	3	1.5
8	总汞/mg·L^{-1}	0.001	0.001
9	总镉/mg·L^{-1}	0.01	0.01
10	总铬/mg·L^{-1}	0.1	0.1
11	六价铬/mg·L^{-1}	0.05	0.05
12	总砷/mg·L^{-1}	0.1	0.1
13	总铅/mg·L^{-1}	0.1	0.1
14	类大肠菌群数/个·L^{-1}	10000	1000

①在国土开发密度已经较高、环境承载能力开始减弱或环境容量较小、生态环境脆弱敏感，容易发生严重环境污染问题而需要采取特别保护措施的地区。

（1）混凝沉淀。混凝剂可以选用铁盐和 CaO。铁盐作为混凝剂，安全无毒，可以避免二次污染，同时具有混凝能力强、矾花大、沉降快、水温和 pH 值适用范围广、价格便宜等优点，而且还可以去除污水中的腐殖质。适量的铁盐可以改善污泥脱水性质，有利于后期的板框压滤。CaO 是经济实惠、效果优良的混凝剂，且具有调节 pH 值的功能，可为后续曝气阶段提供适宜的 pH 环境。

（2）板框压滤。渗沥液混凝沉淀形成的污泥的含水率约为 95%～99%，体积仍很大，需进一步去除污泥中的空隙水和毛细水，减少其体积。经过板框压滤脱水处理后，污泥含水率能降低到 75%～80%，脱水后的污泥可以入炉焚烧。

（3）曝气吹脱。目前，针对高氨氮渗沥液的预处理技术主要有鸟粪石（MAP）沉淀法、曝气吹脱法和厌氧生物法等。其中，曝气吹脱处理垃圾渗沥液不仅可以吹脱掉其中大量的氨氮，还可以去除部分苯酚、氰化物、硫化物及其他难去除、对生化有抑制作用、毒性大的挥发性物质，为后续的生物处理提供有利条件。

经过"混凝沉淀-过滤-曝气"预处理后的渗沥液与城市污水按 1:200 比例混合时，污水 $m(C)/m(N)$ 和 $m(C)/m(P)$ 比值可以分别提高至 4～5 和 45～50[57]，可以显著提高垃圾渗沥液碳源利用率，降低生活垃圾焚烧发电厂渗沥液对城市污水处理厂微生物及进水负荷的影响，节省污水处理厂调节 $m(C)/m(N)$ 和 $m(C)/m(P)$ 比值的甲醇和磷酸盐的使用量。

焚烧厂渗沥液与污水处理厂城市污水协调处理，运行成本低廉，操作简单易行，其费用大大低于焚烧厂渗沥液单独处理，具有较好的应用前景。

2.3.2　循环冷却水排污水处理

循环冷却水排污水处理常用工艺是"超滤+反渗透"双膜法[58~64]，而混凝沉淀和二级软化是双膜法有效的预处理方法[58~60]。循环冷却水排污水一般采用混凝沉淀→二级软化→UF-RO 工艺处理，反渗透淡水可以作为循环冷却水补充水回用，也可以作为锅炉补给水水源，浓水可以作为洗烟工艺用水。

混凝主要去除颗粒态和胶体态有机物，混凝前将水样 pH 值调至酸性使部分溶解态有机物（DOM）转化为非溶解态有机物，可降低混凝剂投加量，有助于循环水中残余的阻垢剂、缓蚀剂的去除。酸性（pH=4.0）条件有助于减少混凝剂（$FeCl_3$）投加量，提高有机物去除效果，同时可去除循环冷却水排污水中残余的阻垢剂、缓蚀剂。$FeCl_3$ 最佳投加量为 20mg/L，对 COD、TOC 去除率分别为 61.2%、47.5%[58]。

采用二级软化工艺可以有效去除循环冷却水排污水中结垢性物质，减轻后续膜系统的无机污染。石灰是排污水软化最常用的投加剂，由于价格低、来源广，适用于原水碳酸盐硬度较高、非碳酸盐硬度较低且不要求深度软化的场合。有研究发现[58]，$NaOH$—Na_2CO_3 二级软化相较于 $Ca(OH)_2$—Na_2CO_3 二级软化条件更优。$Ca(OH)_2$—Na_2CO_3 二级软化由于引入额外的 Ca^{2+}，会造成 Na_2CO_3 投加量增加，污泥量增大，增加污泥处理费用。而 $NaOH$—Na_2CO_3 二级软化，则具有 NaOH 加药系统简单、现场工作环境好等优点，其对废水中 Ca^{2+}、Mg^{2+}、TP、TOC、全硅的去除率分别为 86.5%、92.5%、97.9%、27.4%、84.3%。

2.3.3 洗烟废水处理

国内生活垃圾焚烧发电厂烟气湿法脱酸废水的处理工艺分为"两级混凝沉淀-两级过滤"处理排放和"混凝沉淀过滤-深度处理"回用两类[65]，随着生活垃圾焚烧发电厂废水"近零排放"的实施，混凝沉淀过滤-深度处理回用工艺将会得到广泛应用。两类工艺均包括混凝沉淀过滤工序，混凝沉淀过滤的作用包括去除悬浮物、去除重金属和实现固液分离[66]。

2.3.3.1 两级混凝沉淀-两级过滤工艺

上海老港、天马、奉贤烟气湿法脱酸废水处理系统都是采用的两级混凝沉淀-两级过滤组合工艺，工艺流程如图 2-10 所示[65]。

化学沉淀法只能简单去除废水中的悬浮物和部分重金属离子，对盐分去除效果不明显，脱酸废水经化学沉淀处理后也无法回用，基本只能外排污水管网。

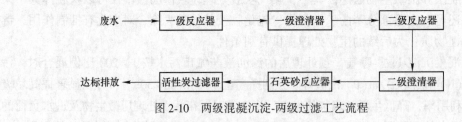

图 2-10 两级混凝沉淀-两级过滤工艺流程

2.3.3.2 混凝沉淀过滤-深度处理工艺

混凝沉淀过滤-深度处理中的深度处理可以是 NF/RO 膜法处理（图 2-11），也可以是蒸发处理（图 2-12）[65]。膜分离法处理脱酸废水，淡水可用作循环冷却水补充水，膜浓缩液可以用于烟气净化系统石灰制浆和垃圾焚烧飞灰固化，剩余的浓缩液可以回喷入炉焚烧处理。

图 2-11　混凝沉淀过滤-膜法处理

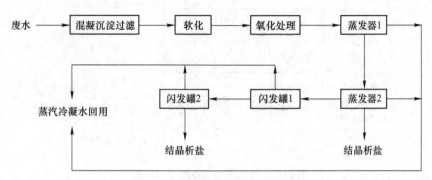

图 2-12　混凝沉淀过滤-蒸发处理

蒸发结晶法虽然投资大，运行能耗较高，但是蒸发结晶可以彻底实现废水中盐分与水的分离，蒸发产生的蒸汽冷凝水可以达到《城市污水再生利用工业用水水质》中敞开式循环冷却水系统补充水要求，蒸发结晶出的盐经过脱水、干燥后可以达到工业盐标准，可以用于印染、造纸、炼钢等行业，实现盐的资源化利用。

2.3.4　其他废水处理

2.3.4.1　膜分离除盐系统废水和锅炉水排污水

膜分离除盐系统废水和锅炉水排污水水质比较好，膜分离除盐系统废水可以直接用作循环冷却水补充水，锅炉水排污水冷却后可以用作循环冷却水补充水。

2.3.4.2　生活污水

生活垃圾焚烧发电厂生活污水的水量较小，一般并入渗沥液处理系统进行处理，也可以单独处理。

相较于一般的城市生活污水，生活垃圾焚烧发电厂生活污水具有悬浮物（SS）和有机物（COD_{Cr}、BOD_5）浓度较低、水量变化大等特点，目前比较成熟的处理工艺是上流式曝气生物滤池[67~70]，其出水可直接作为循环冷却水补充水回用。上流式曝气生物滤池对废水的悬浮物、有机物和氨氮去除效果较好，磷的去除率较低，出水总磷（TP）一般大于1mg/L，但相对于循环冷却水补充水，生活污水水量占比小（如宁波项目生活污水水量不到循环冷却补充水的1/500），经过混合稀释后总磷（TP）浓度完全能够达到用水标准[70]。

上流式曝气生物滤池是集生物氧化和截留固体悬浮物于一体的新工艺，工艺成熟高效，是一种运行可靠、自动化程度高、出水水质好、占地面积小、抗冲击能力强和节约能耗的新一代污水处理革新工艺[67]。图2-13为曝气生物滤池结构原理图[71]，生物滤池中部为滤料层（含生物填料层），污水通过滤料层后，水中含有的污染物被滤料层截留，并被滤料上附着的生物降解转化，所产生的污泥保留在过滤层中，只让净化的水通过，无需在下游设置二沉池进行污泥沉降。

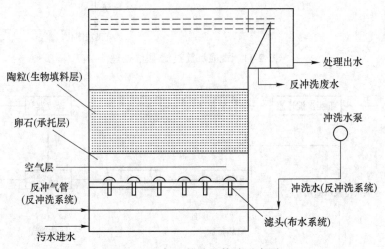

图 2-13 曝气生物滤池构造示意图

2.3.4.3 初期雨水

城市初期雨水的量大、汇水时间短，一般采取"调蓄+处理"的方式，即先将初期雨水用调蓄池收集储存，再利用处理设施处理[72]。高效旋流分离—生态砾间接触氧化联合工艺是处理初期雨水的有效方法。

目前初期雨水一般采用旋流分离设备进行处理。国内大部分雨水旋流分离设备对于较小粒径颗粒的去除效果不佳，且不同进水流量下的分离效果不稳定，设备结构及参数有待改进。国外应用较为广泛的雨水以及雨污合流废水处理设备是流体动力旋流分离设备，相较于无动力旋流分离设备，流体动力旋流分离设备具有无能耗、截污效率高、适应性强等优点，正逐渐成为主流的雨水处理技术[73]。

另外，初期雨水新型处理技术也在不断发展，刘楠楠等人[5]采用高效旋流分离—生态砾间接触氧化联合装置（图2-14）处理初期雨水，取得了较好的处理效果。SS、COD、

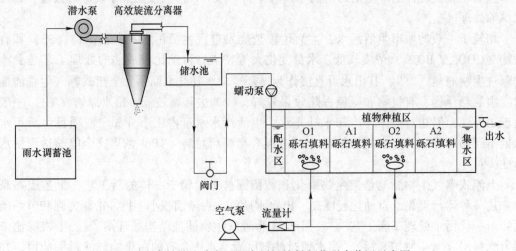

图 2-14 高效旋流分离—生态砾间接触氧化联合装置示意图

TN、NH$_3$-N 和 TP 的平均去除率分别为 91.80%、84.56%、59.61%、79.58% 和 67.41%，其出水浓度分别降至 89.00mg/L、42.00mg/L、3.97mg/L、1.84mg/L 和 0.42mg/L。

参 考 文 献

[1] 梅丽娜．生活垃圾焚烧发电厂的总平面布置要点——以密云垃圾焚烧发电厂为例 [J]．中国科技期刊数据库：工业 C，2015 (26)：276，277．

[2] 浙江环科环境咨询有限公司．鄞州区生活垃圾焚烧发电工程环境影响报告书 [R]．2015.1．

[3] 孙纪康，王苑颖．垃圾焚烧发电厂废水"零排放"实例 [J]．中国资源综合利用，2019，37 (9)：169~176，180．

[4] 席占生．城市中水作为电厂水源的可行性分析方法研究 [D]．北京：清华大学，2005．

[5] 刘楠楠，迟杰，褚一威，等．高效旋流分离-生态砾间接触氧化联合装置处理初期雨水径流应用研究 [J]．环境污染与防治，2019，41 (9)：1043~1049．

[6] 史惠祥，陈杭飞，卢贤飞．实用水处理设备手册 [M]．北京：化学工业出版社，2000．

[7] 南京德诺环保工程有限公司．FA 一体化净水器使用说明书 [EB/OL]．2018-06-30 [2020-07-04]．https://wenku.baidu.com/view/c4ac0fe0b9f3f90f76c61be4.html．

[8] 魏源送，郑利兵，张春，等．热电厂中水回用深度处理技术与国内应用进展 [J]．水资源保护，2018，34 (6)：1~11，16．

[9] 王钢，岳增刚，郑利兵，等．热电厂双膜法中水深度处理系统运行效果与问题分析 [J]．环境工程学报，2019，13 (4)：773-783．

[10] 卢晗，王灵志，吴培肇，等．火电厂深度节水技术研究进展 [J]．现代化工，2017，37 (7)：32~35．

[11] 程滕．市政污水厂出水用于热电厂冷却水的处理工艺优化研究 [D]．成都：西南交通大学，2016．

[12] 张小玲，李强，王靖楠，等．曝气生物滤池技术研究进展及其工艺改良 [J]．化工进展，2015，34 (7)：2023~2030．

[13] 王印忠，严军华，高丽丽，等．我国首例万吨级海水循环冷却工程运行经验总结 [J]．工业用水与废水，2017，48 (5)：54~57．

[14] 丁桓如，吴春华，龚云峰．工业水处理 [M]．北京：清华大学出版社，2014．

[15] 李培元，周柏青．发电厂水处理及水质控制 [M]．北京：中国电力出版社，2012．

[16] 朱志平．电厂化学概论 [M]．北京：化学工业出版社，2013．

[17] 王瑞，韩蕊．某核工程海水淡化工艺比选 [J]．给水排水，2017，43 (S1)：8~10．

[18] 李天琪．Actiflo 微砂加重絮凝高效沉淀工艺设计介绍 [J]．给水排水，2009，35 (4)：11~13．

[19] Lu Jiawei, Zhang Sukun, Hai Jing, et al. Status and perspectives of municipal solid waste incineration in China: A comparison with developed regions [J]. Waste Management, 2017, 69: 170~186.

[20] 叶杰旭，穆永杰，严显超，等．生活垃圾焚烧厂沥滤液处理技术研究进展 [J]．环境科学与技术，2012，35 (S1)：134~139．

[21] 陈燕．厌氧-好氧工艺处理垃圾焚烧厂渗滤液的效果分析及其碳排放核算 [D]．无锡：江南大学，2015．

[22] 陈燕，任洪艳，阮文权．厌氧-好氧工艺处理垃圾焚烧厂渗滤液工程运行效果 [J]．环境工程学报，2015，9 (12)：5750~5756．

[23] 张璐，李武，高兴斋，等．垃圾焚烧发电厂渗滤液处理工程设计 [J]．中国给水排水，2009，25 (4)：29~31，34．

[24] 宋灿辉，肖波，胡智泉，等．UASB/SBR/MBR 工艺处理生活垃圾焚烧厂渗滤液 [J]．中国给水排水，2009，25 (2)：62~64．

[25] 张徽晟. 生活垃圾焚烧厂渗滤液处理工艺的研究 [D]. 上海：同济大学，2006.

[26] 王涛. UASB 反应器处理垃圾渗滤液的效果及机理研究 [D]. 合肥：安徽建筑大学，2017.

[27] 姚远，刘政，涂为民，等. 成都市生活垃圾焚烧发电厂渗滤液处理现状分析 [J]. 水处理技术，2018，44（2）：128~132，139.

[28] 李志华，翟艳丽，俞晓阳，等. 新型高效厌氧反应器代替 UBF 处理垃圾焚烧渗滤液 [J]. 中国给水排水，2017，33（6）：109~112.

[29] 王涛，黄振兴，阮文权，等. IC-N/D-A^3/O^3 工艺在垃圾渗滤液处理中的应用 [J]. 工业水处理，2015，35（4）：92~95.

[30] 李靖. UASB-A/O-UF 工艺处理垃圾焚烧发电厂渗滤液 [J]. 中国给水排水，2014，30（12）：20~24.

[31] 杜星，李晓尚，孙月驰. 二级厌氧+厌氧氮氧化+MBR 工艺处理垃圾焚烧厂渗滤液探讨 [J]. 给水排水，2016，42（1）：42~46.

[32] 靳云辉，秦川，郝静，等. 中温厌氧-MBR-NF/RO 工艺处理垃圾渗滤液设计 [J]. 给水排水，2018，44（9）：46~48.

[33] 李泽兵，李军，李妍，等. 短程硝化反硝化技术研究进展 [J]. 给水排水，2011，37（9）：163~168.

[34] 胡岚. 生物炭 A/O 工艺短程硝化反硝化研究 [J]. 环境科学与技术，2012，35（4）：170~174.

[35] 赵晴，刘梦莹，吕慧，等. 耦合短程硝化反硝化的垃圾渗滤液厌氧氨氧化处理系统构建及微生物群落分析 [J]. 环境科学，2019，40（9）：4195~4201.

[36] 赵晴，梁俊宇，吕慧，等. AO-MBR 工艺短程硝化反硝化处理垃圾渗滤液中试研究 [J]. 北京工业大学学报，2018，44（1）：45~49.

[37] 赵晴，周浩，吕慧，等. AO-SBR 短程硝化反硝化垃圾渗滤液预处理中试应用 [J/OL]. 环境工程学报. http://kns.cnki.net/kcms/detail/11.5591.X.20200526.0940.008.html.

[38] 王罕，蒋文化，马三剑. UASB+MBR+NF 处理焚烧垃圾渗滤液的设计及运行 [J]. 工业水处理，2014，34（11）：87~89.

[39] 邱松凯. 臭氧-生物活性炭深度处理垃圾焚烧渗滤液研究 [D]. 杭州：浙江工业大学，2014.

[40] 杜安静. 臭氧组合工艺深度处理焚烧垃圾渗滤液的研究 [D]. 上海：上海师范大学，2015.

[41] 李仲. 活化过硫酸盐深度处理垃圾焚烧厂渗滤液的研究 [D]. 重庆：重庆大学，2014.

[42] 邱家洲，王国华，徐品虎. 臭氧高级氧化组合技术处理垃圾渗滤液达标 [J]. 中国给水排水，2011，27（23）：104~108.

[43] 吴爱华. 管网式反渗透膜（STRO）在零排放项目中的设计与应用 [J]. 净水技术，2017，36（2）：88~91.

[44] 邱端阳，张辉，柴晓利. 两级管网式反渗透工艺处理垃圾填埋场渗滤液 [J]. 中国给水排水，2013，29（11）：15~17.

[45] 周岩，王黎加，付友先，等. 青岛市小涧西渗滤液处理扩容改造项目运行分析 [J]. 给水排水，2017，43（2）：33~35.

[46] 陈娟娟. 负荷分配与成本控制对垃圾渗滤液处理工艺设计的影响 [D]. 广州：华南理工大学，2014.

[47] 程治良，全学军，陈波，等. 生活垃圾焚烧发电厂渗滤液蒸发浓缩处理 [J]. 环境工程学报，2012，6（10）：3645~3650.

[48] Ren Xu, Xu Ximeng, Xiao Yu, et al. Effective removal by coagulation of contaminants in concentrated leachate from municipal solid waste incineration power plants [J]. Science of the Total Environment, 2019, 685：392~400.

[49] Shi Jinyu, Dang Yan, Qu Dan, et al. Effective treatment of reverse osmosis concentrate from incineration leachate using direct contact membrane distillation coupled with a NaOH/PAM pre-treatment process [J]. Chemosphere, 2019, 220: 195~203.

[50] 陈丽, 刘兰英, 向奕锦. 满足 GB18485-2014 的焚烧厂渗滤液处置工艺探讨 [J]. 环境保护与循环经济, 2018 (7): 25~29.

[51] 李敏, 陈冬, 孟鑫, 等. 垃圾焚烧电厂废水综合利用和"零排放"工艺设计 [J]. 中国资源综合利用, 2018, 36 (3): 72~76.

[52] 戎静. 生活垃圾焚烧厂渗滤液浓缩液处理工艺综述 [J]. 环境卫生工程, 2017, 25 (2): 56~58.

[53] 陈丽, 刘兰英, 王占磊. 垃圾焚烧发电厂膜滤浓液零排放工程实例 [J]. 中国给水排水, 2017, 33 (24): 104~107.

[54] 吴太军, 文永林. 生活垃圾焚烧厂渗滤液膜浓缩液处理工艺研究进展 [J]. 黑龙江环境通报, 2018, 42 (3): 63~65.

[55] 严浩文, 余国涛, 杨杨. 渗滤液浓缩液回喷处理对垃圾焚烧过程影响初探 [J]. 环境卫生工程, 2019, 27 (2): 66~69.

[56] 周升, 黄兵, 徐俊. 垃圾焚烧厂渗滤液协同处理方案设计分析 [J]. 环境卫生工程, 2018, 26 (6): 53~56.

[57] 黄世清. 垃圾焚烧厂渗滤液预处理后与城市污水协同处理中试研究 [J]. 能源与环境, 2014 (6): 75~76.

[58] 胡大龙, 许臻, 杨永, 等. 火电厂循环水排污水回用处理工艺研究 [J]. 工业水处理, 2019, 39 (1): 33~36.

[59] 李瑞瑞, 姜琪, 余耀宏, 等. 循环水排污水回用软化处理工艺 [J]. 热力发电, 2014, 43 (5): 117~120.

[60] 姜琪, 李瑞瑞, 雷方俣, 等. 某电厂膜法用于循环水系统的方案优化 [J]. 工业安全与环保, 2014, 40 (11): 93~95.

[61] 李亚娟, 陈景硕, 余耀宏, 等. 高回收率循环水排污水回用处理工艺研究 [J]. 工业安全与环保, 2016, 42 (9): 15~18.

[62] 闫玉. 高效反渗透技术处理电厂循环水排污水研究 [D]. 北京: 北京化工大学, 2014.

[63] 刘朝辉. 电厂循环水排污水回用深度处理关键技术研究 [D]. 北京: 华北电力大学, 2014.

[64] 张江涛, 董娟. 火力发电厂循环排污水处理回用技术的比较分析 [J]. 水处理技术, 2012, 38 (8): 124~127.

[65] 熊斌, 陈刚, 李强, 等. 生活垃圾焚烧发电厂烟气湿法脱酸废水处理分析 [J]. 给水排水, 2018, 54 (10): 64~67.

[66] 曹志. 垃圾焚烧厂湿法烟气废水处理技术 [J]. 绿色科技, 2019 (12): 69, 70.

[67] 张小玲, 李强, 王靖楠, 等. 曝气生物滤池技术研究进展及其工艺改良 [J]. 化工进展, 2015, 34 (7): 2023~2030.

[68] 郭安祥. BAF 处理低浓度生活污水的试验研究 [D]. 无锡: 西安建筑科技大学, 2004.

[69] 王立立, 刘焕彬, 胡勇有, 等. 曝气生物滤池处理低浓度生活污水的研究 [J]. 工业水处理, 2003, 23 (3): 29~32.

[70] 郭安祥, 王立立, 白晓春, 等. 火力发电厂生活污水处理回用于循环冷却水的中试研究 [J]. 工业水处理, 2004, 24 (12): 43~45.

[71] 蒋克彬, 彭松, 陈秀珍, 等. 水处理工程常用设备与工艺 [M]. 北京: 中国石化出版社, 2014.

[72] 洪忠. 城市初期雨水收集与处理方案研究 [J]. 中国农村水利水电, 2010 (6): 41~43.

[73] 王云浩, 李茹莹, 周国华. 初期雨水高效旋流分离研究 [J]. 给水排水, 2019, 55 (S1): 122~125.

第3章 生活垃圾焚烧发电厂给水处理工程

生活垃圾焚烧发电厂给水处理工程主要包括循环水补充水处理系统、除盐水制备系统、循环水与炉水水质控制系统三部分，本章以宁波项目为例，概述了循环水补充水处理系统的工艺流程、设备参数、安装、操作、维护和运行成本等以及除盐水制备系统的工艺流程、水处理能力的计算、设备组成、调试和运行等；归纳循环水水质控制和炉水水质调节的方法。再以黄岛项目的循环冷却水旁流过滤工程为例，总结了旁流过滤系统的工艺流程和技术参数。

3.1 循环冷却水补充水处理系统

宁波项目采用"一体化净水器"净化河水，供给循环水补水。

3.1.1 系统概况

宁波项目的厂址东侧约 2.5km 为剡江，取水泵房（1 座）建在剡江左岸，内设取水泵 3 台，2 用 1 备，剡江水通过取水泵房经两条 DN300 压力输水管沿垃圾运输专用线输送到厂区，取水泵站位置及取水管线走向见图 3-1。设计最大取水量为 6500t/d，工业新水采用净化后的江水，净化后的江水主要供给循环水补水，循环水补水量为 5683.3m³/d。

泵入厂区的江水经水表计量、投加混凝剂和助凝剂，经一体化净水器处理、消毒后，储存在工业消防水池中，再经工业新水泵输送到厂区内冷却塔集水池（图 3-2）。

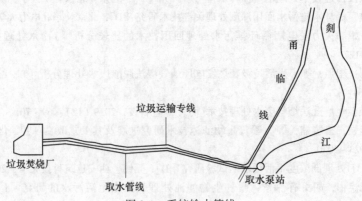

图 3-1 系统输水管线

厂区工业新水管道枝状布置，采用焊接钢管，承插柔性连接，布置在检漏管沟内，埋深 1m 左右，分别引至厂区各用水点，干管管径为 DN250。工业消防水池总有效容积为 2800m³，分成等容积的 2 座水池，储存全厂循环水补充水及消防用水。综合水泵房内设工业新水泵 2 台，流量 $Q = 120\text{m}^3/\text{h}$，扬程 $H = 30\text{m}$，轴功率 $N = 18.5\text{kW}$，1 用 1 备，变频。

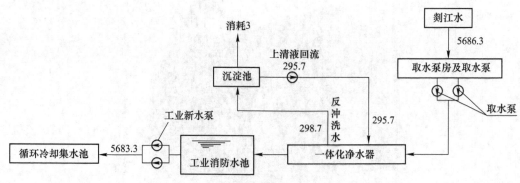

图 3-2 一体化净水器供水系统流程及水量平衡

净水系统配备一体化净水器 2 台，单台处理水量 300m³/h，1 用 1 备。集混合反应、混凝沉淀、过滤出水为一体，通过设备自身的特殊装置结合电气控制自动完成加药、配水、排污泥、反冲、排污等运行程序。反冲洗水及排泥水经沉淀池收集后，污泥送入污水处理站污泥处理系统，上清液回流再处理。

3.1.2 系统工艺流程

河水净化系统工作流程为：由取水泵泵入厂区的江水经水表计量、投加混凝剂和助凝剂，经一体化净水器处理、消毒后，输送到厂区内冷却塔集水池，由循环水泵供汽机循环冷却水。图 3-3 (a) 和 (b) 分别为河水净化系统工作流程图和实物图。

一体化净水器出水浊度稳定并小于 3mg/L，大大减轻了循环冷却水稳定处理的负担，既解决了泥垢问题，又提高了阻垢处理效果，还节约了水质稳定剂的费用[1]。

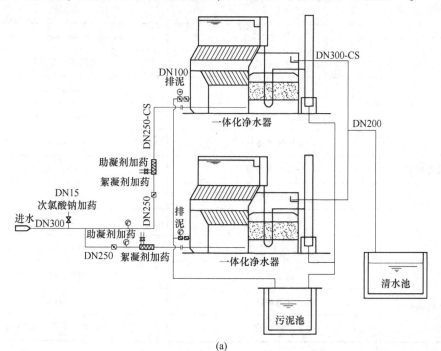

(a)

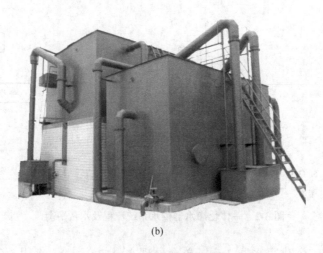

(b)

图 3-3 河水净化系统

(a) 工作流程图；(b) 实物图

3.1.3 系统设备参数

系统采用2套一体化净水器，经处理后的出水供给厂用循环水和工业水。一体化净水器单台处理水量300t/h，1用1备。

一体化净水器参数、加药装置参数、出水加压泵与管道混合器参数分别见表3-1~表3-3。

表 3-1 一体化净水器参数

	型号	FA-300
一体化净水器	外形尺寸	20000mm×4600mm×4200mm
	防腐形式	内部环氧煤沥青
	单台设计水量	300m³/h
	沉淀区表面负荷	7~8m³/(m²·h)
	适用原水浊度	≤2000mg/L
	净水出水浊度	≤3mg/L
	过滤区滤速	8~10m/h
	滤池冲洗强度	14L/m²
	总停留时间	40~50min
	进水压力	≥0.1MPa
	单格滤池冲洗时间	4~6min
	本体材质	普通碳素结构钢（Q235B）

		名称	石英砂
单台过滤室	上层滤料	滤料规格	0.5~1.0mm
		滤料高度	200mm
	承托层滤料	石英砂规格/层高	1~2mm/250mm
		卵石规格/层高	2~4mm/100mm
			4~8mm/200mm
	单格滤池面积		5.7m²
	滤池终端水流损失		1200mm
下层斜管填料	规格		DN50
	材质		聚乙烯
	填料安装角度		65°
	填料斜长		500mm
	填料厚度		0.4mm
	安装填料面积		42m²/台
上层斜管填料	规格		DN35
	材质		聚乙烯
	填料安装角度		65°
	填料斜长		1000mm
	填料厚度		0.4mm
	安装填料面积		58m²/台
排水帽	数量/材质		3035只/台，ABS塑料
	缝隙		0.5mm
	设计流速		0.3~0.4m/s
	额定水量		0.5m³/h
	清水室人孔/数量		PN0.6，DN450/1只
	滤池侧部人孔/数量		PN0.6，DN500/3只
净水器主体钢板	侧板/材质		10mm/普通碳素结构钢（Q235B）
	底板/材质		10mm/普通碳素结构钢（Q235B）
	斜管区集水槽/材质		6mm/普通碳素结构钢（Q235B）
	冲洗水箱顶板/材质		8mm/普通碳素结构钢（Q235B）
	滤池及冲洗水箱隔板/材质		8mm/普通碳素结构钢（Q235B）
	滤池多孔板/材质		12mm/普通碳素结构钢（Q235B）
	污泥池隔板/材质		8mm/普通碳素结构钢（Q235B）
管口	进水口/数量		PN1.0，DN250/1只
	出水口/数量		PN1.0，DN300/1只
	排泥口/数量		PN1.0，DN100/6只
	放空口/数量		PN1.0，DN50/6只（净水室）

续表 3-1

阀门	电动蝶阀	PN1.0，DN100/6 只
	手动蝶阀	PN1.0，DN100/6 只
	手动蝶阀	DN250/2 只
	手动蝶阀	DN50/12 只

表 3-2 加药装置参数

加药装置		混凝剂投配装置	助凝剂投配装置	次氯酸钠加药装置
外形尺寸/mm×mm×mm		2600×2800×2500	2200×2600×2400	2600×2800×2500
数量/套		1	1	1
型式		二箱三泵	二箱三泵	二箱二泵
计量泵	流量/L·h⁻¹	160	160	6
	扬程/MPa	0.6	0.6	0.6
	电机功率/kW	0.55	0.55	0.55
	数量/台	3	3	2
溶液箱	型式	立式柱形	立式柱形	立式柱形
	容积/m³	1.0	1.0	1.0
	直径/mm	900	900	900
	高度/mm	1600	1600	1600
	设备本体材料及防腐（碳钢衬塑）/mm	5	5	5
搅拌装置	形式	桨式	桨式	—
	电机功率/kW	1.1	1.1	—
	数量/台	2	2	—
阀门类型/材质		球阀 DN25/硬脂聚氯乙烯（UPVC）	球阀 DN25/硬脂聚氯乙烯（UPVC）	球阀 DN25/硬脂聚氯乙烯（UPVC）
管道规格/材质		DN25 及 DN20/高密度聚乙烯（HDPE）	DN25 及 DN20/高密度聚乙烯（HDPE）	DN25 及 DN20/高密度聚乙烯（HDPE）
磁翻板液位计	材质	硬脂聚氯乙烯（UPVC）	硬脂聚氯乙烯（UPVC）	硬脂聚氯乙烯（UPVC）
	数量/套	2	2	2
	附件	带 4~20mA 信号输出	带 4~20mA 信号输出	带 4~20mA 信号输出
就地控制箱	尺寸/mm×mm×mm	800×600×400	800×600×400	800×600×400
	材质	不锈钢	不锈钢	不锈钢

表 3-3 出水加压泵与管道混合器参数

	型式	卧式离心泵
出水加压泵	流量	300m³/h
	扬程	25m
	过流部分材质	铸钢
	数量	2 台
	运行方式	一用一备
	电机功率	37kW
管道混合器	管径	DN250
	材质	304 衬塑
	数量	2 台

3.1.4 系统安装

一体化净水器需平整地安置于地面，使净水器内的出水槽保持水平，以确保集水均匀。为确保净水器的正常运行，配套水泵应与净水器匹配，不应超过净水器的额定能力。在净水器进水管上，需安装进水控制阀门，以备水泵或净水器检修时使用。排污沟应接至室外下水道，室外走向应顺直，避免过多转弯。

滤料需采用逐层装填方式填铺。首先打开滤池人孔检查滤帽是否紧固、在运输过程中是否松动等，然后按照以下要求从大到小、自下而上（从滤室底部开始）逐层铺设承托层砾石和滤料[2]：

（1）充填卵石，卵石粒径 6~8mm，厚度 100mm；

（2）充填卵石，粒径 4~8mm，厚度 100mm；

（3）充填天然精制石英砂，粒径 1~2mm，厚度 200mm；

（4）充填天然精制石英砂，粒径 0.5~1mm，厚度 300mm；

（5）充填无烟煤滤料，粒径 0.8~1.2mm，厚度 200mm。

滤料充填完毕，清扫过滤器，并再次检查是否充填均匀，然后固定人孔盖。

最后待滤料人孔密封后，用清水进行滤前反冲洗，将粒径小的细砂或杂质冲走后，即可正式运转。

3.1.5 系统操作

3.1.5.1 操作前的准备工作

（1）检查设备管路、泵、阀门等安装是否准确。

（2）检查连接管道，设备是否有渗漏，阀门启闭是否灵活。

（3）清理设备管道、水池中的杂物。

（4）接通电源，检查电机、控制系统是否正常。

（5）若发现有异常情况，及时查找原因加以解决。

3.1.5.2 药剂的配制

（1）一般应将固体药剂溶解，取其上清液备用。

（2）本设备采用聚合氯化铝（PAC）和聚丙烯酰胺（PAM）作为混凝剂和助凝剂进行处理。

3.1.5.3 操作方法

（1）初次进水。净水器初次进水时需缓慢进水。

（2）加药量调节。调节加药量，将流量调至合适。

（3）反冲洗。设备初次运行或每次更换滤料后必须反冲洗。净水器分多个滤池，由于絮体在滤层中不断截留，使滤池水头损失增加。当达到设计规定的水头损失值时，滤池自动进行反冲洗。

（4）排泥。净水器运行一定时间后，需打开沉淀区集泥室排污阀门，根据原水浊度高低及其变化情况，确定排泥周期和排泥历时。排泥历时一般以排清泥浆出清水为准，时间 0.5~2min。

（5）水质检测。每8h取水样检测水质一次。净化水质要求清澈透明，浊度在 3mg/L 以下，如发现出水水质恶化应采取减少进水量、增加或减少加矾量、及时排污和反冲洗等措施。

3.1.5.4 日常操作注意事项

（1）储药箱液位不足三分之一时，及时补充加药。

（2）每运行 8h 排污 3~5min，自动排泥无法开启时，可采用手动排泥。

（3）控制污水收集池液位在排水口之下。

（4）设备运行一个季度必须彻底清洗一次，否则会影响设备的出水量、出水水质等。

（5）不能进行自动反冲洗的故障排除方法及步骤：

1）检查虹吸反冲洗管连接部分是否漏气。

2）检查水封箱是否有水。

3）检查进水水量是否正常。

4）设备停运时间不宜超过 5d，如超出 5d 过滤层表面容易结块，导致虹吸反冲洗频繁，停运 5d 以上时需冲洗干净。

（6）导致出水水质不稳定的可能原因分析：

1）检查加药装置是否有以下现象：

①加药计量不正确；

②加药计量泵出现故障；

③药剂配比不正确。

2）检查进水水量是否正确。

3）长时间没有排泥。

4）原水水质有变化。

5）填料堵塞：

①进水量太小；

②藻类大量生存。

6）检查石英砂滤层是否乱层，导致过滤水穿透滤层，出水恶化，出现这种情况必须全部更换新滤料。

7）检查排水帽是否有局部损坏，如有损坏，需更换备用排水帽。

3.1.6　系统维护

一体化净水器需每半年或一年停机检查一次。停机检查时，应先关闭进水、出水阀门，再打开放空阀门，放空过滤器内水体，然后按照以下要求依次检查滤料层结块情况、滤料层厚度和斜管填料。

打开人孔盖，检查滤料层是否有结块现象，如发现结块现象，应清除结块滤料，并添加新的滤料；检查滤料层厚度是否达到设计要求，如因滤料自然损耗或被水流挟带而减少，则应补足清洁的滤料。检查完毕后，关闭人孔盖，使之不渗漏并关闭放空阀门。

检查沉淀区斜管填料，由于填料在水中长期浸泡，易生青苔（藻类等），可配制二氧化氯或漂白粉溶液浸泡填料 4~10h 后人工用高压水进行冲洗。

以上维护工作完毕后按初始运行步骤操作，直至投入正常运行。

3.1.7　系统运行成本

药剂费：混凝剂（PAC）耗量 0.02kg/m³，混凝剂成本 2.5 元/kg；助凝剂（PAM）耗量 0.0004kg/m³，助凝剂成本 35 元/kg。每天需药剂费用为 0.02kg/m³×2.5 元/kg+0.0004kg/m³×35 元/kg=0.064 元/m³，即每处理 1m³ 水需药剂费用为 0.064 元/m³。

电费：本系统加药系统及自控仪表用电很少，约为 1.2kW，按 0.7 元/（kW·h）计，合计为 0.003 元/m³。

以上两项合计处理成本约 0.067 元/m³。

3.2　除盐水制备系统

宁波项目设置 2 套 30m³/h 的除盐水处理装置，采用"超滤 + 二级反渗透（RO）+ 电除盐（EDI）"工艺路线，这是目前较环保和经济的除盐水制备工艺。

除盐水制备系统进水采用市政自来水，工业用水及消防备用水作为除盐水原水的备用水源，由除盐出水供给锅炉补给水、水环真空泵补水、加药用水和选择性非催化还原（SNCR）稀释水（图 3-4）。

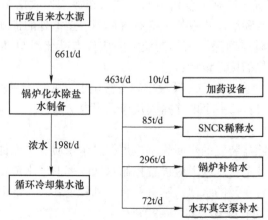

图 3-4　除盐水制备系统流程及水量平衡

除盐水制备系统出水质量标准执行国家标准《火力发电机组及蒸汽动力设备水汽质量》（GB/T 12145—2016）中的高一级规定（表3-4）。

表3-4 除盐水制备系统出水质量控制标准

项目名称	水质要求
电导率/$\mu S \cdot cm^{-1}$	≤0.20
总硬度/$\mu g \cdot L^{-1}$	~0
SiO_2/$\mu g \cdot L^{-1}$	≤20

3.2.1 系统工艺流程

3.2.1.1 工艺设计原则

A 超滤、反渗透装置设计原则

超滤、反渗透装置的设计原则为：

（1）给水泵宜采取变频控制或出口设置电动慢开门等稳压装置；

（2）超滤、反渗透保安过滤器的滤芯过滤孔径不应大于5μm；

（3）超滤、反渗透产水宜设置产水箱，产水箱的容积应与后续处理水量相匹配，宜按15~30min总产水量确定；后续处理采用电除盐工艺时，宜按5~15min总产水量确定；

（4）冲洗水泵流量不宜小于单套超滤、反渗透装置的产水流量，冲洗水压力不宜小于0.3MPa。

B 电除盐装置设计原则

电除盐装置的设计原则为：

（1）给水泵采取变频控制；

（2）保安过滤器的滤芯过滤孔径不应大于3μm；

（3）每个电除盐模块的给水管、浓水进水管、极水进水管与产水管、浓水出水管、极水出水管均宜设置隔离阀，每个模块的产水管上宜设置取样阀；

（4）电除盐装置宜设置停用后的延时自动冲洗系统；清洗系统可通过固定管道与电除盐装置连接；

（5）每套电除盐装置应设有不合格给水、产水排放或回收措施，浓水宜回收至前级处理的进水贮水箱，极水和浓水排放管上应有气体释放至室外的措施；

（6）电除盐模块设计应确保给水不断流，并应设有断流时自动断电的保护措施；设备及本体管道均应有可靠的接地设计；

（7）电除盐装置设计宜采用每一模块单独直流供电方式，当模块数量多时，也可4~6块模块配置1台整流装置；每一个电除盐模块应设置电流表。

C 膜处理装置单元水回收率要求

超滤、反渗透、电除盐装置的水回收率应根据进水水质、膜元件的特性及配置经计算后确定，超滤、反渗透装置浓水管上应设置控制水回收率的浓水流量控制阀，但不应选用背压阀控制浓水流量。各单元的水回收率宜符合下列要求：

（1）超滤装置的水回收率宜为60%~90%；

（2）第一级反渗透装置的水回收率宜为60%~80%；

（3）第二级反渗透装置的水回收率宜为 85%~90%；

（4）电除盐回收率应根据进水水质经计算确定，宜为 90%~95%。

D 超滤、反渗透加药系统

（1）超滤、反渗透系统的加药品种、加药量应根据进水水质、运行条件、药品来源等因素确定。

（2）杀菌剂宜采用非氧化性药品，并宜采用计量泵投加。

（3）还原剂宜采用亚硫酸氢钠，并宜采用计量泵投加，加药点后应设置氧化还原检测仪。

（4）阻垢剂加药应采用计量泵。

（5）还原剂和阻垢剂加药量应根据纳滤、反渗透进水流量自动控制。

E 膜清洗系统

（1）超滤、反渗透和电除盐装置的化学清洗系统可共用。

（2）清洗水箱容积不应小于单套装置最大清洗回路容积的 1.2 倍。

（3）化学清洗泵出口压力宜为 0.3~0.4MPa。

（4）清洗系统应有加热设施，清洗液温度不应高于膜或树脂的允许温度。

F 除盐系统的控制和仪表

生活垃圾焚烧发电厂生产工艺与常规燃煤发电厂有较大区别，由于锅炉燃料是生活垃圾，燃料成分性质不稳定，造成燃烧工况和锅炉负荷起伏较大，与此同时带来了锅炉汽包给水需求量的变化，从而使锅炉给水调节阀的操作更加频繁。锅炉给水泵和调节阀的控制采用变频器+PLC 方式，使电动机真正实现软启动、软停止，改善热力系统和机械设备的运行条件，减轻因节流调节对锅炉给水系统的冲击，实现锅炉给水的自动化调节，保障机组的安全运行，提高企业的经济效益和社会效益[3]。

膜处理系统的在线监测仪表设置应符合下列要求：

（1）超滤、反渗透装置进水、产水及浓水应设流量计、压力表，各段进出口应设差压表。反渗透系统进水应设电导率表、pH 表（酸、碱调节后）、余氯表（氧化还原电位表）、温度计，产品水应设电导率表。

（2）电除盐装置进水、浓水、极水及产水应设压力表、流量表，进水应设电导率表、pH 值表、温度表，产品水应设电导率表、硅表，浓水应设电导率表，浓水进口与产水应设有差压表。

（3）其他规定：

1）气动阀门的操作气源应安全可靠，工作气体应有稳压装置，并应经过除油和干燥；

2）各类储罐、计量箱水箱、溶液池应设有液位计。

G 其他规定

（1）超滤、反渗透装置的出力及套数应根据进水水质、后续水处理设备的配置、系统对外供水的特点以及工程投资等因素，经技术经济比较后确定。电除盐装置的出力及套数应根据系统对外供水的特点以及工程投资等因素，经技术经济比较后确定。

（2）超滤、反渗透、电除盐装置的进水水温低于 10℃时宜采取加热措施。

（3）二级反渗透装置的浓水宜回用至一级反渗透装置的进水侧。

（4）超滤、反渗透、电除盐装置的保安过滤器、给水泵应独立设置，应与纳滤、超滤、反渗透、电除盐装置串联连接；保安过滤器和给水泵宜选用不锈钢材质。

（5）超滤、反渗透装置应有流量、压力、温度等监控措施。当几台纳滤、超滤、反渗透装置的出水并联连接时，每台装置的出水管上应设置止回阀，并应设爆破膜或压力释放阀，纳滤、反渗透装置出口背压不宜过高。

（6）超滤、反渗透、电除盐装置不宜少于 2 套，当有 1 套设备化学清洗或检修时，其余设备应能满足正常用水量的需求。

（7）超滤、反渗透、电除盐装置宜设置停运冲洗措施。

（8）反渗透装置中的每一段应能独立清洗，并宜设置化学清洗固定管道。

（9）超滤、反渗透、电除盐装置应设置加药和清洗设施。

3.2.1.2　工艺流程

除盐水的制备流程（图 3-5）为：

原水箱→超滤进水泵→换热器→盘式过滤器→超滤装置→超滤水箱→一级 RO 进水水泵（还原剂加药装置+阻垢剂投加装置）→保安过滤器→一级 RO 增压泵→一级 RO 装置→一级 RO 产水箱→二级 RO 增压泵（pH 调节加药）→二级反渗透装置→RO 产水箱→EDI 进水泵→保安过滤器→EDI 系统→除盐水箱→除盐水泵（加氨水）→外供。

另外还设置有超滤反洗装置一套，超滤、RO、EDI 公用的化学清洗装置一套。

系统设有 5 个加药单元：（1）杀菌剂加药；（2）超滤反洗加酸；（3）RO 进水阻垢剂；（4）RO 进水还原剂；（5）二级 RO 进水 pH 调节加碱剂。在"二级反渗透+EDI"系统中，二级反渗透设计以去除 CO_2 和 SiO_2 为主，而非脱盐率。去除 CO_2 和 SiO_2 均需要保证二级反渗透进水有较高的 pH。由于进水 pH 的波动，以及 pH 联锁的滞后响应，二级反渗透进水 pH 较难控制在理论值 8.35 左右，现场 pH 实际控制在 9.3～9.6，较能确保 EDI 装置产水水质[4]。

除盐水处理间设有原水箱、盘式过滤器、超滤水泵、超滤装置、缓冲水箱、中间水箱、保安过滤器、高压泵、二级反渗透装置、EDI 升压泵、EDI 装置、除盐水箱及加药装置等设备。除盐水制备系统平面布置见图 3-6。室内地面及排水沟做防腐处理。原水箱内水应定期进行检测、替换，以免影响化学水处理效果。除盐水车间的废水储存在浓水箱中，经水泵加压后作为循环水补充水回用。

3.2.2　系统水处理能力

根据《小型火力发电厂设计规范》（GB 50049—2011），计算除盐水处理系统的生产能力：

（1）正常工况下余热锅炉总蒸发量 a = 81.55t/h×4 = 326.2t/h；

（2）正常运行汽水循环损失（按锅炉蒸发量的 3% 计）量 b = 9.79t/h；

（3）余热锅炉排污损失量 c = 2.70t/h；

（4）启动及事故增加的损失量（按全厂最大一台锅炉最大连续蒸发量的 10% 计）d = 8.97t/h；

（5）余热锅炉的除盐水系统正常负荷 e = b+c = 9.79+2.70 = 12.49t/h；

（6）余热锅炉超负荷 10% 运行时，除盐水系统出力 f = 1.1e = 1.1×12.49 = 13.74t/h；

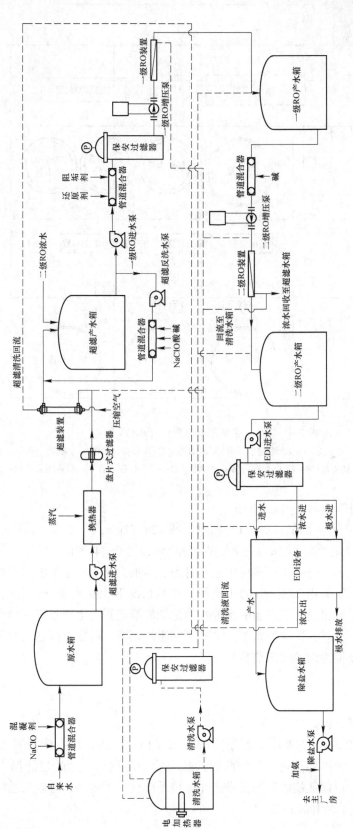

图 3-5 除盐水的制备流程

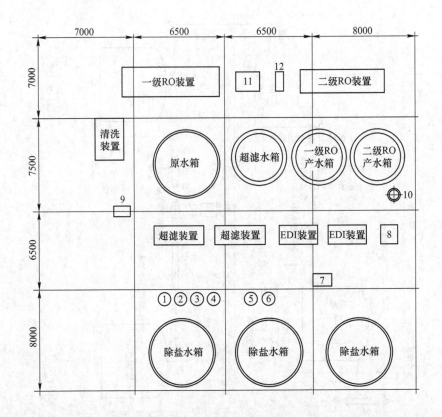

图 3-6 除盐水系统平面布置图（单位：mm）

1—混凝剂加药装置；2—还原剂加药装置；3—阻垢剂加药装置；4—次氯酸钠加药装置；5—碱加药装置；

6—酸加药装置；7—加氨装置；8—EDI过滤器；9—过滤器；10—空气储罐；11—一级高压泵；12—二级高压泵

（7）SNCR 喷射等用水 $g=12.28t/h$；

（8）除盐水系统正常负荷：$e+g=12.49+12.28=24.77t/h$；

（9）除盐水系统最大负荷：$d+f+g=8.97+13.74+12.28=34.99t/h$。

根据以上用水负荷，综合不可预见因素，考虑适当加大除盐水系统的出水能力，最终确定本工程除盐水系统采用 2×30t/h 的生产线。正常情况下除盐水系统一条线连续运行，期间两条线需要在不超出膜处理设备的保养期内定期轮换运行，生产过程中也可根据实际情况，合理调整运行模式，确保除盐水系统和厂区生产正常、稳定；厂区出现最不利工况时，除盐水系统需要同时两条线满负荷运行。

3.2.3 系统设备

3.2.3.1 盘式过滤器

盘式过滤器（图3-7）主要用于超滤前的进水保护，以防止原水中的较大颗粒（沙子、沉积物、种子、海藻等）进入超滤膜而造成超滤膜的损伤。盘式过滤器选用在线型压差反洗自动控制，以保证超滤膜的正常工作。该系统设计 1 台 2-5 型盘式过滤器，出水量为 50t/h，过滤精度为 100μm 以内。

图 3-7 盘式过滤器

3.2.3.2 超滤系统

超滤系统（图 3-8）的超滤膜元件采用外压式 PVDF 材质的超滤膜组件，超滤膜的膜组件，其过滤通量控制在 55L/(m^2·h) 以内，过滤孔径为 100000 Dalton 以内，超滤机组分为 2 组独立机组，但组装可以合二而一为一个整机，分别控制。每组的产水量为 56t/h，并设置相应的反洗泵、药洗泵、药洗箱、压缩空气辅助脉冲清洗装置，其反洗水源采用超滤产水水源。超滤产水的浊度要求在 0.1 NTU 以内，且保证 SDI（污染指数）值控制在 3 以内。出口配置在线浊度监测仪表。超滤产水的回收率需控制在 95% 以上。超滤的运行及清洗控制采用全自动 PLC 控制，药洗采用人工清洗。

图 3-8 超滤系统

超滤的反洗采用时间控制，反洗水泵为一用一备，超滤的反洗采用分别反洗的模式，避免 2 组超滤同时反洗。反洗水泵的压力控制在 0.1MPa 以内，流量控制 100~150L/(m^2·h) 范围之内。

3.2.3.3 反渗透系统

一级反渗透系统正常产水量为 31m³/h 套，二级反渗透系统正常产水量为 28m³/h 套，系统所配有的压力传感装置会给出反渗透清洗的信号。

反渗透系统（图3-9）使用的是美国原装进口陶氏 BW30-400 型膜芯。RO 系统的实际产水量取决于水的含盐量、温度、压力和回收率，产品水的质量随水的含盐量、压力、浓水流量变化而变化，减小进水的含盐量、增加压力、增加浓水流量都会改善产水质量。RO 系统在产水流量恒定、浓水流量恒定条件下运行，通过逐渐增加膜的进水压力，保持产水和浓水流量不变，增加压力大部分用于补偿膜的老化以及原水温度和含盐量的波动。

图3-9 反渗透系统

3.2.3.4 EDI 系统

EDI 系统（图3-10）采用标准型 EDI 模块 MK-2 Pharm HT，共配备 2 套，每套产水量为 35m³/h，产水率为 90%。

图3-10 EDI 系统

A EDI 模块的清洗

EDI 系统在正常运行一段时间后，模块会受到进水中可能存在的难溶物质或微生物的污染，最常见的污染特征、可能污染原因和清洗方法见表 3-5[5]。

表 3-5　模块的污染特征及其可能污染原因

模块的污染特征	可能污染原因	清洗方法
进出口压差增大，产品水、浓水和极水流量减少	硬度或铁锰等无机物引起结垢；有硅垢产生；生物污染	酸清洗+碱氯清洗
电压增高	硬度或铁锰等无机物引起结垢；有硅垢产生	酸清洗
产品水水质下降	硬度或铁锰等无机物引起结垢；有硅垢产生；生物污染；有机物污染	酸清洗+碱氯清洗

当模块运行异常或连续运行已达 6~12 个月时需进行化学清洗和消毒杀菌。

在应用中，C_v 指数可以作为系统进行化学清洗的判断依据[6]：

$$C_v = \frac{Q_c}{n \times (p_i - p_o)} \tag{3-1}$$

式中，Q_c 为淡/浓水流量；p_o 为淡/浓水侧出口压力；p_i 为淡/浓水侧进口压力；n 为模堆数量。

系统运行时，将 C_v 指数与初始值相比较，当其指数下降达到 20% 时，则系统应进行清洗和消毒。

B　EDI 模块的维护

EDI 模块使用过程中出现的问题及解决方法见表 3-6。

表 3-6　模块出现的问题及解决方法

模块问题	可能原因	解决方法
模块压差高	模块被污染	根据污染情况，选择合理方法进行清洗
	流速太高	根据要求调整流量
模块压差低	流速太低	根据要求调整流量
EDI 产水流量低	模块被污染	根据污染情况，选择合理方法进行清洗
	阀门关闭	检查并确认所有所需阀门已开启
	流量开关设定不正确	检查流量开关设定点，并确认动作正常
	进水压力过低	确认升压泵流量及压力
	流量设定低	调节流量调节阀门
EDI 产水水质差	进水水质不正常	检查进水水质，如 CO_2 经常引起产水水质变差
	电极接线不正确	立即切断系统电源并检查接线
	一个或多个模块没有电流或电流太小	检查所有保险、接线、整流器输出，确认整流器阴极接地
	电流太小	检查浓水电导率是否太低，检查整流器设定
	浓水压力高过进水和产水压力	重新设定浓水压力比淡水压力低 0.35~0.69bar
	管路系统有死角	在未安装模块的地方或管路系统形成死角，低质量的水从死角进入产品水中，冲洗这些死角
	电阻率仪故障	检查仪表，并保证电阻率仪可进行温度补偿

模块问题	可能原因	解决方法
浓水电导率低	回收率低	检查浓水排放流量，可能太高
	进水电导下降	提高加盐泵加盐量
	加盐系统故障	确认加盐系统工作正常
浓水循环泵在自动状态不工作	没有电	确认所有触点，用万用表检查或用手动点动检查
	PLC	如果淡水流量低，则 PLC 不启动浓水循环泵
浓水流量低	浓水循环泵故障	运行浓水循环泵，保证浓水流量
	MK-2 模块被污染	根据污染情况，选择合理方法进行清洗
	流量开关设定不正确	检查开关设定点，并确认动作正常
极水流量低	浓水循环泵故障	运行浓水循环泵，保证极水流量
	MK-2 模块被污染	根据污染情况，选择合理方法进行清洗
	流量开关设定不正确	检查开关设定点，并确认动作正常
	阀门开度不正确	检查极水排放阀开度
浓水排放流量低	浓水循环泵故障	运行浓水循环泵，保证浓水流量
	流量开关设定不正确	检查开关设定点，并确认动作正常
	阀门开度不正确	检查浓水排放阀开度

3.2.3.5　清洗系统

盘式过滤器的运行及清洗方式为全自动，超滤装置、反渗透装置及 EDI 装置设有共用的清洗装置，其中包括保安过滤器、水箱及全不锈钢清洗泵等。

超滤清洗系统主要设备有 5mm 保安过滤器、清洗水箱、清洗水泵等。随着超滤膜截留的污染物在膜内表面和膜孔中的不断积累，超滤膜的水通量和分离能力逐渐下降，通过反冲洗可以部分恢复膜的过滤能力。当超滤膜的水通量下降超过 30% 时，必须进行药物清洗，及时清除附着在超滤膜壁和膜孔的污染物，防止超滤膜形成不可恢复的堵塞[7]。

RO 清洗系统主要设备有 5mm 保安过滤器、清洗水箱、清洗水泵等。随着系统运行时间的增加，进入 RO 膜组的微量难溶盐、微生物、有机和无机杂质颗粒会污堵 RO 膜表面，发生 RO 膜组的产水量下降、脱盐率下降等情况。为此需要利用 RO 清洗系统，在必要时对 RO 装置进行化学清洗[8]。

EDI 模块清洗的专业性强和操作的危险性高，必须由受过培训并充分了解该系统的技术人员进行清洗操作，任何清洗工作前必经确保整流器处于断电状态，并在专业人士指导下进行清洗，同时需严格遵守各项安全规程。

3.2.3.6　加药系统

加药系统包括阻垢剂投加系统、氢氧化钠投加系统、还原剂投加系统和氨水投加系统，均由计量箱和计量泵组成。

投加阻垢剂的目的是防止溶解在水中的易析出盐类在反渗透浓水侧的浓度超过溶度积产生沉淀，阻垢剂一般在 5mm 保安过滤器前投加。

投加氢氧化钠是为了保证二级反渗透的除盐效果，在二级反渗透前投加氢氧化钠，提高二级反渗透的进水 pH，使二级反渗透膜处理掉大部分的 HCO_3^-，增强 EDI 系统的除硅能力。

投加还原剂是为了保证反渗透进水的水质指标，在保安过滤前投加还原剂能中和水中的余氯等氧化性成分，保证进水的余氯小于 0.1mg/L，防止其对膜元件的损坏。

投加氨水的目的是提高系统出水的 pH 值，保证锅炉正常运行的水质要求。

3.2.3.7 其他重要辅助系统

A 管式蒸汽热交换器

本系统配置 1 套管式蒸汽热交换器，保证反渗透进水温度的稳定，提高反渗透装置运行稳定和使用寿命。换热器采用管式换热器，并设置温度自动调节系统，换热器过流部件材质采用 06Cr19Ni10。

B 压缩空气过滤减压装置

由于超滤系统需要压缩空气进行辅助清洗，因此需要引入厂区的压缩空气系统，但考虑到超滤所需的压缩空气压力比较低，且耗气量不大（$1.5m^3/min$，0.3MPa），所以需要从厂区的压缩空气管网引入管路后要进行减压过滤，然后才能向超滤系统提供清洗气源。

除盐水制备系统设备配备清单见表 3-7。

表 3-7 除盐水制备系统设备配备清单

序号	设备名称	规格	单位	数量
1	原水箱	$50m^3$	台	1
2	超滤水箱	$30m^3$	台	1
3	中间水箱	$20m^3$	台	1
4	RO 产水箱	$20m^3$	台	1
5	除盐水箱	$100m^3$	台	3
6	反洗水箱	$50m^3$	台	1
7	还原剂溶药箱	$0.5m^3$	台	1
8	阻垢剂溶药箱	$0.5m^3$	台	1
9	杀菌剂溶药箱	$0.5m^3$	台	1
10	氨溶液箱	$0.5m^3$	台	1
11	pH 调节加碱箱	$0.5m^3$	台	1
12	清洗水箱	$2m^3$	台	1
13	原水泵	5.5kW	台	2
14	超滤进水泵	5.5kW	台	2
15	一级高压泵	30kW	台	2
16	二级增压泵	4kW	台	2
17	二级高压泵	18.5kW	台	2
18	EDI 进水泵	5.5kW	台	2
19	除盐水泵	11kW	台	2
20	还原剂计量泵	50/60Hz；0.70A	台	2
21	阻垢剂计量泵	0.55kW	台	5
22	杀菌剂计量泵	0.55kW	台	2
23	氨计量泵	0.25kW	台	2
24	盘式过滤器	$100\mu m$，$Q=40m^3/h$	台	1
25	换热器	$Q=40m^3/h$	台	1

序号	设备名称	规格	单位	数 量
26	超滤装置	$Q=40\text{m}^3/\text{h}$	套	1
27	保安过滤器	$5\mu\text{m}$，$Q=40\text{m}^3/\text{h}$	台	2
28	一级反渗透装置	$Q=30.86\text{m}^3/\text{h}$	套	1
29	二级反渗透装置	$Q=27.78\text{m}^3/\text{h}$	套	1
30	EDI 保安过滤器	$1\mu\text{m}$，$Q=27.78\text{m}^3/\text{h}$	台	1
31	EDI 装置	$Q=25\text{m}^3/\text{h}$	套	1
32	清洗水泵	4.0kW	台	1

3.2.4 系统调试

3.2.4.1 调试步骤与时间安排

除盐水制备系统调试分两阶段进行，第一阶段调试超滤和一级反渗透部分，第二阶段调试二级反渗透和 EDI 部分，其调试进度表分别见表 3-8 和表 3-9。

表 3-8 超滤和一级反渗透调试进度表

序号	调试步骤	天 数											
		1	2	3	4	5	6	7	8	9	10	11	12
1	水箱充水实验	▄											
2	水箱与管路清洗		▄										
3	单机设备试运转	▄▄											
4	超滤膜安装			▄									
5	超滤调试				▄▄								
6	反渗透系统装膜						▄						
7	反渗透系统调试							▄▄					
8	成套系统调试									▄▄▄▄			
9	膜组件保养	第一阶段制水后至第二阶段调试之间的所有时间											

表 3-9 二级反渗透和 EDI 调试进度表

序号	调试步骤	天 数					
		1~5	6~10	11~15	16~20	21~25	26~30
1	管路与设备清洗	▄					
2	二级 RO 膜安装	▄					
3	反渗透系统调试		▄				
4	EDI 系统的管路清洗			▄			
5	EDI 模块安装			▄			
6	EDI 系统调试				▄		
7	单机设备试运转	▄					
8	成套系统调试		▄▄				
9	仪表校对				▄▄		
10	PLC 系统完善				▄▄		
11	上机位完善					▄	
12	正常出水						▄

3.2.4.2　设备试运转

A　水箱、管路试水与试压

（1）用临时水泵逐台向各水箱输送清水，静止 24h，观察水箱有无渗漏现象。

（2）根据工艺管路的走向，分段进行有水试压。

（3）利用工艺水泵或临时水泵向管道系统输送部分清水。

（4）将试压泵装置与需试压的管路连接，慢慢加压至 0.8MPa，观察管路有无渗漏现象。

（5）若出现渗漏，待全部管道及设备试压完成后及时整改。

B　水泵类

（1）检查水泵安装是否正确，固定螺栓是否紧固。

（2）打开出水阀门。

（3）先给水泵现场控制柜提供电源，然后合上总电源及水泵空气开关。

（4）逐台点动按钮，观察水泵是否运行，若电机不运行，立即让电工检查，及时处理。

（5）观察风叶旋转方向，顺时针旋转说明正常，否则调整接线，先将空气开关断开，再将两根相线互调。

（6）水泵的自动运行应在有水时调试。

C　加药装置类（7 套）

（1）为现场加药电控柜提供电源。

（2）打开计量泵进出口阀门，检查计量箱内有无杂物，否则清理干净。然后逐台放入自来水。

（3）合上总电源及所有空气开关。

（4）逐台点动按钮，电机顺时针旋转说明正常，否则调整接线。

（5）观察搅拌机工作状况，若搅拌轴晃动过大，说明电机安装不规范，及时调整水平度和垂直度。

（6）检查管路渗漏现象，若出现渗漏，及时整改。

D　盘式过滤器（2 套）

（1）为现场电控柜提供电源，合上总电源及所有空气开关。

（2）打开压缩空气主阀门。

（3）逐台点动气动阀按钮，观察阀门工作是否正常。

（4）启动原水泵，输入试压清水，观察设备及管路有无渗漏现象。

（5）若出现渗漏，及时整改。

E　超滤装置（2 套）

（1）为现场电控柜提供电源，合上总电源及所有空气开关。

（2）打开压缩空气主阀门。

（3）逐台点动气动及电动蝶阀按钮，观察阀门工作是否正常。

（4）启动原水泵，输入试压清水，观察设备及管路有无渗漏现象。

（5）若出现渗漏，及时整改。

F　反渗透保安过滤器类（4 台）

（1）保安过滤器前管路清洗完成。

（2）超滤清洗完成，并能自动运行。

（3）安装滤芯后将保安过滤器封闭。

（4）打开超滤装置进出水阀门，启动原水泵。

（5）当保安过滤器压力达到 0.3MPa 后关闭原水泵。

（6）观察有无渗漏现象，若出现渗漏，并及时整改。

G　反渗透装置（2 套）

（1）为现场电控柜提供电源，合上总电源。

（2）逐台点动电动蝶阀按钮，观察阀门工作是否正常。

（3）启动前端增压泵，输入试压清水，观察设备及管路有无渗漏现象。

（4）若出现渗漏，及时整改。

（5）启动高压泵，从低向高调整变频控制器频率，直至高压泵出口压力达到设计值。

（6）观察设备及管路有无渗漏现象。若出现渗漏，及时整改。

（7）反渗透装置带水调试 4h。

（8）观察仪表是否正常。

（9）根据有机玻璃转子流量计调整在线流量计参数。

H　EDI 装置（2 套）

（1）为现场电控柜提供电源，合上总电源。

（2）逐台点动电动蝶阀按钮，观察阀门工作是否正常。

（3）启动 EFI 增压泵，输入试压清水，观察设备及管路有无渗漏现象。

（4）若出现渗漏，及时整改。

（5）观察仪表是否正常。

（6）根据有机玻璃转子流量计调整在线流量计参数。

3.2.4.3　设备调试

A　药剂配制

a　聚合氯化铝的配制与投加

（1）向计量箱中加水到总水位的 2/3 刻度。

（2）启动机械搅拌器。

（3）向计量箱中投加 1 袋 PAC（25kg，有效 Al_2O_3 为 30%）。

（4）向计量箱中加水到 300L 的刻度。

（5）搅拌 5~10min，搅拌均匀。

（6）配制药剂浓度为 8%。

（7）投加在原水泵进水总管。

（8）药剂投加：启动计量泵，根据水量和加药量手动调节频率旋钮到投加刻度，加药量为 3~6mg/L，稀释药剂投加量为 1.1~1.8L。

b　次氯酸钠的配制与投加

（1）向计量箱中加水到 1/2 的刻度。

（2）向计量箱中投加 150kg 的次氯酸钠 10% 的原液。

（3）加水到 300L 的刻度。

（4）配制药剂浓度为 5%。

（5）投加在进水总管，加药量为 0.5~1mg/L，稀释药剂投加量为 0.3~0.5L。

c 加酸装置的药剂配制与投加

（1）向计量箱中加水到 1/2 的刻度。

（2）向计量箱中投加 300kg 酸（液体，有效含量为 35%）。

（3）向计量箱中加水到 300L 的刻度。

（4）搅拌 5~10min，搅拌均匀。

（5）配制药剂浓度为 35%。

（6）投加点位于反洗水泵总管。

（7）投加标准为 2.0~3.0mg/L，稀释后的碱投加量为 0.3~0.5L/h。

d 还原剂的配制与投加

（1）向计量箱中加水到 2/3 的刻度。

（2）向计量箱中投加亚硫酸氢钠（固体，有效含量为 95%）9.5kg。

（3）向计量箱中加水到 300L 的刻度。

（4）搅拌 5~10min，搅拌均匀。

（5）配制药剂浓度为 3%。

（6）投加点位于一级保安过滤器前的进水总管。

（7）投加标准为 2.0~3.0mg/L。一级反渗透进水量为 20m³/h，稀释后还原剂投加量为 1.3~2.0L/h。

f 阻垢剂的配制与投加

（1）阻垢剂采用 100% 标准液，用除盐水稀释至 5% 后使用，计量箱中药液的添加为人工添加。

（2）先放入 2/3 除盐水，启动搅拌机，然后加入 15kg 阻垢剂标准液，再放除盐水至 300L，然后用塑料搅拌器搅拌均匀。

（3）阻垢剂投加点位于一级及二级保安过滤器前的进水总管，投加标准为 2.5~3.0mg/L（以标准溶液计）。反渗透进水量为 20m³/h，稀释后阻垢剂投加量为 1.0~1.2L/h。

g 加碱装置的药剂配制与投加

（1）向计量箱中加水到 1/2 的刻度。

（2）向计量箱中投加 91kg 氢氧化钠（片状固体，有效含量为 98.5%）。

（3）向计量箱中加水到 300L 的刻度。

（4）搅拌 5~10min，搅拌均匀。

（5）配制药剂浓度为 30%。

（6）投加点位于二级 RO 进水泵的出水总管。

（7）投加标准为 2.0~3.0mg/L。二级反渗透进水量为 16m³/h，稀释后的碱投加量为 0.10~0.16L/h。

B 超滤系统

a 调试目的

保证处理后的水达到进入系统的水质要求，主要水质指标为：SDI 值不大于 2，余氯不大于 0.1mg/L；有机物不大于 10mg/L；浊度不大于 1mg/L。

b 调试原理

加入 PAC 混凝剂，通过混凝沉淀反应降低浊度与 SDI 值；加入次氯酸钠氧化剂，通过氧化反应降低有机物、色度；加入还原剂，通过还原反应降低余氯。

c 超滤系统的运行与反洗

（1）盘片式过滤器运行：

1）按工艺要求，打开盘片式过滤器进水阀、出水阀，关闭旁通阀；

2）启动电源，开始运行，盘片式过滤器的手动运行为一键启停，自动运行时与超滤装置联锁；

3）自动运行时，盘片式过滤器的运行状态由时间控制，每隔 24h，自动反洗排泥一次，每次 3min，当盘片式过滤器反洗排泥时，超滤装置自动停止运行。

（2）超滤装置运行：

1）按工艺要求，关闭超滤装置的清洗进水阀、清洗回流阀及清洗排放阀，打开其他的所有手动阀门，检查所有的电动阀门在关闭状态；

2）启动电源，开始运行，超滤装置的手动运行为一键启停，自动运行时与盘片式过滤器联锁；

3）自动运行时，进水电动阀开启，排水电动阀开启，其他电动阀关闭，原水泵启动；自动反洗时，反洗进水阀开启，反洗排水阀开启，浓水电动阀开启，其他电动阀关闭，超滤反洗泵开启；自动正洗时，正洗进水阀开启，正洗排水阀开启，浓水电动阀开启，其他电动阀关闭，超滤反洗泵开启；自动气洗时，进气阀开启，反洗排水阀开启，浓水电动阀开启，其他电动阀关闭。

（3）超滤装置的手动反洗：

1）关闭进水阀和出水阀（阀门均为电动阀）；

2）打开正洗进水阀、正洗排水阀和浓水阀；

3）启动反洗泵，反洗流量为 60m³/h；

4）正洗 1min 后，关闭正洗进水阀、正洗排水阀，打开反洗进水阀、反洗排水阀，打开进气阀；

5）反吹 3min，关闭进气阀；

6）反洗 1min 后，关闭反洗进水阀、反洗排水阀，打开正洗进水阀、正洗排水阀；

7）正洗 1min 后，关闭正洗进水阀、正洗排水阀，打开进水阀、排水阀；

8）进入正常运行程序。

（4）超滤装置手动加药反洗：

1）关闭进水阀和出水阀；

2）打开浓水阀、反洗进阀和反洗排阀；

3）启动反洗泵，反洗流量为 60m³/h，同时启动反洗用 NaClO 计量泵；

4）反洗 60min 后，关闭反洗泵；

5）关闭反洗进阀、反洗排阀；

6）浸泡 30min；

7）进入正洗程序。

（5）超滤装置操作阀的工作状态。超滤装置操作阀在各工作状态下的开启与关闭状况见表 3-10。

表 3-10 超滤装置操作阀在各工作状态下的开启与关闭状况

工作状态	运行程序							
	进水阀	出水阀	浓水阀	反洗进阀	反洗排阀	进气阀	正洗进阀	正洗排阀
运行	Δ	Δ	×	×	×	×	×	×
反洗	×	×	Δ	Δ	Δ	√	√	√
正洗	×	×	Δ	×	×	×	Δ	Δ

注：Δ表示开启；√表示先开启，有水排出后关闭；×表示关闭。

C 反渗透系统

a 反渗透膜的安装

（1）清洗膜壳内部。

（2）按照膜壳的编号将一端的封板放入膜壳。

（3）将反渗透膜的进入端涂上甘油（丙三醇）。

（4）按照进水方向将反渗透膜推入膜壳，留 30cm 在膜壳外。

（5）将连接管涂上甘油后安装在反渗透膜上。

（6）水平推入第二节反渗透膜。

（7）推入最后一节时，应用适当的力量推入，应有一"砰"的声音。

（8）将另一端封盖安装，不能用强使封盖与反渗透膜紧密结合，开机后膜与封盖会自然顶紧。

b 反渗透组件的启动

（1）先启动保安过滤器进行排气和进水，然后启动反渗透单元。首先打开反渗透单元产水阀和浓水电动阀，随后打开反渗透单元进水电动阀，对反渗透单元进行低压冲洗，时间 10min。

（2）若一切正常，冲洗压力在 0.3MPa 左右。冲洗完毕后，启动阻垢剂计量泵，关闭产水阀和浓水电动阀；当两个电动阀全部关闭到位后，将反渗透高压泵打到"开"，然后按下"启动"按钮，高压泵随即启动，观察压力是否处于正常状态，反渗透单元开始进行产水。

（3）反渗透高压泵的电机配有软启动，当高压泵启动时，以较慢的转速缓慢启动，尽量减少在膜上产生的水锤和突然的升压。

（4）反渗透单元的两个压力开关中有任一动作，高压泵就会停止运行。在手动运行状态下，必须立即到现场打开产水阀和浓水电动阀，按下高压泵的"停止"按钮，将高压泵的开关打到"关"位置，查找原因，处理后再重新启动反渗透单元。

c 反渗透组件的停止

（1）反渗透单元停止时（包括故障停止），按下高压泵的"停止"按钮，将高压泵的开关打到"关"位置，打开产水和浓水电动阀，关闭阻垢剂计量泵，对反渗透组件进行低压冲洗，时间为 10min。

（2）低压冲洗完毕后，关闭反渗透单元的产水和浓水电动阀，2~3s 后关闭进水电动阀，反渗透单元停止完毕，然后关闭保安过滤器的进水阀门和反渗透的进水阀门，稍开启放气阀，排水卸压。

D　EDI 系统

a　供电或供水之前的注意事项

(1) 由于管道内残余的碎屑或其他颗粒物可能对模块造成无法挽回的损害，在给 E-Cell™ 模块连接供水管道之前，必须用经过过滤的合格冲洗水将管道系统彻底冲洗干净并且将冲洗水排放。

(2) EDI 启动时，给水泵应该缓慢升压，从零到稳定的运行压力需要 1 ~ 2min 以上，这样做可防止水锤导致 EDI 系统严重损坏；在全面供水之前，应先缓慢将模块和系统中的空气排尽；禁止对模块过度加压。

(3) 确保电流开关及变送器设置正确并且能够正常工作。

(4) 确保建立了三条水流：极水排放流、淡水产水流以及浓水排放流，并且所有的安全互锁都经过证明。

(5) 核实没有任何形式的氯或氧化剂进入 E-Cell™ 模块，进水必须符合进水水质要求。

(6) 若在进水（以碳酸钙或二氧化硅计）硬度大于 1mg/L 或者其他进水水质指标未达到进水水质要求时，且未采取特殊防护措施的条件下，E-CELL™ 模块将可能会被损坏。如果进水硬度或者二氧化硅超标，则必须定期进行酸洗和对 RO 产水软化。

(7) GE EDI 模块-MK-3 的塑料连接件和管口可更换，在开始操作前须用手拧紧固定零件。

b　EDI 运行操作程序

(1) 打开 EDI 增压泵进出水阀门、打开 EDI 保安过滤器的进出水阀门；打开 EDI 进水总阀，关闭清洗水进、出阀门，关闭旁通阀；打开 EDI 回流阀，关闭 EDI 出水阀。

(2) 打开 EDI 膜堆的各个阀门，包括进水阀、进浓水阀、产水阀、浓水排放阀、极水排放阀等。

(3) 启动 EDI 增压泵。

(4) 调整进水阀及进浓水阀，保证进水及进浓水的流量；调整浓水排放阀、极水排放阀，保证浓水及极水的流量；调整产水阀，保证产水流量。

(5) 依次启动 EDI 模块的电源。

(6) 查看产水电导；当产水电导达到设计要求后，打开 EDI 排放总阀，关闭旁通阀。

(7) 进入正常运行过程。

(8) 当产水压力、浓水压力过高时，需对膜堆进行化学清洗。

3.2.5　系统运行

3.2.5.1　运行前准备

系统投运前，先检查系统设备是否已处于完好备用状态，水、气、电是否通畅，并检查以下项目：

(1) MCC 柜合闸上电；

(2) 现场各控制柜上电；

(3) 各种仪表已经初步校验准确，并投入使用；

（4）压缩空气系统正常；

（5）各加药装置药液已配制；

（6）原水系统正常备用；

（7）各水箱经检查处于备用状态；

（8）各水箱出水阀门打开；

（9）各泵进出口阀门打开。

3.2.5.2 预处理系统投运

打开原水箱、盘式过滤器进水阀、出水阀；启动原水泵；启动超滤系统。

膜组件首次投运时，注意起始产水量应控制在设计水量的 30%～60% 左右运行，24h 后，再增至设计产水量，这样有利于膜通量的长期稳定。

A 启动

a 启动前检查

在启动前应进行以下检查：

（1）所有的阀门处于关闭状态；

（2）所有的泵处于良好的备用状态。

b 超滤组件的正洗

（1）打开装置的正洗排水阀；

（2）投运预处理系统，打开正洗进水阀；

（3）缓慢调节超滤装置正洗进水手动阀门，维持较低的进水压力（1.5bar）；

（4）首次启动时连续冲洗至排放水无泡沫后关闭超滤装置各阀门。

c 启动程序

根据进水确定超滤装置的允许最大产水量、工作压力、反洗时间间隔。

（1）超滤元件的进水压力应控制膜两侧平均压力差不大于 2.0bar。

（2）流量和压力的调整程序。

1）产水的调整：打开产水阀→投运预处理系统→打开进水阀→缓慢打开进水手动阀门→调整进水手动阀门，使产水流量达到要求水量→如果同时有浓水排放，缓慢打开错流排放阀，调节至需要的排放量。调整完毕后，关闭超滤装置各阀门，准备进行反洗操作的调整设置。

2）反洗操作：打开正洗排水阀→启动反洗水泵→打开反洗进水阀→缓慢打开反洗泵手动阀门→调整手动反洗阀门至压力不大于 2.0bar→打开反洗排水阀→关闭正洗排水阀→调整手动反洗阀门至压力不大于 2.0bar。调整完毕后，关闭超滤装置各阀门，停运反洗泵。

d 自动控制

当装置由手动控制将所有的流量、压力设置完毕后，装置需要关闭，然后以自动方式重新启动。

（1）关闭所有开关，将手动开关转为自动。

（2）启动超滤装置。

（3）调整产水压力保护开关，当产水压力高于设定值，正排阀自动开启。

B 停机

a 手动操作模式下的停机

(1) 打开正排阀，冲洗60s。

(2) 缓慢关闭进水阀。

b 自动控制模式下的停机

装置在自动模式下运行，当发生以下情况时，装置会自动关闭或不能投入自动运行：

(1) 供水水泵没接到运行指令，或者泵的手动开关没有置于自动状态；

(2) 进水或产水出口压力过高。

c 装置长时间停机

(1) 如果装置需关停，组件如短期停用（2~3d），可每天运行30~60min，以防止细菌污染。

(2) 组件如长期停用（7d以上），停运前对超滤装置进行一次手动进气反洗；并向装置内注入保护液（1%亚硫酸氢钠溶液），关闭所有的超滤装置的进出口阀门。每月检查一次保护液的pH值，如pH≤3时应及时更换保护液。

(3) 长时间关停后重新投入运行时，应将超滤装置进行连续冲洗至排放水无泡沫。

(4) 停机期间，应自始至终保持超滤膜处于湿态，一旦脱水变干，将会造成膜组件不可逆损坏。

C 系统维护

除盐水制备系统的维护包括超滤的正洗、反洗、气洗和分散化学清洗[9]。

(1) 超滤的正洗利用原水作为水源，设置产水排放阀将产水排至地沟即正洗。

(2) 超滤的反洗是从中空纤维膜丝的产水侧将等于或优于透过液的水输向进水侧，与过滤过程的水流相反。

(3) 气洗是让无油压缩空气通过中空纤维膜丝的进水侧表面，利用汽水混合液的强力湍动，来松懈并冲走膜表面在过滤过程中形成的污染物。

(4) 分散化学清洗即反洗中加入化学药剂。系统设定每套系统累计运行一定时间后将进行加药反洗，即在反洗液中通过加药泵加入一定比例的反洗药剂，对膜进行短时间浸泡的清洗方式，该过程的操作为自动，但需要确认加药箱内的药剂充足。投加HCl的分散化学清洗，可以清除与膜面附着未牢固的垢类和金属氧化物；投加NaClO的分散化学清洗，可以杀死、剥离滋生在膜表面的微生物及黏泥；投加NaOH的分散化学清洗，可以去除膜表面的油类物质[10]。

a 反洗操作

(1) 考虑到化学清洗中有加入氧化剂杀菌反洗的操作步骤，反洗中不添加氧化剂进行杀菌，这样可以降低氧化剂对超滤膜的损伤，同时可以节省氧化剂的用量，减少对环境的污染。

(2) 在反洗时，水应全部从渗透侧流向原水侧。

(3) 反洗流量应为正常产水流量的2.5倍，但跨膜压差（TMP）不可超过0.2MPa。

(4) 周期反洗水量与周期产水量和系统回收率有关，计算公式为

$$回收率 R = \frac{周期产水量 - 周期反洗水量 - 周期正洗水量}{周期产水量} \tag{3-2}$$

（5）反洗周期为 15~90min。

（6）为了提高反洗效率，反洗分两步进行：第一步，反洗水由产水口进，从正排口出；第二步，反洗水由产水口进，从反洗排水口出。两步所用时间相等，合计为反洗时间。

b 正洗操作

为了提高反洗效果，在反洗前后应各正洗一次。正洗时，正洗水全部排掉。

（1）正洗流量不小于进水流量。

（2）正洗时间为 60s。

c 分散化学清洗

当 TMP 比初始上升 0.10MPa 且小于 0.20MPa，通过反冲洗不能恢复时，须进行分散化学清洗。超滤膜 TMP 正常情况下，至少 3 个月对超滤膜分散化学清洗一次。

D 化学清洗

a 酸性溶液清洗

当进水中 Fe 或 Mn 的含量超过设计标准，或者超滤膜组件的进水中悬浮物特别高，而对膜的进水侧造成的非有机物污染时，应采用酸性溶液清洗方案。清洗液为 1%~2% 柠檬酸溶液或 0.4%HCl 溶液，适用于铁污染及碳酸盐结晶污堵。

（1）准备工作：

1）按关闭程序关闭系统；

2）关闭系统所有阀门；

3）在清洗溶液箱中配制好 1%~2% 柠檬酸或 0.4%HCl 溶液，并充分搅拌使其混合均匀。

（2）清洗：

1）启动清洗水泵，缓慢打开清洗水泵出口阀、超滤装置清洗液进出阀，控制每个膜组件 1000L/h 的流量让清洗溶液进入膜组件，并返回清洗溶液箱中，循环清洗时间为 30min；

2）关闭清洗泵，静置浸泡 60min；

3）将清洗溶液箱和清洗过滤器放空，并用清水冲洗干净。

（3）冲洗的目的是将超滤装置中残余的化学溶液除去。

1）打开超滤装置浓水排放阀和产水排放阀；

2）打开超滤装置的进水阀门，使进水通过超滤膜组件，直到进水和产水的电导率差值在 20μS/cm 之内；

3）返回生产运行状态。

b 碱性氧化剂溶液清洗

当进水中有机物含量高，可能引起滤膜受到有机物污染，同时当条件有利于生物生存，一些细菌和藻类也将在超滤膜组件中繁殖，由此引起生物污染时，应采用碱性氧化剂溶液清洗方案。清洗液为 0.2%ClO₂+0.1%NaOH 溶液，应采用 RO 产水配制，可利用化学清洗机组进行清洗。

（1）准备工作：

1）按关闭程序关闭超滤系统；

2）关闭系统所有阀门；

3）在清洗罐中配制好 $0.2\%ClO_2+0.1\%NaOH$ 溶液，并充分搅拌使其混合均匀。

（2）清洗的步骤与酸洗步骤相同。

c 清洗注意事项

（1）所有清洗剂都必须从超滤的进水侧进入组件，防止清洗剂中可能存在的杂质从致密过滤皮层的背面进入膜丝壁的内部。

（2）超滤装置进行化学清洗前都必须先进行充分的夹气反洗。

（3）超滤装置的整个化学清洗过程约需要 $2\sim4h$。

（4）如果清洗后超滤装置停机时间超过 3d，必须按照长时间关闭的要求进行维护。

（5）清洗液必须使用超滤产水或者更优质的水配制。

（6）清洗剂在循环进膜组件前必须除去其中可能存在的污染物。

（7）清洗液温度一般可控制在 $10\sim40℃$，提高清洗液温度能够提高清洗的效率。

（8）必要时可采用多种清洗剂清洗，但清洗剂和杀菌剂不能对膜和组件材料造成损伤。且每次清洗后，应排尽清洗剂，用超滤或 RO 产水将系统冲洗干净，才可再用另一种清洗剂清洗。

（9）由于超滤装置每 $30\sim60min$ 需反洗一次，故一般均为自动运行。考虑到不同超滤系统的进水水质差异较大，具体的运行及清洗参数、步序等宜根据现场调试情况最终确定。总的原则是，当水质较差时，增加反洗、气洗以及分散化学清洗的频率。

E 操作压力的控制范围及数据记录

各操作压力的控制范围见表 3-11。

表 3-11 各操作压力的控制范围

序号	操作压力种类	控制范围
1	跨膜压差（超滤最大允许跨膜压差）/bar	2.0
2	进水压力（超滤组件壳体所能承受的最大工作压力）/bar	6.0
3	反洗水压力（超滤组件的最大反洗水压力）/bar	1.5
4	夹气反洗进气压力（超滤组件的夹气反洗进气压力）/bar	控制在 1bar，最大不超过 2.5bar

超滤装置基本上很少需维修，关键是保证采用正确的运行参数。必要的运行监测记录有利于跟踪装置的运行情况，也利于帮助找出问题的所在，如通过监控流量以及相应的压力降，可以对组件污染程度做出判断。各运行参数的记录频率见表 3-12。

表 3-12 各运行参数的记录频率

序号	运行参数	记录频率
1	进水温度（℃）	至少每 2h 记录 1 次
2	进水压力（bar）	至少每 2h 记录 1 次
3	浓水压力（bar）	至少每 2h 记录 1 次
4	产水压力（bar）	至少每 2h 记录 1 次
5	进水流量（m³/h）	至少每 2h 记录 1 次

序号	运行参数	记录频率
6	产水流量（m³/h）	至少每 2h 记录 1 次
7	浓水排放流量（错流过滤时）（m³/h）	至少每 2h 记录 1 次
8	进水 COD（mg/L）	每周记录 1 次
9	产水 COD（mg/L）	每周记录 1 次
10	进水浊度（NTU）	每周记录 1 次
11	产水浊度（NTU）	每周记录 1 次
12	其他参数（SDI 等）	根据具体运行要求确定记录频率

F　系统自控

a　分散化学清洗加药

酸洗：浓度小于 0.5% 的 HCl 溶液，1 台泵；

碱洗：pH 为 12 左右的 NaOH 溶液，1 台泵；

氯洗：浓度小于 0.5% 的 NaClO 溶液，1 台泵。

b　仪表

流量计：调整超滤进水阀门，使超滤进水流量等于设计值；调节浓水阀门，使浓水流量等于设计值；同时用容积法校正流量计。

压力传感：根据机组机械压力表校正超滤进水、浓水、产水和进气压力传感，进水压力小于 0.35MPa，进气压力小于 0.15MPa。

c　联锁

（1）原水泵、过滤器和超滤的联锁：原水泵启动，过滤器运行，超滤运行。

（2）超滤和氧化剂加药泵的联锁：超滤启动运行，相应氧化剂加药泵启动运行。氧化剂加药泵在溶液箱最低液位开关动作时，停止加药泵，并报警，但不停止系统。

（3）超滤反洗水泵和超滤水池液位的联锁：当超滤水池液位为液位计设定最低液位时，超滤反洗水泵停止运行；超滤反洗水泵运行正常，反洗时，超滤反洗 NaClO 加药泵运行；当超滤反洗水泵在分散化学清洗时，停止正常反洗时 NaClO 加药泵。

d　超滤机组和仪表的控制

超滤的 TMP = 0.18MPa 时，停止相应原水泵，并停止该套超滤装置，报警并提醒化学清洗。

超滤进水压力大于 0.35MPa 时，停止相应原水泵，并停止超滤装置，报警。

超滤气洗时进气压力传感大于 0.15MPa 时，关闭进气阀门，省略气洗并报警。

超滤反洗进水压力传感大于 0.20MPa 时，停止超滤反洗泵，并停止该套装置。

（1）按常规要求检查进水水质，同时检测超滤系统的产水流量和运行压力。

（2）按常规检查系统特别是组件的泄漏情况，一旦发现立即维护。

3.2.5.3　反渗透系统的操作

A　正常操作

RO 装置的操作就是"开"或"停"，系统不必预先调节流量。在每一个正常的开/停运行周期中，RO 的控制程序都包括一次预洗和一次后洗。预洗和后洗是利用原水的压力将水源引入 RO 系统来实现。预洗提供一个"软启动"，使到启动期间的水力波动最小。后洗则充分利用水头在关机前把浓缩的杂质冲走，这可减少膜的维护（清洗）需求。

RO 系统长期成功的运行取决于对其运行的控制。控制 RO 系统运行的基本参数有压力、流量和进水预处理。

a　压力

通常在 RO 运行初期，使用低于进水压力设计值的压力即可达到设计出水量。

跨膜压差（TMP）是提供通过膜实际驱动力的净压力，过高的 TMP 会引起膜元件的损坏，导致膜元件的更换。因此，为减少由于操作者失误而发生事故的可能性，到产水箱的清水管通常无特殊要求时不允许安装手动阀。

b　流量

流量最重要的运行参数之一是回收率"Y"。回收率直接影响到膜表面溶解矿物质的浓度，回收率愈高，浓缩系数（CF）愈高。为防止进水杂质沉淀到膜表面引起污染或堵塞问题，控制浓度是必要的。测定透过水和浓水的流量，不仅能提供控制浓缩系数即回收率的手段，也能提供控制盐水最小允许流速和最大允许流速的手段。

此外，对于卷式膜，在给定条件下的产水流量是运行正常与否的重要标志，卷式膜开始受污染而需要维护，压差增加几磅意味着膜元件污染严重，要清洗恢复就困难得多，甚至不能恢复。

不能堵住清水管，设备不得在高于设计运行数据的回收率下运行。

c　进水预处理

RO 系统包括基本的预处理-精密过滤，进水条件应满足以下要求：

（1）RO 系统必须有预处理系统，没有预处理系统的操作将会降低膜通量；

（2）系统中提供的报警电路用来保护系统中不同的元件，带报警信号操作会损害被报警电路保护的元件；

（3）预处理系统和低压管路的设计最大操作压力为 0.55MPa，压力不得高于这个值；

（4）原水温度应小于 45℃；

（5）RO 系统的原水必须不含游离氯，氯对膜将引起不可逆的损害；

（6）无水运行或关闭系统中泵的进、出口阀门操作，将会损害泵；

（7）关闭排污口的操作将会损害 RO 膜；

（8）如果系统停机时间大于 5d，每天系统必须运行 30min，否则细菌会繁殖生长；

（9）系统出水水质较好，可能被管路系统中腐蚀物、细菌、污垢污染，为系统配备的管路系统尽量能与出水水质相一致；

（10）RO 膜应在适合的温度运行，最高运行温度为 37℃，最低温度为 10℃。

B　启动操作（手动）

（1）打开主控柜及就地盘的电源。

（2）将需投运的设备切换至手动位置。

（3）打开 RO 系统进水电动阀、产水阀和电动排浓阀，确认进水手动阀门打开到一定开度，确认清洗进水阀关闭。

（4）启动原水泵，开启多介质过滤器进出水阀门，用低压、低流量合格预处理出水连续通过 RO 机组 3min 后进行以下操作：

1）在低压低流量冲洗期间，要投加还原剂，不允许在预处理部分投加阻垢剂；

2）为避免对膜系统形成超流量超压力，在高压泵启动后 RO 机组的进水控制阀（电动阀）应设定缓慢打开，均匀升高浓水流量至设计值，升压速率应低于每秒 0.07MPa，同时缓慢关闭电动排浓水阀；

3）调整 RO 机组进水手动闸阀和浓水手动调节阀，使 RO 运行参数在要求范围内；

4）检查所有化学药剂投加量是否与设计值一致，如阻垢剂和亚硫酸氢钠；

5）定时记录系统运行参数。

上述系统参数调节一般在手动操作模式下进行，待系统稳定后将系统转换成自动运行模式。

C 停运操作（手动）

（1）按下就地盘上高压泵停运按钮，使高压泵停止运行，同时打开电动排浓水阀。打开过滤器正排阀，关闭反渗透进水电动阀，关闭原水泵、过滤器进水阀、正排阀。

（2）反渗透进水阀关到位，排浓水阀开到位后，启动反渗透冲洗水泵，打开冲洗水进水阀，用低压、低流量合格预处理出水连续通过 RO 机组 10min 后，停泵并关闭冲洗进水阀。反渗透系统的操作应注意以下事项：

1）RO 系统的预处理系统工作正常，否则将会对膜通量损害；

2）系统中提供的报警电路用来保护系统中不同的元件，带报警信号操作会损害被报警电路保护的元件；

3）预处理系统和低压管路的设计最大操作压力为 0.56MPa；

4）原水温度应小于 45℃，RO 系统的原水必须不含游离氯，氯对膜将会引起不可逆的损害；

5）无水运行或关闭系统中泵的进、出口阀门操作，将会损害泵；

6）关闭排污口的操作将会损害 RO 膜；

7）如果系统停机时间不大于 7d，每天系统必须运行 30min，否则细菌会繁殖生长；

8）每班在交接班时，必须对反渗透每套机组用 RO 产水冲洗一次，不允许任何反渗透机组连续不停机运行超过 12h；

9）膜应在适合的温度保存，最高保存温度为 37℃，最低温度为 5℃。

D 化学清洗

RO 膜化学清洗工艺包括冲洗、循环、浸泡三个过程。RO 装置设置一套化学清洗系统，清洗箱容积为 3000L，清洗水泵的流量为 120m³/h，并配套有 5μm 保安过滤器。

a 需清洗 RO 膜的情况

RO 系统在正常的运行条件下，出现下列现象之一者，RO 膜需要进行化学清洗：

（1）产水流量比新膜最初始运行时下降 10%；

（2）产水的脱盐率比新膜最初始运行时降低 5%；

（3）膜的压力差（原水进水压力-浓水压力）比新膜最初始运行时增加 15%；

（4）已被证实有结垢或有污染。

b 清洗 RO 膜的准备工作

(1) 清洗前的检查：

1) 按要求采购一定数量的化学药品或试剂；

2) 检查化学清洗装置是否完好；

3) RO 膜化学清洗的温度不低于 15℃，如果清洗水温低于 15℃，则需要用板式换热器加温。

(2) RO 膜化学清洗药剂的选择。RO 膜的污染或阻塞状况受污染物的种类、膜本身的材质等条件的影响，对于不同厂商、不同型号的膜来说，其化学清洗的药剂是不一样的。

(3) 化学清洗药剂的配制。化学清洗药剂的配制原则是：以质量分数为基础，将 pH 值调节至要求范围内，作为化学清洗液的最终标准值。

1) 在系统正常运行条件下，关闭清洗箱排污阀，慢慢打开化学清洗系统的清水注入阀，让除盐水注入化学清洗箱。

2) 当水注入到化学清洗箱指定容积时，称取计算结果的药剂量，加入化学清洗箱中。

3) 启动搅拌器，让药剂溶解；同时注入 RO 产水至化学药箱满液位线，关闭清水注入阀，搅拌器继续搅拌 15min 后再关闭。

4) 检测 pH 值，调节 pH 值至要求范围内。

c 化学清洗 RO 膜操作

(1) 关闭要清洗的 RO 机组，同时让 RO 机组冲洗 3~5min；如果条件允许，可以让 RO 产水冲洗 RO 机组 3~5min。

(2) 关闭 RO 机组上的原水进口阀、浓水出口阀、产水的出口阀，让 RO 机组处于待清洗状态。

(3) 清洗操作：

1) 配制化学清洗液；

2) 打开化学清洗箱的出口阀、RO 机组的浓水端回流阀、清水端回流阀门、清洗泵的出口阀，并关闭 RO 浓水排放阀、产水阀和进水阀；

3) 启动化学清洗泵，让化学清洗液循环。调节化学清洗泵的出口调节阀门、RO 机组的浓水端回流阀、清洗箱浓水端回流阀门，使其循环流量为 55~60m³/h（缓慢上升循环量），压力为 0.24~0.42MPa；

4) 循环 45~60min；

5) 关闭化学清洗泵，关闭 RO 机组的浓水端回流阀、清水端回流阀门，清洗箱浓水端回流阀门，浸泡 120~150min；

6) 如此反复循环、浸泡 3~4 个周期；

7) 最后在循环过程中打开化学清洗箱的排污阀门、清洗箱浓水端回流阀、清水端回流阀门，当化学液在化学箱中不能循环时，关闭化学清洗泵，让化学清洗液全部排出，关闭清洗箱浓水端回流阀、化学清洗箱的出口阀、化学清洗箱的排污阀门；

8) 打开原水进口阀、浓水出口阀、清洗泵出水阀门，清水回流阀，让水处理系统正常使用，冲洗 RO 机组 5~6min，以排放不合格 RO 产水；

9) 为保证化学清洗系统的清洗质量，必须将化学清洗系统冲洗干净，因此可利用清洗箱回流水清洗管道，再用清水回流进一步清洗；

10) 当 RO 产水符合出水要求，化学清洗完毕。RO 机产水即可投入使用。

d 清洗 RO 膜的注意事项

(1) RO 膜在清洗过程中，操作人员应遵守有关化工酸碱操作的安全规则及化工配制溶液的安全规则。

(2) RO 膜在清洗过程中，所使用的水必须是 RO 产水或相当于其产水的纯净水。

(3) RO 膜在清洗过程中，其清洗水温不低于 15℃。

(4) RO 膜在清洗完成后 10h 内必须让其运行，否则需要加入消毒液进行保护。

E 系统自控

a 加药

(1) 阻垢剂。阻垢剂具体加药浓度和加药量依据原水水质和系统内其他加药配伍试验而得，由生产厂家提供。阻垢剂加药泵为二台，一用一备。

(2) 还原剂。还原剂加药浓度为 5mg/L，加药量根据过滤器产水余氯(0.5~1.0) mg/L来调节，保证反渗透进水 ORP 在−200~120mV 内。还原剂加药泵为两台，一用一备。

(3) 二级反渗透碱加药。二级反渗透加氢氧化钠浓度为 3mg/L，具体加药量要根据二级反渗透进水 pH 来调节。碱加药泵为两台，一用一备。

b 仪表

(1) 流量计。调整反渗透高压泵后手动截止阀门，使进水流量等于设计值；调节浓水手动调节阀门，使浓水流量和产水流量等于设计值；同时用容积法校正流量计，使回收率等于 75%。

(2) 压力传感。根据机组机械压力表校正反渗透机组进水、一二段间压差、浓水、压力传感。段间压差小于 0.3MPa。

(3) 进水 ORP。校正 ORP 表，调节还原剂加药泵，并使进水 ORP 在运行时维持在−200~120mV 内。

(4) 电导率表。用便携式电导率表及分析化验结果校正。

(5) 进水 pH。用 pH 试纸或用便携式 pH 计校正，调节加酸泵，并使进水 pH 值在运行时维持在 5.5~8.5 内。

(6) 进水 SDI。用 SDI 仪测试，使进水 SDI<3。

(7) 进水温度传感。用机械式温度计校正，进水温度范围在 15~35℃ 之间。

c 联锁

(1) 水泵和水箱液位联锁。当原水箱液位显示 LL (报警限，下同。H：上限；HH：第二上限；L：下限；LL：第二下限) 或超滤水箱液位显示 HH 时，原水提升泵、盘式过滤器、超滤机组停止运行，恢复至解锁液位后，恢复运行；当超滤水箱液位显示 LL 或一级 RO 水箱液位显示 HH 时，一级 RO 机组停止运行，恢复至解锁液位后，恢复运行；当一级 RO 水箱液位显示 LL 或二级 RO 水箱液位显示 HH 时，二级 RO 机组停止运行，恢复至解锁液位后，恢复运行；当二级 RO 水箱液位显示 LL 或脱盐水箱液位显示 HH 时，EDI 停止运行，恢复至解锁液位后，恢复运行；当超滤水箱液位显示 L 时，超滤反洗水泵停止运行；当一级 RO 水池液位显示 L 时，冲洗水泵停止运行；当超滤水池液位显示 L 时，超滤反洗泵停止运行。

（2）反渗透给水泵、高压泵和 RO 机组的联锁。反渗透给水泵启动，运行高压泵，RO 机组运行。

（3）反渗透给水泵、高压泵和加药泵的联锁。反渗透给水泵启动，高压泵运行，还原剂泵相应动作，阻垢剂泵相应动作；还原剂、阻垢剂加药泵在溶液箱最低液位开关动作时或加药泵故障时，停止加药泵，并报警；当高压泵和反渗透机组停止时，相应停止加药泵。

（4）反渗透给水泵、高压泵、RO 机组和仪表的联锁。对反渗透机组上的压力传感器进行校正，并在程序中设定：当高压泵启动后其进水压力值连续 5s 超出 1.8MPa 或低于 0.5MPa 时，报警并停止相应原水提升泵、高压泵、RO 机组。对高压泵前后高低压力开关进行校正，并在程序中设定：当低压值低于 0.15MPa、高压值超出 1.8MPa 时，报警并停止原水提升泵、高压泵、RO 机组和加药泵。

F　注意事项

（1）启动高压泵之前，检查高压泵进出口手动蝶阀是否到位，严禁在手动阀门未打开的情况下启动高压泵；在反渗透系统进水电动蝶阀故障的情况下，严禁启动反渗透高压泵。

（2）严禁反渗透系统在清水出口的手动阀门关闭的状态下运行，否则会损坏膜。

（3）严禁反渗透系统在入口压力低于 0.2MPa 和高压泵出口压力高于 1.8MPa 情况下运行。

（4）严禁反渗透系统在每段压差大于 0.30MPa 的情况下运行。

（5）严禁反渗透系统在入口 pH 值超出 4~11 的情况下运行。

（6）严禁反渗透系统在入口温度超出 5~35℃ 的情况下运行。

（7）当保安过滤器的进出口压差大于 0.05MPa 的情况下，必须更换滤袋。

3.2.5.4　EDI 操作运行维护

EDI 设备的良好长期运行不仅依赖于系统的初期设计，而且取决于正确的运行和维护，这包含系统的初期启动和运行过程中的启动/停机[11]。为了保持系统的长期良好运行，需要对系统运行数据进行定期记录，以便日后日常运行维护，而且日常运行维护数据对于在设备故障判断和决定采取何种措施方面有重要意义。

A　初次启动

正确的 EDI 设备启动，对于准备将 EDI 投入正常运行操作和防止 EDI 模块由于流量过大、水锤或电流过载而损坏是必要的。在启动 EDI 系统之前，RO 系统、EDI 模块的安装，仪表的校正工作，其他系统的检查都应当已经完成。

B　EDI 启动程序

（1）在将管路连接至 EDI 之前，请先确认所有前级预处理设备和管路已符合清洁要求。

（2）确保所有连接至 CEDI 模块的管路连接正确，管路已符合清洁要求。

（3）检查所有相关的手动阀门处于正确的位置和开启/关闭状态。进水阀、产水阀、超纯水箱进水阀和浓水流量控制阀处于完全开启状态。

（4）在冲洗过程中，检查所有管路连接和阀门，确保无泄漏。如果必要的话，锁紧连接部分。

（5）确认 EDI 模块至电源供电模块的接线正确。

（6）启动 RO 产水输送泵。调节阀门开度至设计流量和设计压力。检查设计回收率和实际回收率。全过程注意检查系统压力，同时确保系统运行压力不超过模块的最高运行压力极限。

（7）在设计流量下，调节阀门直至产水压力比浓水排放压力高 0.014~0.034MPa。重复以上步骤，直至系统运行符合设计产水量和浓水流量。计算系统回收率，与设计值比较。

（8）开启模块电源开关，缓慢调节显示板直流电源至需要数值。注意观察出水水质。

（9）记录所有运行数据。

（10）测试所有流量限位开关和相关联锁动作。确保当浓水循环流量不足时，EDI 供电模块断电。

（11）继续将 EDI 处于循环状态，直至产水指标达到要求。一旦 EDI 出水指标达标，将 EDI 产水阀（至后级水箱）打开，将 EDI 产水回流阀（至 RO 水箱）关闭。再次确认产水压力比浓水排放压力高 0.014~0.034MPa。将系统运行值与设计值比较，待系统运行稳定后（水质和流量），在日常运行数据记录表中记录运行数据。将运行模式选定在自动模式。

（12）在系统运行的第 1 周，定期检查系统的运行情况，以确保系统正常可靠的运行。

C　运行启动

（1）一旦 EDI 系统已经启动，每次的停机和重启动都意味着压力和流量的变化，以及对 EDI 模块的机械性冲击。因此，系统的停机和重启动的次数应当尽可能地少，以保证 EDI 系统的平稳运行。

（2）系统启动之前和过程中的检查，应当作为一种日常工作进行，并且做好工作记录。仪表的校正，报警，安全设备和管路泄漏性检查，也应当作为一种日常工作进行。

D　停机

（1）将电流和电压调至为 0，关闭 EDI 模块的供电电源。

（2）停运反渗透产水输送泵。

（3）关闭每个 EDI 模块的进水阀。

（4）关闭 EDI 模块的隔离阀。

E　系统停机后的再次开机

（1）将 EDI 系统阀门运行状态置于 EDI 循环状态。

（2）启动反渗透产水输送泵。

（3）按照 EDI 启动程序逐项检查，启动 EDI 系统。

F　运行记录

为了能够更好地跟踪 EDI 的运行情况，必须收集 EDI 运行的相关数据，并记录在日常运行表格中。除了能够跟踪 EDI 的运行情况，运行数据对于 EDI 故障的判断和排除都有价值。

3.3　循环水与炉水水质控制

3.3.1　循环水水质控制

循环水水质控制途径包括加水质稳定剂、加杀菌剂、旁流过滤和循环冷却水排污。

3.3.1.1 加水质稳定剂

加水质稳定剂是循环水处理中最常用的方法，目前普遍使用合成的水质稳定剂，它除了具有高效的防垢能力外，还有防腐蚀的作用[12]。

开式循环冷却水处理宜加酸或加碱调节 pH 值，并宜投加阻垢缓蚀剂。当采用计量泵输送酸、碱时，应有备用的计量泵。

采用浓硫酸、碱液调节循环冷却水的 pH 值时，应采用直接投加方式在水池最高水位以上、且易于水流扩散处投加。

循环冷却水采用硫酸处理时，硫酸投加量应按式（3-3）计算：

$$A_c = \frac{(M_m - M_r/N) \times Q_m}{1000} \tag{3-3}$$

式中，A_c 为98%硫酸投加量，kg/h；M_m 为补充水碱度，mg/L（以 $CaCO_3$ 计）；M_r 为循环冷却水控制碱度，mg/L（以 $CaCO_3$ 计），可按图 3-11 确定；N 为浓缩倍数；Q_m 为补充水量，m^3/h。

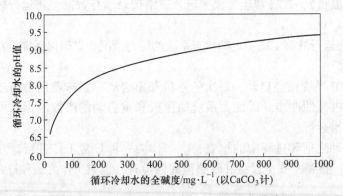

图 3-11　循环冷却水 pH 值与全碱度变化曲线图

循环冷却水的阻垢缓蚀处理药剂配方应该通过动态模拟试验和技术经济比较确定，或根据水质和工况条件相类似的工厂运行经验确定。

阻垢缓蚀药剂应选择高效低毒、化学性质稳定及复配性能良好的环境友好型水处理药剂。当采用含锌盐药剂配方时，循环冷却水中的锌盐含量应小于 2.0mg/L（以 Zn 计）。阻垢缓蚀药剂配方宜采用无磷药剂。

循环冷却水系统阻垢缓蚀剂的首次加药量按式（3-4）计算：

$$G_f = \frac{v \times g}{1000} \tag{3-4}$$

式中，G_f 为首次加药量，kg；v 为系统水容积，m^3；g 为每升循环冷却水加药量，mg/L。

循环冷却水系统运行时，间冷开式系统阻垢缓蚀剂加药量应按式（3-5）计算：

$$G_r = \frac{(Q_b + Q_w) \times g}{1000} \tag{3-5}$$

式中，G_r 为系统运行时加药量，kg/h；Q_b 为排污水量，m^3/h；Q_w 为风吹损失水量，m^3/h；g 为每升循环冷却水加药量，mg/L。

3.3.1.2 加杀菌剂

杀菌剂的作用是控制微生物的滋生和繁殖。间冷开式系统的微生物控制指标为异养菌

总数不宜大于 $1 \times 10^5 cfu/mL$、生物黏泥量不宜大于 $3mL/m^3$。

开式循环冷却水微生物控制宜以氧化型杀生剂为主，非氧化型杀生剂为辅，氧化型杀生剂可采用的品种有次氯酸钠、液氯、有机氯、无机溴化物等，杀生剂品种的选择应通过技术经济比较确定。

次氯酸钠或液氯宜采用连续投加方式，也可采用冲击投加方式。连续投加时，宜控制循环冷却水中余氯为 $0.1 \sim 0.5mg/L$；冲击投加时，宜每天投加 $1 \sim 3$ 次，每次投加时间宜控制水中余氯 $0.5 \sim 1.0mg/L$，保持 $2 \sim 3h$。

氧化型杀生剂宜投加在冷却塔集水池出口的对面和远端的池壁内并多点布置，液氯投加点宜在正常水位下 2/3 水深处，次氯酸钠的投加点宜在最高水位以上。

无机溴化物宜经现场活化后连续投加，循环冷却水的余溴浓度宜为 $0.2 \sim 0.5mg/L$（以 Br_2 计）。

选用的非氧化型杀生剂宜具有高效、低毒、广谱、pH 值适用范围宽、与阻垢剂和缓蚀剂不相互干扰、易于降解、使生物黏泥易于剥离等性能。非氧化型杀生剂宜选择多种交替使用。

氧化型杀生剂连续投加时，加药设备能力应满足冲击加药量的要求，加药量可按式 (3-6) 计算：

$$G_0 = \frac{Q_r \times g_0}{1000} \tag{3-6}$$

式中，G_0 为氧化型杀生剂加药量，kg/h；Q_r 为循环冷却水量，m^3/h；g_0 为每升循环冷却水氧化型杀生剂加药量，mg/L，卤素杀生剂连续投加宜取 $0.2 \sim 0.5mg/L$，冲击投加宜取 $2 \sim 4mg/L$，以有效氯计。

非氧化型杀生剂宜根据微生物监测数据不定期投加。

3.3.1.3 旁流过滤

A 旁流过滤概况

间冷开式系统宜设有旁滤处理设施，旁滤处理就是从循环水中引出一部分水进行过滤处理，然后将过滤处理后的水再返回循环水系统。循环水旁流过滤的目的是除去水在循环过程中因浓缩、污染、细菌滋生等原因形成的高浓度的悬浮物（含污泥）和藻类，以减少系统内的积泥。通常采用的旁流过滤设备有纤维过滤器、砂滤池等[12]。

B 旁流水量

当采用旁流水处理去除碱度、硬度、油、某种离子或其他杂质时，其旁流水量应根据浓缩或污染后的水质成分、循环冷却水水质标准和旁流处理后的水质要求等，按式 (3-7) 计算确定：

$$Q_{si} = \frac{Q_m \times C_{mi} - (Q_b + Q_w) \times C_{ri}}{C_{ri} - C_{si}} \tag{3-7}$$

式中，Q_{si} 为旁流处理水量，m^3/h；Q_m 为补充水量，m^3/h；C_{mi} 为补充水某项成分含量，mg/L；C_{ri} 为循环冷却水某项成分含量，mg/L；C_{si} 为旁流处理后水的某项成分含量，mg/L。

间冷开式系统旁滤水量可按式 (3-8) 计算：

$$Q_{sf} = \frac{Q_m \times C_{ms} + K_s \times A \times C - (Q_b + Q_w) \times C_{rs}}{C_{rs} - C_{ss}}$$ (3-8)

式中，Q_{sf} 为旁滤水量，m^3/h；C_{ms} 为补充水悬浮物含量，mg/L；C_{rs} 为循环冷却水悬浮物含量，mg/L；C_{ss} 为滤后水悬浮物含量，mg/L；A 为冷却塔空气流量，m^3/h；C 为空气含尘量，g/m^3；K_s 为悬浮物沉降系数，可通过试验确定。当无资料时可选用 0.2。

当缺乏空气含尘量等数据时，间冷开式系统旁滤水量宜为循环水量的 1%~5%，对于多沙尘地区或空气灰尘指数偏高地区可适当提高。

C 旁滤技术

间冷开式系统的旁流水过滤处理设施宜采用砂、多介质等介质过滤器。旁流过滤器出水浊度一般应小于 3.0NTU。

D 旁流过滤工程实例

a 旁流过滤工程概况

黄岛项目采用全自动无阀过滤器-沉淀池旁滤系统对循环冷却水进行旁流水处理，循环水系统总循环流量为 14000m^3/h，浓缩倍率 $N=4$，旁滤水量设为循环流量的 6%，即 840m^3/h，旁滤设备设 3 套，单套处理水量为 300m^3/h。图 3-12 (a) 和 (b) 分别为旁滤系统工艺流程图和实物图。

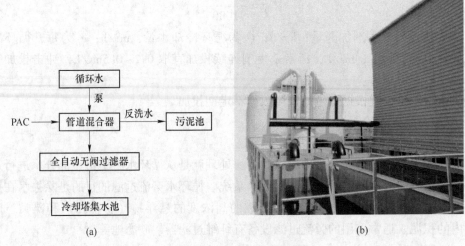

(a)　　　　　　　　　　　　　　(b)

图 3-12 循环水旁滤系统
(a) 工艺流程图；(b) 实物图

旁滤系统进水 SS 按不大于 50mg/L 设计，旁滤系统出水浊度应小于 5.0NTU，旁滤装置产生的反冲洗水进入污泥池暂存。

b 旁流过滤系统技术参数

全自动无阀过滤器的运行方式为：连续运行，全自动运行，人员监管；反冲洗方式为：自动虹吸反冲洗，过滤器配有辅助虹吸措施，并设调节冲洗强度和强制冲洗装置；防腐要求为：内部为煤沥青防腐，外部符合室外防腐。

旁流过滤系统的 PAC 管道混合器、全自动无阀过滤器和石英砂滤料的技术参数要求分别见表 3-13~表 3-15。

表 3-13　PAC 管道混合器的技术参数要求

序号	项 目	技术说明
1	型号规格	DN500
2	数量	1 套
3	外形尺寸	DN500×L2100mm
4	加药口	1 个
5	加药口规格	DN25
6	运行流速	1.23m/s
7	水头损失	0.8~1.2m
8	混合时间	1.7s
9	材质	纤维增强复合材料（FRP）

表 3-14　全自动无阀过滤器的技术参数要求

序号	项 目	技术说明
1	设备型式	圆形立式
2	单套处理水量	300m³/h
3	数量	3 套
4	单台外形尺寸	10500mm×5500mm×6800mm
5	单罐直径	4500mm
6	进水浊度	≤50NTU
7	出水浊度	≤5NTU
8	进水压力	≥0.15MPa
9	过滤速度	9.33m/h
10	滤料高度	0.9m
11	滤料重量	50t
12	水头损失	1.9m
13	反冲洗强度	15L/(m²·s)
14	反冲洗时间	3~5min
15	工作压力	常压
16	工作温度	常温
17	进水手动蝶阀	DN300，3 套

表 3-15　石英砂滤料级配及层高

序号	名称	粒径规格/mm	层高/mm
1	天然石英砂	4~8	150
2	天然石英砂	2~4	150
3	天然石英砂	1~2	150
4	天然石英砂	0.6~1.2	400

3.3.1.4 循环冷却水排污

循环水多次循环使用后，其中的有机杂质及无机盐的浓度将大大增加，如果继续使用而不排污或补充新水，循环水中的盐类物质会在凝汽器冷却水管内结垢，影响传热效果，使真空下降，机组汽耗增加。因此，循环冷却水系统必须进行连续不断的排污。

开式系统的排污水量可按式（3-9）或式（3-10）计算：

$$Q_b = \frac{Q_e}{N-1} - Q_w \tag{3-9}$$

$$Q_b = Q_{b1} + Q_{b2} \tag{3-10}$$

式中，Q_b 为排污水量，m^3/h；Q_e 为蒸发水量，m^3/h；Q_w 为风吹损失水量，m^3/h；Q_{b1} 为强制排污水量，m^3/h；Q_{b2} 为循环冷却水处理过程中损失水量，即自然排污水量，m^3/h。

3.3.2 炉水水质调节

对于汽包锅炉，炉水进入锅炉以后，在高温高压下吸收炉膛热能转变为蒸汽，炉水因此而浓缩，此时各种盐类和金属腐蚀产物的溶解特性及蒸汽对它们的携带性能，都与常温状态下不同。如控制不当，它们会在管壁上、过热器和汽轮机内沉积[13]。因此，应根据汽包锅炉的特点对炉水水质进行调节。

炉水水质调节有三个方面，即向锅炉水中投加化学药剂（即炉水处理）、炉水水质监督和锅炉排污。

3.3.2.1 炉水处理

汽包锅炉的炉水处理，就是通过向锅炉水中投加某种化学药剂，使结垢物质呈水渣析出，或呈溶解、分散状态，通过排污排出炉外并有防腐蚀作用的一种水质处理方法。

磷酸盐具有易溶、无毒、价廉、缓冲能力强、热稳定性好、货源易得等特点，是汽包锅炉首选的锅炉水处理药剂。对于以除盐水为锅炉补给水的中压汽包炉，目前一般采用传统磷酸盐处理方式。

A 磷酸盐处理原理

为了保证锅炉受热面上不产生水垢，炉水采用 Na_3PO_4 碱性处理时，炉水中的钙盐在高温和足够 OH^- 存在的情况下会与 PO_4^{3-} 反应产生松软的碱式磷酸钙，随锅炉排污排除，其反应方程式为

$$10Ca^{2+} + 6PO_4^{3-} + 2OH^- \longrightarrow Ca_{10}(OH)_2(PO_4)_6 \tag{3-11}$$

此外，在炉水中加入磷酸盐，磷酸盐可在锅炉表面上生成磷酸盐保护膜，防止金属腐蚀。

B 磷酸盐的加药量

炉水中的 PO_4^{3-} 含量不宜过低或过高，过低起不到防垢作用，过高会增加炉水含盐量，影响蒸汽品质，而且有可能生成水垢。只有炉水中 PO_4^{3-} 含量适当时，才能使炉水中的钙（镁）离子与磷酸根发生如式（3-11）的反应，防止炉水中的 Mg^{2+}、SiO_3^{2-} 发生以下反应，产生水垢：

$$3Mg^{2+} + 2SiO_3^{2-} + 2OH^- + H_2O \longrightarrow 3MgO \cdot 2SiO_2 \cdot 2H_2O \downarrow \tag{3-12}$$

对于汽包压力为 3.8~5.8MPa 的锅炉，炉水 PO_4^{3-} 浓度应在 5~15mg/L 范围内。

C 磷酸盐的配制

配制时，先将 Na_3PO_4 在溶液箱内配制成 5%～8% 的浓溶液，然后通过过滤送至磷酸盐溶液储存箱。配制过程中应注意以下事项：

(1) 检查磷酸盐溶液箱有关阀门处于关闭状态

(2) 开启溶液箱的进水门，进水至接近满刻度时关闭进水门；

(3) 将称取的 Na_3PO_4 加入溶液箱内；

(4) 开启搅拌器进行搅拌，充分搅匀后关停搅拌器。

D 磷酸盐的加药

加药时，储存箱中的浓溶液稀释成 1%～5% 的溶液，然后引入计量箱内，再通过活塞计量泵加入汽包内。汽包内水面下设有一根磷酸盐加药管（图 3-13 和图 3-14），加药管沿汽包长度方向布置，并开有等距离小孔，小孔孔径为 3～5mm。采用磷酸盐处理时，应保证给水中硬度小于 $5\mu mol/L$，同时设置炉水 PO_4^{3-} 自动测试仪表，利用仪表产生的电信号，通过微机系统控制加药泵。

a 加药前的检查

(1) 系统有关阀门完好处于关闭状态。

(2) 溶液箱内有 1/2 以上的溶液位置。

(3) 泵、电机、压力表处于备用状态。

(4) 联系集控值班员打开汽包加药二次门。

b 启动加药

(1) 打开磷酸盐溶液的出口门。

(2) 打开加药泵的出口阀，启动加药泵向汽包内送入药液。

(3) 检查泵与电机声音无异常，压力表指示略高于汽包压力。

(4) 根据炉水 PO_4^{3-} 的含量及时调整加药量。

(5) 磷酸盐药液浓度在 1%～5% 范围内，以稀溶液为宜，加药速度应均匀连续，尽量避免间歇加药。

c 停止加药

(1) 按"停止"按钮，加药泵停止运行。

(2) 若停止时间较长，应关泵的进出口门，备用泵运行后停止，应关连通门。

(3) 关泵出口二次门（即系统加药一次门）。

d 运行中的维护

(1) 每 4h 巡检一次，检查溶液箱的液位，泵的压力、油位，电机轴承是否有异常。

(2) 根据炉水情况，及时调整计量泵的行程。

(3) 加药系统应按时检查，保证无泄漏。

(4) 运行中发现泵声音异常、泄漏等缺陷，应立即切换备用泵，联系维护人员处理故障。

3.3.2.2 炉水水质监督

生活垃圾焚烧发电厂的炉水水质监督是保证发电设备安全、经济运行的重要措施之一。为了防止水汽质量劣化引起设备发生事故，应贯彻"安全第一、预防为主"的方针，认真做好炉水监督全过程的质量管理。重点从设备启动、运行、检修和停用等的各个阶段都坚持质量标准，以保证各项炉水质量符合标准的规定，防止热力设备发生腐蚀、结垢、积盐等故障。

锅炉正常运行时，应定期对炉水取样分析。炉水取样管应与锅炉连续排污管相连，并且焊接在连续排污管的垂直段或水平段的下半侧。连续排污管宜从汽包的两侧引出（图3-13），如果连续排污管从汽包的一侧引出，则应从汽包中间引出（图3-14）。炉水取样点也可设置在汽包炉水下降管上。

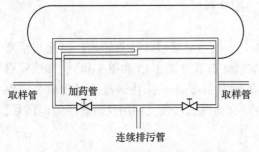

图3-13 汽包两侧取样与加药示意图

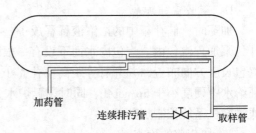

图3-14 汽包一侧取样与加药示意图

锅炉正常运行时的炉水质量标准及监督间隔时间见表3-16，当发生炉水异常现象时，应反复取样分析，确认无误后，应按炉水劣化措施进行处理（表3-17）。

表3-16 锅炉正常运行时的炉水质量标准及监督间隔时间

水样类型	水汽质量指标	单位	标准	监督间隔时间/h
炉水	pH		9.0~11	4
	PO_4^{3-}	mg/L	5~15	4
	SiO_2	μg/L	<2000	4
	外状		澄清	4

表3-17 炉水质量的劣化现象、原因及处理方法

劣化现象	原因	处理方法
外状浑浊	取样器未冲洗干净	先冲洗高温架取样管道确认其是否有问题
	给水质量劣化	按给水质量劣化处理
	锅炉刚启动或排污不足	加强排污量至炉水澄清或换水
	运行工况不稳定	联系集控稳定工况
炉水浓度明显下降	水循环系统发生泄漏	查明原因汇报领导
	定排门不严或连排门开度过大	联系调整排污量
炉水浓度突然升高	取样器泄漏	反复取样核查，确认泄漏后联系检修
	给水质量劣化	查明劣化原因进行处理
	锅炉负荷急剧变化	联系锅炉稳定负荷运行
	排污系统堵塞	疏通排污系统加强排污工作

劣化现象	原　因	处 理 方 法
磷酸根明显下降	磷酸二钠药品不纯或加错药	查明药品是否有误
	凝汽器泄漏	按凝结水异常处理
	加药泵及系统发生故障	查明故障的部位联系检修
	溶液箱药液浓度不够	提高药液浓度
pH 突然降低	锅炉负荷波动大	联系锅炉调整运行工况
	药品不纯或加药系统有缺陷	分析药品纯度及时更换或消缺
	给水 pH 降低	提高给水 pH 值
	锅炉排污过多或过少	根据炉水水质进行排污调整

3.3.2.3　锅炉排污

锅炉排污有连续排污和定期排污两种方式。

A　连续排污

连续排污又称表面排污。它是从汽包中溶解盐类浓度较大的部位连续的排放炉水，其目的是防止炉水中的含盐量和含硅量过高，并排除炉水内细微的悬浮物。

正常运行中应根据炉水电导率的大小和二氧化硅的含量调整每台炉连排的开度，在保证蒸汽品质的同时应尽量关小连排开度，过量的排污会造成热量的损失和补水量的偏高，正常时锅炉排污率控制在锅炉蒸发量的 0.3%～1.0%。

B　定期排污

定排又称底部排污，是从锅炉水循环系统的最低点（水冷壁下联箱），排放部分炉水，其目的是排除沉淀在锅炉水循环系统底部的水渣和氧化铁沉积物。

在正常情况下，每天至少进行一次排污。如锅炉刚启动应根据水质增加排污次数。

参 考 文 献

[1] 周邵光，严惠勤. 一体化净水器在电炉循环冷却水处理中的应用 [J]. 铁合金，2004 (2)：31～33.

[2] 南京德诺环保工程有限公司. FA 一体化净水器使用说明书 [EB/OL]. 2018-06-30 [2020-07-04]. https：//wenku. baidu. com/view/c4ac0fe0b9f3f90f76c61be4. html.

[3] 贺云华. 变频器+PLC 的给水泵控制系统研究 [J]. 电气传动自动化，2017，39 (5)：24～26，54.

[4] 殷俊，葛民. EDI 在电厂中应用总结与探讨 [J]. 给水排水，2015，41 (1)：55～58.

[5] 丁桓如，吴春华，龚云峰. 工业水处理 [M]. 北京：清华大学出版社，2014.

[6] 昝春. 电站给水处理系统工艺设计及经济性分析 [J]. 中国设备工程，2020，07 (下)：97～100.

[7] 马新雷，宋莹，李雪梅. 聚醚砜中空纤维超滤膜的化学清洗 [J]. 南京工业大学学报（自然科学版），2013，35 (1)：85～90.

[8] 韩志远，焦洋，曾繁军. 热电厂反渗透膜污堵特性分析及应对策略 [J]. 膜科学与技术，2019，39 (5)：131～135.

[9] 曹凤英，许普，李永吉，等. 超滤膜分离和反渗透技术在企业水处理中的实际应用 [J]. 当代化工，2016，45 (7)：1471～1473，1479.

[10] 李怀明. 工业水处理双膜法除盐工艺在锅炉给水中的应用与优化 [J]. 冶金动力，2017 (12)：47～49.

[11] GE 膜公司 . EDI 设备操作说明 [EB/OL]. 2013-01-26 [2020-07-16]. http：//www. ge-edi. com/js/ 2013-01-26/439. html.

[12] 朱志平 . 电厂化学概论 [M]. 北京：化学工业出版社，2013.

[13] 李培元，周柏青 . 发电厂水处理及水质控制 [M]. 北京：中国电力出版社，2012.

第4章 生活垃圾焚烧发电厂工业废水处理工程

循环水排污水和洗烟废水是生活垃圾焚烧发电厂除垃圾渗沥液以外的两种主要废水。本章以黄岛项目的循环水排污水处理系统为例，从工艺设计、设备配置、技术参数和经济指标等方面总结了系统设计和建设安装等方面的经验；以宁波项目的洗烟废水处理系统为例，从工艺流程、处理效果及系统水平衡等方面总结了系统设计和运行等方面的经验。

4.1 循环水排污水处理

黄岛项目位于青岛市黄岛区铁山街道金猪坑村，采用垃圾焚烧技术处理生活垃圾，处理规模为2250t/d，设置三条焚烧线，单台焚烧炉处理能力为750t/d，余热锅炉采用次高温次高压蒸汽锅炉（485℃，6.4MPa），并配置有两台30MW凝汽式汽轮发电机组。该项目配套新建了处理1000t/d的工业废水处理站。

4.1.1 项目概况

工业废水处理系统的设计处理能力为1000m³/d，按22h运行考虑，处理流量不低于45m³/h。

工业废水处理系统用来接纳循环水排污水与锅炉定连排水，整体水质含盐量偏高。具体进水水质应根据化验分析确定，参考指标见表4-1。

表4-1 工业废水进水水质指标

序号	项 目	水质指标
1	pH值（25℃）	7.0~8.5
2	悬浮物/mg·L⁻¹	≤400
3	浊度/NTU	≤100
4	BOD_5/mg·L⁻¹	≤60
5	COD_{Cr}/mg·L⁻¹	≤200
6	铁/mg·L⁻¹	≤1.5
7	锰/mg·L⁻¹	≤0.6
8	Cl⁻/mg·L⁻¹	≤1500
9	碳酸盐硬度/mg·L⁻¹	≤3000
10	NH_3-N/mg·L⁻¹	≤15
11	总磷（以P计）/mg·L⁻¹	<5
12	石油类/mg·L⁻¹	≤15

序号	项　目	水质指标
13	细菌总数/个·mL^{-1}	<3000
14	硅酸（以 SiO$_2$ 计）/mg·L^{-1}	≤175
15	溶解性总固体/mg·L^{-1}	≤10000
16	碱度/mg·L^{-1}	≤600
17	硬度/mg·L^{-1}	≤1200

工业废水处理站出水水质须达到《城市污水再生利用工业用水水质》（GB/T 19923—2005）中敞开式循环冷却系统补充水标准、《城市污水再生利用　城市杂用水水质》（GB/T 18920—2002）及电力行业同类型中水用于循环冷却水系统补充水的相关水质指标后，回用于冷却塔补水。设计出水水质见表 4-2。

表 4-2　工业废水设计出水水质

序号	项　目	水质控制指标限值
1	pH 值（25℃）	7.0~8.5
2	悬浮物/mg·L^{-1}	≤10
3	浊度/NTU	≤5
4	BOD$_5$/mg·L^{-1}	≤5
5	COD$_{Cr}$/mg·L^{-1}	≤30
6	铁/mg·L^{-1}	≤0.5
7	锰/mg·L^{-1}	≤0.2
8	Cl$^-$/mg·L^{-1}	≤230
9	碳酸盐硬度/mg·L^{-1}	≤200
10	NH$_3$-N/mg·L^{-1}	≤1
11	总磷（以 P 计）/mg·L^{-1}	≤1
12	游离氯/mg·L^{-1}	维持补水管道末端 0.1~0.2
13	石油类/mg·L^{-1}	≤5
14	细菌总数/个·mL^{-1}	<1000

4.1.2　处理工艺概况

工业废水整体水质较好，仅含盐量整体偏高，故工业废水处理系统采用"水质调节+化学软化+UF-RO 双膜法"的处理工艺[1~12]，反渗透浓水采用 DTRO 工艺，系统组成包括 TUF 系统、RO 系统、DTRO 系统及辅助工程系统等。

具体废水处理流程和水平衡如图 4-1 所示，生产排放废水通过调节池废水提升泵经篮式过滤器过滤后进入化学软化反应槽，投加碱液（必要时辅助投加纯碱[1]），进行化学软化后通过自流流入循环槽，通过循环泵泵入管式超滤膜（TUF）系统进行固液分离，产水进入 TUF 产水池，浓缩污泥进入污泥浓缩罐，TUF 产水通过 RO 进水泵提升进入 RO 系统进行脱盐处理，产水进入清水池，浓水进入 RO 浓水池。RO 浓水通过 DTRO 进水泵提升进入 DTRO 系统进一步处理，产水进入清水池，由回用水泵回用于循环水系统。DTRO 单元产生的浓水排入浓水池，经浓水泵提升后送至渗沥液处理站进一步处理。系统运行过程中的反洗排水和软化产生的废液都收集至污水池，并经提升泵泵入本系统进行处理。

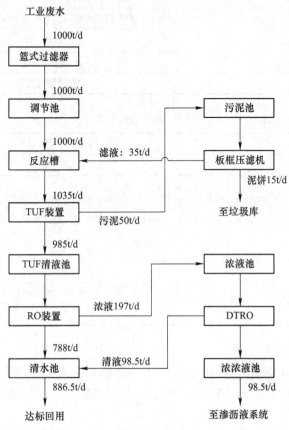

图 4-1　工业废水处理工艺流程和水平衡

系统水回用率为 89%，其中 TUF 产水率为 95%，RO 产水率为 80%，DTRO 产水率为 50%。

整套系统采用 DCS+操作员站控制。能实现集中/就地、自动/手动顺序联锁/控制以及非联锁检修控制。在值班室进行集中操作监视，并具有良好的人机界面。监控内容包括联锁/取消信号、设备启动/停止、设备状态、运行状态存储记录和显示打印、故障显示和诊断、就地启停操作等。

4.1.3　工艺设计及设备配置

4.1.3.1　工业废水调节池

工业废水调节池主要用来接纳循环水系统排污水与锅炉定连排水，并调节水量和水质。设调节池提升泵 2 台，1 用 1 备，流量 50m³/h，扬程 35m，用来将工业废水提升至后续 TUF 系统。工业废水调节池配备液位计以控制调节池提升泵的启动/停止，并能在上位机动态显示工业废水调节池的液位。调节池和提升泵的参数分别见表 4-3 和表 4-4。

表 4-3 工业废水调节池参数

数量	1 座
工艺尺寸/m×m×m	18.6×10.6×5.5
型式	地下式，钢筋混凝土结构，地上 0.20m，地下 -5.50m
有效容积/m³	1000
废水停留时间/d	1
防腐措施	内壁聚脲防腐

表 4-4 调节池提升泵

数量	2 台（1 用 1 备）
型式	潜污泵
流量/m³·h⁻¹	50
扬程/m	35
功率/kW	11
叶轮材质	铸铁
过流部分材质	铸铁
机械密封	碳化硅
电机防护等级	IP68

4.1.3.2 篮式过滤器

工业废水从调节池经提升泵提升进入 TUF 系统前，需要流过精度为 2mm 的篮式过滤器，主要截留工业废水中尺寸大于 2mm 的任意外形的杂物，以防杂物堵塞后续处理装置、管道和设备。

快开式篮式过滤器 2 台，1 用 1 备。当需要清洗时，只要将可拆卸的滤筒取出，清洗完后重新装入即可，使用维护极为方便[13]。篮式过滤器参数见表 4-5。

表 4-5 篮式过滤器参数

数量	2 台（1 用 1 备）
型号	DN150
精度/mm	2
滤网面积/cm²	4750
滤网材质	SUS304 不锈钢
外筒材质	SUS304 不锈钢
清洗方式	人工

4.1.3.3 管式超滤膜软化系统

管式超滤膜（TUF）软化系统由化学加药预处理系统及 TUF 过滤系统两部分组成。

工业废水调节池的废水通过提升泵提升至化学反应槽，反应槽分为三格，在第一反应槽内投加碱液，调节 pH 值至 11.0（根据实际情况调整），充分搅拌反应，反应时间约 30~60min；然后自流入第二反应槽，根据实际情况补充少量纯碱，调节 pH 值至 11.6，充分搅拌反应，反应时间约 30~60min；然后自流入第三格循环槽，通过 TUF 进水泵提升进入 TUF 管式超滤膜中进行固液分离，产水经过 pH 值回调后进入 TUF 清液池，在管路中投加酸及亚硫酸氢钠，控制出水 pH 值在 7.0 左右，控制 ORP 在 200mV 以下。当循环槽内固体浓度达 5% 时，排放污泥，污泥排至污泥池，然后进入污泥处理系统进行处理。

预处理系统由化学加药系统和两级反应槽组成，在两个反应槽内，根据工艺需要添加相应的化学药剂，并对反应的 pH 值进行精确控制，通过充分的机械搅拌使得药剂和进水完全混合发生反应，经过两级反应后的含沉淀物的水溢流进入到循环槽。

TUF 系统由超滤膜和化学清洗装置组成。管式超滤膜被浇铸在多孔材料管的内部，含杂质的水流透过膜后，再透过多孔支撑材料，进入产水侧。被膜截留的固体颗粒在水流的推动下，不会停留在膜的表面，而是在膜表面起到一定的冲刷作用，避免污染物在膜表面停留。膜过滤形式为错流式，可以达到传统的沉降或澄清工艺的效果。与普通的中空纤维超滤不同，TUF 超滤膜可以承受较高的污泥浓度（2%~5%）和较高的 pH 值，在 pH 为 14 的条件下也能正常稳定的工作。

本项目设计膜通量 200L/(h·m²)，设计运行最大压力 0.45MPa。TUF 系统设置 2 套装置，每套装置设置 2 列，每列 10 支串联，选择 TUF-37 型膜组件（单支膜面积 2.59m²），总共 40 支 TUF 膜。TUF 软化装置共设 2 套，每套处理量为 22.5m³/h。

TUF 膜软化系统设计计算见表 4-6，TUF 膜软化系统反应池参数见表 4-7，TUF 膜软化系统浓缩池参数见表 4-8，TUF 膜软化系统清液池参数见表 4-9，TUF 膜软化系统主要设备配置见表 4-10。

表 4-6　TUF 膜软化系统设计计算

膜过滤形式	错流式
进水流量 $Q/m^3 \cdot h^{-1}$	45
设计过滤通量 $J/L \cdot (h \cdot m^2)^{-1}$	200
膜总面积 $S_{计}(Q/J)/m^2$	225
单位膜管面积 $S_{单}/m^2$	4.27
膜管数 $n_{计}(S_{总}/S_{单})$	52.7
UF-环路数 L	2
总膜管数 $n_{总}$	54
膜总过滤面积 $S_{总}/m^2$	230.58

表 4-7　TUF 膜软化系统反应池参数

数量	2 座（串联运行）
尺寸（超高 0.5m）/m×m×m	4.0×4.0×5.0
型式	地上式，钢筋混凝土结构，地上 5.0m

有效容积/m³	45
废水停留时间/h	1
防腐措施	内壁氰凝防腐

表 4-8　TUF 膜软化系统浓缩池参数

数量	1 座
尺寸（超高 0.5m）/m×m×m	4.0×4.0×5.0
型式	地上式，钢筋混凝土结构，地上 5.0m
有效容积/m³	45
废水停留时间/h	1
防腐措施	内壁氰凝防腐

表 4-9　TUF 膜软化系统清液池参数

数量	1 座
尺寸（超高 0.5m）/m×m×m	7.0×7.0×5.0
型式	地上式，钢筋混凝土结构，地上 5.0m
有效容积/m³	180
废水停留时间/h	4
防腐措施	内壁氰凝防腐

表 4-10　TUF 膜软化系统主要设备配置

序号	设备名称	设备规格	单位	数量
1	反应池搅拌机	框式搅拌机，$N=7.5kW$，SUS304 不锈钢	台	2
2	浓缩池搅拌机	框式搅拌机，$N=7.5kW$，SUS304 不锈钢	台	1
3	TUF 膜组件	27 支 TUF-61 膜，配套管道和阀门	套	2
4	循环泵	$Q=300m^3/h$，$H=40m$，$N=55kW$，SS304 不锈钢材质	台	2
5	清洗槽	$V=0.5m^3$，PP 材质	台	2
6	清洗泵	$Q=24m^3/h$，$H=20m$，$N=3kW$，SS316 不锈钢材质	台	4
7	反洗泵	$Q=80m^3/h$，$H=15m$，$N=5.5kW$，SUS304 不锈钢材质	台	1
8	冲洗泵	$Q=100m^3/h$，$H=20m$，$N=11kW$，SUS304 不锈钢材质	台	1
9	污泥池搅拌机	框式搅拌，$N=15kW$，SUS304 不锈钢材质	台	1
10	污泥排放泵	$Q=15m^3/h$，$H=30m$，$N=4kW$，SUS304 不锈钢材质	台	2
11	液碱加药装置	含碱储罐 1 台（20m³，碳钢衬塑材质）、应急碱储罐 1 台（20m³，碳钢衬塑材质）、计量泵 2 台（$Q=320L/h$，$p=0.5MPa$，$N=0.37kW$，机械隔膜泵，泵头 PP 材质）、卸碱泵 2 台（$Q=15m^3/h$，$H=25m$，$N=3kW$，钢衬氟材质）	套	1

序号	设 备 名 称	设 备 规 格	单位	数量
12	纯碱加药装置	含溶药箱 1 台（1m³，PE 材质，配搅拌机）、计量泵 2 台（$Q=$ 50L/h，$p=0.5$MPa，$N=0.37$kW，机械隔膜泵，泵头 PP 材质）	套	1
13	酸加药装置	含酸储罐 1 台（20m³，碳钢衬塑材质）、应急酸储罐 1 台（20m³，碳钢衬塑材质）、计量泵 2 台（$Q=100$L/h，$p=0.5$MPa，$N=0.37$kW，机械隔膜泵，泵头 PP 材质）、卸酸泵 2 台（$Q=$ 15m³/h，$H=25$m，$N=3$kW，钢衬氟材质）	套	1
14	亚硫酸钠加药装置	含溶药箱 1 台（1m³，PE 材质）、计量泵 2 台（$Q=9$L/h，$p=$ 0.5MPa，$N=0.04$kW，电磁隔膜泵，泵头 PP 材质）	套	1
15	设备机架、管件及其他配套	碳钢防腐	套	2

4.1.3.4 TUF 污泥处理系统

污泥处理系统包括污泥池、污泥输送泵、板框压滤机、污泥斗等设备（设施）。

TUF 软化系统产生的污泥通过排泥泵送至污泥池，为了防止污泥在池底沉积，在污泥池设置搅拌机。污泥池的污泥通过污泥输送泵送至板框压滤机进行污泥脱水，脱水后的污泥掉入污泥斗，再利用运输车辆将污泥送至焚烧厂垃圾池。脱水后的滤液则排入 TUF 反应池重新进行处理。

TUF 系统产泥量约为处理水量的 1.5%（以污泥含水率 60% 计），以每小时处理水量 45m³（每天运行 22h）计，则每天产生的污泥量为 15 吨（污泥含水率 60%）。选用板框压滤机过滤面积为 160m²，滤室容积为 2400L，共 2 台（交替使用），每天压泥 6 次即可满足污泥处理量要求。

污泥池、污泥输送泵、板框压滤机和污泥斗的参数分别见表 4-11、表 4-12、表 4-13 和表 4-14。

表 4-11 污泥池参数

数量	1 座
尺寸/m×m×m	7.0×7.0×5.0
型式	地上式，钢筋混凝土结构，地上 5.0m
有效容积/m³	180
防腐措施	内壁氰凝防腐

表 4-12 污泥输送泵参数

数量	2 台
型式	单轴螺杆泵
流量/m³·h⁻¹	15
扬程/MPa	0.6
功率/kW	5.5
过流部分材质	轴不锈钢

定子材质	德国进口专用丁腈橡胶
电机防护等级	IP55
电机能效	2 级

表 4-13　板框压滤机参数

数量/台	2
过滤面积/m^2	160
滤室容积/L	2400
滤饼厚度/mm	30
功率/kW	3

表 4-14　污泥斗参数

数量	2 个（每个板框压滤机配置 1 个）
容积/m^3	5
材质	碳钢防腐
配套	电动门

4.1.3.5　RO 系统

RO 系统设计处理能力为 43m^3/h。根据实际情况及操作方便，共分为 2 套，并联运行。RO 系统主要单元有袋式过滤系统、RO 高压泵、RO 膜系统、RO 清洗设备、清水池和 RO 膜加药设备。RO 系统设计计算见表 4-15。

表 4-15　RO 系统设计计算

进水流量 Q_h/$m^3 \cdot h^{-1}$	43
清液产率 η/%	80
设计过滤通量 J_{NF}/L $\cdot$ (h $\cdot$ m^2)$^{-1}$	10
膜总面积 S_{NF}($Q_h * \eta / J_{NF}$)/m^2	3440
单位膜元件面积 $S_{a,NF}$/m^2	37
膜元件数 n_{NF}($S_{NF}/S_{a,NF}$)	92.97
RO 装置套数 T_{NF}	2
RO-环路数 L_{NF}	8
每条环路并联膜管数	2
每根膜管膜元件数 $n_{L,NF}$	6
总膜元件数 $n_{NF,t}$	96
膜总过滤面积 $S_{NF,t}$/m^2	3552

A　袋式过滤系统

为了保证 RO 膜不被颗粒物堵塞，在 RO 膜进口端设袋式过滤器，分别为 50μm 袋式过滤器和 5μm 袋式过滤器，串联运行。袋式过滤器的作用是截留原水中大于 5μm 的细小颗粒，防止其进入 RO 膜系统，对 RO 膜造成堵塞，同时也可保护 RO 高压泵的叶轮不被划伤。

袋式过滤器采用快装式设计和滤袋过滤，出口设有压力表，当压力超过设定值时（通常在 0.07~0.1MPa）应当取出滤袋进行清洗。袋式过滤系统配置的 RO 进水泵、50μm 袋式过滤器和 5μm 袋式过滤器的参数分别见表 4-16~表 4-18。

表 4-16　RO 进水泵参数

数量	3 台（2 用 1 备）
型式	离心泵
流量/m³·h⁻¹	25
扬程/m	32
功率/kW	4
叶轮材质	SUS304 不锈钢
过流部分材质	SUS304 不锈钢
机械密封	碳化硅
电机能效	2 级
电机防护等级	IP55

表 4-17　50μm 袋式过滤器参数

数量	4 台（2 台/套）
出力	20m³/h
过滤精度	50μm
外形尺寸/mm×mm	φ230×810
滤袋数	1 个
筒体材质	不锈钢

表 4-18　5μm 袋式过滤器参数

数量	4 台（2 台/套）
出力	20m³/h
过滤精度	5μm
外形尺寸/mm×mm	φ230×810
滤袋数	1 个
筒体材质	不锈钢

B　高压泵

RO 系统配置 4 台 RO 高压泵作为反渗透系统进水加压的动力源，RO 高压泵采用立式多级离心泵。

RO 高压泵装有出口高压保护开关。当因其他原因误操作，使 RO 高压泵出口压力超过某一设定值时，RO 高压泵出口高压保护开关能自动联锁切断 RO 高压泵供电，保护系统不在高压下运行，以防膜组件受高压水的冲击而损坏。在高压泵的停止运行状况，可以与 NF 清液箱的液位变送器联锁，当 NF 清液箱的液位降低至设定低位值时，RO 高压泵停止运行，保护 RO 高压泵不空转。RO 高压泵参数见表 4-19。

表 4-19　RO 高压泵参数

数量	4 台（2 台/套）
型式	立式多级离心泵
流量/$m^3 \cdot h^{-1}$	11
扬程/m	180
功率/kW	11
泵体材质	SUS304 不锈钢
电机能效	2 级
电机防护等级	IP55
控制方式	变频控制

C　膜系统

整套 RO 膜系统由 RO 膜元件、RO 膜壳、RO 循环泵及配套的机架、仪表、管道、阀门等组成。RO 膜元件，分成 8 个环路，每 4 个环路组成 1 套，共 2 套，每套均可独立运行。

RO 系统采用浓水回流方式提高膜的产水率，同时由于回流增加了膜组件内的流速（主要是增加了浓液的排量），可防止废水在膜表面产生浓差极化堵塞膜孔，降低了膜受污染的风险，从而大大延长了膜的使用寿命。

RO 膜系统设置一台就地仪表操作盘，在就地操作盘上可读出相关工艺参数。通过 PLC 能实现自动和手动操作整个系统的功能。系统所配仪器、仪表的性能、配置点及数量等须满足本系统的安全、稳定、可靠运行的需要。

RO 膜组件安装在组合架上，RO 组合架的设计满足当地的抗震烈度要求和组件的膨胀要求。组合架上配备全部管道阀门及接头，此外包括所有的支架、紧固件、夹具及其他附件。

RO 装置及其主要元件参数见表 4-20。

表 4-20　RO 装置主要元件参数

	数量	2 套（共 16 根膜组件，每 8 根膜组件组成 1 套，共 2 套）
RO 装置	处理能力/$m^3 \cdot h^{-1}$	43
	回收率/%	80
	控制方式	自动运行，自动冲洗

	数量		共 96 支（6 支/膜组件×16 根膜组件）
	材质		芳香聚酰胺复合膜
RO 膜元件	规格		BW30-400FR（抗污染膜）
	有效膜面积/m²		37
	膜通量（设计）/L·(h·m²)⁻¹		10
	数量/根		16
	材质		强化玻璃纤维（FRP）
RO 膜壳	规格型号		80S300-6C
	型式		侧孔卡箍式
	数量		8 台（1 台/环路）
	型式		立式多级泵
	流量/m³·h⁻¹		24
	扬程/m		30
RO 循环泵	功率/kW		4
	过流部分材质		SUS304 不锈钢
	机械密封		碳化硅
	电机能效		2 级
	电机防护等级		IP55

D 清洗装置

RO 膜运行一段时间后会有一定的堵塞，需要进行清洗以恢复相应的膜通量。RO 系统设 RO 清洗装置 1 套，其清洗箱和清洗泵的参数分别见表 4-21 和表 4-22。

表 4-21 RO 清洗箱参数

数量	1 台
型号	PT-2000L
容积/m³	2
材质	PE

表 4-22 RO 清洗泵参数

数量	1 台
型式	离心泵
流量/m³·h⁻¹	25
扬程/m	32
功率/kW	4
叶轮材质	SUS304 不锈钢

过流部分材质	SUS304 不锈钢
机械密封	碳化硅
电机能效	2 级
电机防护等级	IP55

E　清水池

清水池主要接纳 RO 装置和 DTRO 装置的出水。清水池设有液位变送器，可控制后续的清水池提升泵的启动/停止，并可实时监控清水池的液位。清水池的清液经清水池提升泵送至冷却塔水池或其他用水点。清水池和提升泵的参数分别见表 4-23 和表 4-24。

表 4-23　清水池参数

数量	1 座
尺寸/m×m×m	10.0×7.0×5.0
型式	地上式，钢筋混凝土结构，地上 5.0m
有效容积/m³	250
防腐措施	内壁氰凝防腐

表 4-24　提升泵参数

数量	2 台（1 用 1 备）
型式	离心泵
流量/m³·h⁻¹	50
扬程/m	25
功率/kW	7.5
叶轮材质	不锈钢
过流部分材质	不锈钢
机械密封	碳化硅
电机能效	2 级
电机防护等级	IP55

F　膜加药系统

RO 系统设有 RO 膜加药系统，用于投加杀菌剂、阻垢剂等，以防止 RO 膜被细菌污染及结垢堵塞。

本套系统定期对膜系统进行清洗，冲击性投加非氧化性杀菌剂对膜进行杀菌，以防止膜元件在长期运行中被微生物、细菌等污染。杀菌剂化学成分为异噻唑啉酮，加药量为 60~100mg/L，加药点为 RO 原水进水管。杀菌剂加药系统共 1 套，采用一箱两泵组合式加药装置，加药箱与加药泵联锁。

阻垢剂采用进口高效阻垢剂，能有效分散 $CaCO_3$、$CaSO_4$、$CrSO_4$、$BaSO_4$、SiO_2 和

CaF_2 的结垢，并防止铁铝氧化物的沉积，避免 RO 膜元件长期运行在表面造成结垢污堵。阻垢剂的加药点为 RO 原水进水管。阻垢剂加药系统共 1 套，采用一箱两泵组合式加药装置，加药箱与加药泵联锁。

杀菌剂和阻垢剂加药装置各包括 1 台溶液箱和 2 台计量泵，其参数见表 4-25。

表 4-25　膜系统加药装置参数

设备	参 数	
溶液箱	型号	MC-1000L
	容积/L	1000
	材质	PE
计量泵	流量/$L \cdot h^{-1}$	9
	压力/MPa	0.7
	功率/W	130
	泵头材质	PP

4.1.3.6　DTRO 系统

DTRO 系统主要作用是对反渗透浓缩液进行深度处理。工业废水系统的浓缩液主要来自 RO 系统，RO 系统的浓缩液约为 $9m^3/h$。

DTRO 系统设 2 套，每套串联 1 段，膜组件排列为 24 支/套，通过在线泵将膜柱出口一部分浓缩液回流至在线泵入口，以保证膜表面足够的流量和错流流速，避免膜污染。在线泵流出的高压力及高流量水直接进入膜柱。通过这种合理化串并联合成设计，可使膜组件发挥最高的生产效率，延长膜的使用寿命，保证膜组件通量高、截留率稳定、耐污染。DTRO 系统主要设计参数见表 4-26。

表 4-26　DTRO 系统主要设计参数

序号	项　目	数值
1	小时处理量/$m^3 \cdot h^{-1}$	9
2	设计回收率（产水率）/%	50
3	设计产水流量/$m^3 \cdot hr^{-1}$	4.5
4	设计浓水流量/$m^3 \cdot hr^{-1}$	4.5
5	浓缩倍数/倍	2.0
6	设计膜通量/LMH	10
7	单根膜面积/m^2	9.405
8	膜组件耐压/MPa	9
9	膜组件数量/支	48

DTRO 系统的产水进入清水池，浓水进入浓浓液池。浓浓液池设置浓水提升泵，用来将浓液提升至渗沥液处理系统。浓浓液池和浓水提升泵的参数分别见表 4-27 和表 4-28。

表 4-27　浓浓液池参数

数量	1 座
尺寸/m×m×m	7.0×7.0×5.0
型式	地上式，钢筋混凝土结构，地上 5.0m
有效容积/m³	180
防腐措施	内壁氰凝防腐

表 4-28　浓水提升泵参数

数量	2 台（1 用 1 备）
流量/m³·h⁻¹	20
扬程/m	40
功率/kW	5.5
叶轮材质	SUS304 不锈钢
过流部分材质	SUS304 不锈钢
机械密封	碳化硅

DTRO 高压反渗透膜是系统的核心元件，材质为芳香族聚酰胺。废水在进水泵增压获得初步压力并经过保安过滤器过滤后即进入高压泵，DTRO 系统中的循环泵提供较大流量以满足 DTRO 膜面的流速要求，液体在碟片式流道正/反 "S" 向流通，液体中的小分子颗粒物、溶解态的离子等被截留在浓水侧，透过的淡水被收集起来成为清洁的过滤液。

为防止硫酸盐和硅酸盐的结垢，在进入 DTRO 前需添加阻垢剂，阻垢剂添加量根据水中结垢离子含量添加，一般为 $3\sim5mg/L$。

浓水悬浮物含量很少，为防止进水可能带入的悬浮物对膜系统产生影响，设置过滤精度为 $10\mu m$ 的芯式过滤器为 DTRO 系统提供保护屏障。每套设备配有芯式过滤器 2 个，其进、出水端都有压力表，当压差超过 0.2MPa 时更换滤芯，更换周期为半个月到一个月。

每次系统关闭时需进行膜组的清水冲洗，在正常开机运行状态下需要停机时，一般都采取先冲洗后再停机模式。系统故障时自动停机，也执行冲洗程序。冲洗的主要目的是防止渗沥液中的污染物在膜片表面沉积。

DTRO 设备应设置一套独立的在线清洗系统（CIP）。当膜系统的产水量下降或运行压力上升时，为保持膜片的性能，膜组应该定期进行在线化学清洗（CIP）。清洗剂分酸性清洗剂和碱性清洗剂两种，碱性清洗剂的主要作用是清除脂肪、腐殖酸、有机物、胶体等有机物的污染，酸性清洗剂主要用于清洗碳酸钙、铁盐、无机胶体，以及硫酸盐等难溶性无机盐污染物。

化学清洗前需执行顶洗程序，以充分发挥化学清洗剂的清洗效果。清洗时阀门会自动切换将清洗液返回清洗罐中进行循环，直到充分清洗，清洗结束后，清洗液顶回调节池。清洗时间可以在操作界面上设定，一般为 $60\sim120min$。

清洗时间间隔的长短取决于进水中的污染物质浓度，当在相同进水条件下，膜系统透过液流量减少 $10\%\sim15\%$ 或膜组件进出口压差超过允许的设定值时需进行清洗。本项目的清洗方案及周期见表 4-29。

表 4-29　DTRO 系统在线化学清洗方案及周期

清洗方案	清洗剂	浓度配比	温度/℃	时间/min	周期/d
碱洗	清洗剂 CP	3‰~1%，pH=10.5	35~38	60~120	10
酸洗	清洗剂 AP	3‰~1%，pH=3.5	35~38	60~120	20

DTRO 系统主要设备配置见表 4-30。

表 4-30　DTRO 系统主要设备配置

设备名称	设备规格	单位	数量
DTRO 进水泵	$Q=12.5m^3/h$，$H=32m$，$N=3kW$，SUS316 不锈钢材质	台	2
高压泵	$Q=4.5m^3/h$，$H=80bar$，$N=15kW$，SS316L 材质	台	2
循环泵	$Q=20m^3/h$，$H=65m$，$N=7.5kW$，进口承压 8MPa，SS316L 材质	台	2
保安过滤器	$Q=10m^3/h$，SS304 材质	台	4
DTRO 膜组件	单支面积 $9.405m^2$，配套管道和阀门	支	48
杀菌剂加药装置	计量泵 $Q=4.7L/h$，$p=7bar$，$N=0.04kW$，泵头 PP 材质，电磁隔膜泵，2 台；加药箱 MC-200L，1 个，PE 材质	套	1
阻垢剂加药装置	计量泵 $Q=4.7L/h$，$p=0.7MPa$，$N=0.04kW$，泵头 PP 材质，电磁隔膜泵，2 台；加药箱 MC-200L，1 个，PE 材质	套	1
清洗水箱	$V=0.5m^3$，PP 材质	台	2
清洗水泵	$Q=12m^3/h$，$H=35m$，$N=3kW$，SUS304 不锈钢材质	台	2
冲洗水泵	$Q=12m^3/h$，$H=35m$，$N=3kW$，SUS304 不锈钢材质	台	1
设备机架、管件及其他配套	碳钢防腐	套	1

4.1.4　工业废水系统技术参数

工业废水系统技术参数见表 4-31。

表 4-31　工业废水系统技术参数

序号	项　目	数据
1	调节池容积/m^3	1000
2	TUF 反应槽容积/m^3	45×2 座
3	TUF 浓缩槽容积/m^3	45
4	TUF 清液池容积/m^3	180
5	清水池容积/m^3	250
6	浓液池容积/m^3	180
7	污泥池容积/m^3	180
8	浓浓液池容积/m^3	180
9	TUF 膜件过滤总面积/m^2	230.58

序号	项　目	数据
10	TUF 膜出水率/%	95
11	TUF 膜通量/L · (h · m²)⁻¹	200
12	RO 膜件过滤总面积/m²	3552
13	RO 膜出水率/%	80
14	RO 膜通量/L · (h · m²)⁻¹	10
15	DTRO 膜过滤总面积/m²	451.44
16	DTRO 膜出水率/%	50
17	DTRO 膜通量/L · (h · m²)⁻¹	10
18	系统总出水率/%	90

4.1.5　工业废水系统经济指标

　　工业废水系统经济指标见表 4-32，废水药剂费用明细表见表 4-33，工业废水系统用电负荷明细表见表 4-34。

表 4-32　工业废水系统经济指标

项目	吨废水耗量	单　价	吨废水运行费/元
电耗	5.10 度	1.00 元/度	5.10
水耗	0.06 吨	3.80 元/吨	0.23
废水药剂耗量	多种药剂	—	8.66
总计			13.988

表 4-33　废水药剂费用明细表

药剂名称	规格	吨废水用量/kg	单价/元 · kg⁻¹	吨废水总价/元	备注
液碱	液体	6.7	0.72	4.82	40%
纯碱	液体	1.0	0.72	0.72	40%
盐酸	液体	1.5	1.20	1.80	31%
亚硫酸氢钠	液体	0.005	2.00	0.01	
RO 阻垢剂	液体	0.02	80.00	0.16	
RO 杀菌剂	液体	0.01	12.00	0.12	
碱性清洗剂	综合	0.07	60.00	0.42	
酸性清洗剂	综合	0.09	30.00	0.27	
DTRO 阻垢剂	液体	0.003	80.00	0.24	
DTRO 杀菌剂	液体	0.008	12.00	0.10	
吨废水加药费用（合计）				8.66	

表 4-34 工业废水系统用电负荷明细表

处理工段	负荷名称	设备负荷 （台数×负荷） /kW	运行台数	功率因数	运行时间系数	运行负荷 /kW
TUF 处理系统	调节池提升泵	2×11	1	0.85	0.9	120.82
	反应槽搅拌机	2×7.5	2	0.85	0.9	
	浓缩槽搅拌机	1×7.5	1	0.85	0.9	
	TUF 循环泵	2×55	2	0.85	0.9	
	TUF 清洗泵	4×3	4	0.85	0.1	
	TUF 反洗泵	1×5.5	1	0.85	0.1	
	TUF 冲洗泵	1×11	1	0.85	0.1	
	污泥排放泵	2×4	1	0.85	0.1	
	卸碱泵	2×3	1	0.85	0.1	
	卸酸泵	2×3	1	0.85	0.1	
	液碱加药泵	2×0.37	1	0.85	0.9	
	纯碱加药装置	1×0.75	1	0.85	0.9	
	酸加药泵	2×0.37	1	0.85	0.9	
	污泥输送泵	2×5.5	1	0.85	0.9	
	板框压滤机	2×3	1	0.85	0.9	
	污泥斗	2×1.5	1	0.85	0.1	
RO 系统	RO 进水泵	3×4	2	0.85	0.9	69.06
	RO 高压泵	4×11	4	0.85	0.9	
	RO 循环泵	8×4	8	0.85	0.9	
	RO 清洗泵	1×4	1	0.85	0.1	
	清水池提升泵	2×7.5	1	0.85	0.5	
	污水池提升泵	2×3	1	0.85	0.5	
DTRO 系统	DTRO 进水泵	2×3	1	0.85	0.9	39.82
	DTRO 高压泵	2×15	2	0.85	0.9	
	DTRO 循环泵	2×7.5	2	0.85	0.9	
	DTRO 清洗水泵	2×3	2	0.85	0.1	
	DTRO 冲洗水泵	1×3	1	0.85	0.1	
	浓水提升泵	2×5.5	1	0.85	0.5	
合计		409.23	—	—	—	229.70

4.2 洗烟废水处理

以宁波项目为例，洗烟废水采用"两级絮凝+沉淀+活性炭吸附+超滤+RO"工艺处理，RO 淡水供给循环水补水，RO 浓水作为烟气净化系统工艺用水和飞灰固化用水回用。

4.2.1　工艺流程

洗烟废水处理工艺流程如图 4-2 所示。

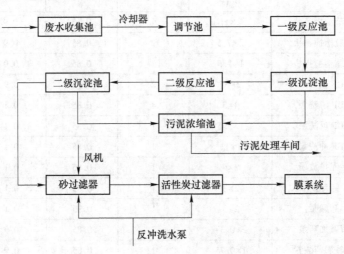

图 4-2　洗烟废水处理工艺流程

废水先经冷却器换热冷却后进入调节池，在一级提升管式超滤膜（TUF）系统泵的作用下进入一级反应池。

一级反应池共分四个隔槽，第一隔槽中加入螯合剂并调节 pH 值，使废水中的大多数重金属离子形成难溶的氢氧化物；第二个隔槽中加入 $CaCl_2$，在废水中解离出 Ca^{2+} 可与废水中的 F^- 反应生成 CaF_2 以及与 As 络合生成 $Ca_3(AsO_3)_2$、$Ca_3(AsO_4)_2$ 等难溶物质；第三个隔槽中加入混凝剂及烧碱，主要作用是使溶液中原有细小悬浮物得以凝聚沉积；第四个隔槽加入助凝剂，将废水进一步混凝后，排入装有搅拌器的第一沉淀池中，在重力的作用下固液分离，上部清液通过溢流进入二级反应池，下部混凝物沉积到底部浓缩成污泥，经污泥泵输送至污泥浓缩池暂存。

二级反应池中进一步净化水质，主要去除一级反应池出水残留的部分重金属离子（如 Pb^{2+}、Hg^{2+}等）以及一级处理中许多未沉淀下来的细小而分散的颗粒和胶体物质。在适宜的 pH 值下，加入混凝剂和助凝剂，去除剩余的重金属离子和分散的胶体颗粒物质[14,15]。二级反应池出水经二级沉淀池沉淀后，废水进入后续处理系统处理，沉淀污泥泵送至污泥浓缩池暂存。

污泥浓缩池污泥通过重力再次浓缩后，经污泥提升泵输送至污泥处理车间脱水，脱水后污泥进入垃圾池与生活垃圾一起入炉焚烧。为了进一步降低二沉池出水的浊度，最大限度降低水中残留的重金属离子，保证更好的出水水质，后续继续采用砂过滤器、活性炭吸附器以及膜系统进行处理，保证出水的达标。

4.2.2　进出水水质

洗烟废水出水水质须满足《城市污水再生利用工业用水水质》（GB/T 19923—2005）中的敞开式循环冷却水系统补充水标准。本项目洗烟废水处理系统进出水水质见表 4-35，除氨氮含量略微超标，其余指标均达到标准要求，且由于回用作循环冷却水系统补充水的RO 出水水量不到工业新水补充水量的 2.5%，被工业新水稀释后可以满足循环冷却水系统补充水水质要求。

表 4-35 进出水水质指标

序号	项 目	进水水质	出水水质	敞开式循环冷却水系统补充水标准
1	温度（℃）	65	—	—
2	pH 值	6.00~8.35	7.95~8.01	6.5~8.5
3	COD/mg · L^{-1}	144~304	16	≤60
4	NH$_3$-N/mg · L^{-1}	143~288	10.5~15.3	≤10
5	盐浓度（质量分数)/%	11.70		
6	固体颗粒物（质量分数)/%	0.19		
7	电导率/μS · cm^{-1}	17000~21700	649~913	
8	Cl$^-$/mg · L^{-1}	4000~4300	172~215	≤250
9	铅/mg · L^{-1}	<15	—	—
10	镉/mg · L^{-1}	<0.6	—	—
11	锌/mg · L^{-1}	<50	—	—
12	铬/mg · L^{-1}	<1	—	—
13	六价铬/mg · L^{-1}	<0.5	—	—
14	汞/mg · L^{-1}	<15	—	—

4.2.3 水量平衡

本项目洗烟废水处理系统处理规模为 200t/d，RO 淡水产量 140t/d（产率为 70%）；浓水产量 60t/d（产率为 30%），其中 38t 回用于烟气净化系统工艺用水，22t 回用于飞灰固化用水，本系统实现了焚烧发电厂废水"近零排放"的要求。其水平衡图如图 4-3 所示。

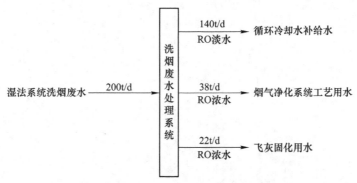

图 4-3 洗烟废水处理系统的水平衡图

参 考 文 献

[1] 胡大龙，许臻，杨永，等．火电厂循环水排污水回用处理工艺研究［J］．工业水处理，2019，39（1）：33～36.

[2] 李瑞瑞，姜琪，余耀宏，等．循环水排污水回用软化处理工艺［J］．热力发电，2014，43（5）：117～120.

[3] 姜琪，李瑞瑞，雷方俣，等．某电厂膜法用于循环水系统的方案优化［J］．工业安全与环保，2014，40（11）：93～95.

[4] 李亚娟，陈景硕，余耀宏，等．高回收率循环水排污水回用处理工艺研究［J］．工业安全与环保，2016，42（9）：15～18.

[5] 闫玉．高效反渗透技术处理电厂循环水排污水研究［D］．北京：北京化工大学，2014.

[6] 刘朝辉．电厂循环水排污水回用深度处理关键技术研究［D］．北京：华北电力大学，2014.

[7] 张江涛，董娟．火力发电厂循环排污水处理回用技术的比较分析［J］．水处理技术，2012，38（8）：124～127.

[8] 梁昌峰，刘芳，王飞扬，等．残余水处理药剂对循环水排污水处理中混凝的影响［J］．工业水处理，2013，33（9）：41～45.

[9] 陈颖敏，孙心利，吴静然．循环水排污水回用中磷系阻垢剂对混凝效果的影响及措施［J］．热力发电，2010，39（1）：95～99.

[10] 张怡．热电厂循环冷却排污水中有机物的去除研究［D］．天津：天津大学，2017.

[11] 李亚娟，申建汛，武忠全．火电厂循环水排污水纳滤处理试验［J］．热力发电，2016，39（1）：137～142.

[12] 汪岚．电厂循环冷却水系统节水及零排放技术研究［D］．北京：华北电力大学，2016.

[13] 王天义，蔡曙光，胡延国．生活垃圾焚烧发电厂渗滤液处理技术与工程实践［M］．北京：化学工业出版社，2019.

[14] 熊斌，陈刚，李强，等．生活垃圾焚烧发电厂烟气湿法脱酸废水处理分析［J］．给水排水，2018，54（10）：64～67.

[15] 曹志，等．垃圾焚烧厂湿法烟气废水处理技术［J］．绿色科技，2019（12）：69～70.

第5章　生活垃圾焚烧发电厂渗沥液处理工程

生活垃圾焚烧发电厂渗沥液处理工程是生活垃圾焚烧发电厂废水处理的核心工程，本章归纳了渗沥液主流处理工艺的系统组成、各处理单元的设计和工艺参数；以宁波项目的渗沥液处理系统为例，概括了其工艺流程、处理效果及水平衡，总结了各处理单元的设备（设施）设计要求和运行操作方法等。

5.1　渗沥液处理工程的总体要求

根据《垃圾发电厂渗沥液处理技术规范》（DL/T 1939—2018）对渗沥液处理工程的总体设计要求，渗沥液处理工程由主工艺系统和辅助工艺系统组成，主工艺系统包括预处理单元、生化处理单元、深度处理单元，辅助工艺系统包括污泥处理单元、浓缩液处理单元、除臭处理单元、沼气处理单元等。

预处理主要包括过滤、沉淀、调节等单元，用于去除渗沥液中的悬浮物、无机物及有机物等污染物。

生化处理主要包括厌氧生物处理和好氧生物处理单元，用于去除渗沥液中可生物降解的污染物。

深度处理主要包括化学软化、微滤、超滤、纳滤及反渗透等单元，用于去除或分离渗沥液中有机物、悬浮物及盐分等污染物。

辅助处理主要包括污泥脱水及输送、浓缩液减量化、沼气综合利用及臭气处置等，以防止渗沥液处理产生的副产物对环境造成污染。

渗沥液处理模式应结合垃圾发电厂日处理能力、渗沥液产生量、进水水质、排放标准、技术可靠性及经济合理性等因素确定。主流工艺为预处理+调节池+厌氧生物处理单元+好氧生物处理单元+膜深度处理单元（图 5-1），或预处理+调节池+厌氧生物处理单元+深度处理单元（图 5-2）。

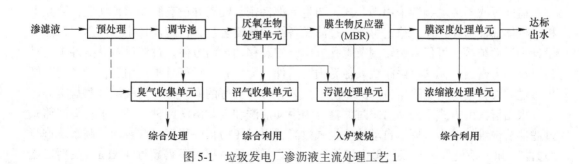

图 5-1　垃圾发电厂渗沥液主流处理工艺 1

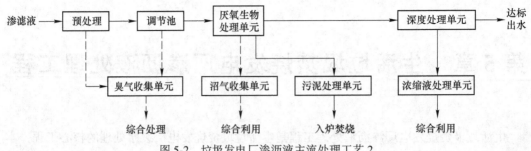

图 5-2 垃圾发电厂渗沥液主流处理工艺 2

5.2 渗沥液处理预处理单元

渗沥液预处理工艺包括过滤、沉淀、调节[1]，渗沥液预处理应符合下列要求：

(1) 过滤孔径宜为 2~5mm；

(2) 沉淀装置表面负荷宜为 $0.5~1.5m^2/(m^2 \cdot h)$；

(3) 调节池水力停留时间宜为 7~10d；

(4) 调节池池体应密封，并保持 -50~0Pa 负压运行；

(5) 调节池中的废水应保证混合均匀。

5.2.1 过滤

过滤是利用过滤材料分离污水中杂质的一种技术。在渗沥液处理工艺的最前端设置物理过滤器，可以去除渗沥液中较大的悬浮物、漂浮物、纤维物质和固体颗粒等杂质，防止损坏水泵等设备，保证后续工艺的正常运行[2]。同时，可以一定程度上降低后续处理单元的处理负荷，提高渗沥液处理系统的稳定性。渗沥液处理工程中常用的过滤设备有篮式过滤器和格栅。

5.2.1.1 篮式过滤器

篮式过滤器是渗沥液处理工程中常见的一种过滤器，是去除液体中少量固体颗粒的小型设备，可保护后续设备正常运行。当渗沥液通过筒体进入滤篮后，固体杂质颗粒被阻挡在滤篮内，而洁净的流体则通过滤篮。篮式过滤器主要由接管、阀门、筒体、滤篮、法兰、法兰盖及紧固件等组成。当需要清洗时，只要将可拆卸的滤筒取出，处理后重新装入即可，使用维护较为方便。

篮式过滤器传动装置采用内装式，与过流部件密封隔离并设有脱扣保护功能，防止电机或机体部件损坏，运行稳定可靠。过滤设备结构紧凑合理，占地面积小，进出水口法兰设计为活动结构，可任意旋转调节螺孔方向，安装移动灵活方便。过滤设备易损件少，排污口靠水力密封，无须电磁阀或其他易损密封件，无耗材，运行维护费用低，操作管理简单。过滤设备内部防腐采用特殊无毒防腐工艺，具有良好的耐候性、耐酸碱、耐盐雾等。

根据清洗的方式不同，篮式过滤器分为手动清洗和自动清洗两种类型。手动清洗篮式过滤器清洗维护较为方便。自动清洗篮式过滤器通过压力损失程度结合自动控制系统进行"过滤"和"清洗"的切换，最大流量下，过滤器的压力损失不得超过 40kPa；在额定流速下，过滤器的压力损失一般为 0.52~1.2kPa。

5.2.1.2 格栅

格栅所起作用与篮式过滤器类似，主要是分离出粗大物质。按格栅栅条的净间距，可分为粗格栅（50~100mm）、中格栅（10~40mm）、细格栅（1.5~10mm）三种。

渗沥液处理工程一般要求过滤系统的过滤孔径为2~5mm，所以过滤格栅一般选用细格栅。细格栅可以有效去除细小的杂质，以避免污堵有孔口布水器的设备，如生物滤池的旋转布水器等；还可以去除毛发等细小纤维物质，避免其进入膜系统中造成膜污染等。

5.2.2 混凝沉淀

渗沥液成分复杂，在渗沥液预处理阶段，可以采用混凝沉淀工艺，去除渗沥液中的部分悬浮物和COD等，减少后续处理系统压力。

5.2.2.1 混凝

通过投加化学药剂使水中难以自然沉淀的胶体物质以及细小的悬浮物聚集的过程称为混凝。混凝是水处理的重要方法，能去除水中的浊度和色度，还对水中无机和有机污染物有一定的去除效果。

渗沥液处理过程中所用的混凝剂可分为无机混凝剂和有机混凝剂两大类，无机混凝剂包括铁系和铝系两类，如三氯化铁、硫酸亚铁、聚合硫酸铁、硫酸铝、聚合氯化铝等；有机混凝剂包括人工合成和天然两类，常用的有机混凝剂有聚丙烯酰胺（PAM）、聚氧化乙烯（PEO）和水解聚丙烯酰胺（HPAM）。

常见的混凝反应设备有隔板式反应池、旋流式反应池、涡流式反应池和机械搅拌反应池，各种设备的特点和适用条件见表5-1[2]。

表5-1 常见混凝设备的特点和适用条件

混凝反应设备类型	优 点	缺 点	适用条件
隔板式反应池	反应效果良好、构造简单、施工方便	容积较大、水头损失大	水量大于1000m³/h且变化较小
旋流式反应池	反应效果良好、水头损失较小、构造简单、管理方便	池较深	水量大于1000m³/h且变化较小，改建或扩建原有设备
涡流式反应池	反应时间短、容积小、造价低	池较深，截头圆锥形池底难以施工	水量小于1000m³/h
机械搅拌反应池	反应效果好、水头损失小、可适应水质水量的变化	部分设备处于水下，维护较难	各种水量

5.2.2.2 沉淀

沉淀是利用重力沉降原理将比重大于水的颗粒物从水中去除的工艺过程。沉淀池利用水流中悬浮杂质颗粒向下的沉淀时间小于水流流出沉淀池的时间，从而实现悬浮物与水流的分离，达到净化水质的目的。沉淀的主要作用是去除主厂房垃圾仓带入的泥沙以及细小、坚硬的颗粒物，防止对后续工艺及设备运行造成影响。

按照处理阶段的不同，沉淀池可以分为初沉池和二沉池，渗沥液预处理中采用初沉池，可以去除40%~45%的悬浮物和20%~30%的BOD_5。

沉淀池按池内水流方向的不同，可以分为平流式沉淀池、竖流式沉淀池、辐流式沉淀池和斜板沉淀池。斜板沉淀池是一种通过在普通沉淀池的沉淀区内装设一组平行板（或一组方形管道）的改进型沉淀池，可以缩短沉淀时间，提高沉淀效率，处理能力是普通沉淀池的3~7倍，具有处理效果较好、投资省、占地面积小等优点，已广泛应用。各种沉淀池的特点和适用条件见表5-2[2]。

表 5-2　各种沉淀池的特点和适用条件

沉淀池类型	优　点	缺　点	适用条件
平流式沉淀池	对冲击负荷和温度变化的适应能力强；沉淀效果好；施工简易，造价较低	池子配水不易均匀；采用链带式刮泥机排泥时，链带的支撑件和驱动件都浸于水中，易腐蚀；采用多斗排泥时，每个泥斗需要单独设排泥管，操作量大	适用于地下水位高及地质条件较差地区
竖流式沉淀池	排泥方便，管理简单；占地面积小	对冲击负荷和温度变化的适应能力较差；池径较小，池深较大，施工困难；造价较高	适用于渗沥液量不特别大的生活垃圾焚烧发电厂
辐流式沉淀池	多为机械排泥，运行较好，管理简单；排泥设备已趋定型	机械排泥设备复杂，对施工质量要求高	适用于地下水位较高地区
斜板沉淀池	沉淀效果好；排泥方便；占地面积小	易堵塞，造价高	常在扩容改建中应用，或在用地特别受限时使用

5.2.3　调节

生活垃圾焚烧发电厂的栈桥冲洗用水、车间地坪冲洗用水、化验室用水、办公生活用水、初期雨水一般均汇集于渗沥液处理站一并处理，其进水水量和水质常常不稳定。水质的波动会对渗沥液处理系统，特别是生化系统产生冲击，影响生化系统的正常运行，进而对其他渗沥液处理设施、设备的运行和参数控制产生不利影响。在预处理系统设置均化调节池，可以调节进水水量和水质，保证渗沥液处理的正常进行。此外，调节池还能提供水量缓冲功能，起到应急事故池的作用。

5.2.3.1　调节池混合方法

调节池内一般设置液下搅拌器，以保持整池的内部循环流动，避免池体内部产生死角而形成沉淀。常用的混合方法有水泵强制循环、空气搅拌、穿孔导流槽引水和机械搅拌[2~4]。

（1）水泵强制循环。水泵强制循环，即污水泵从调节池抽水，又回流到调节池的方式。在调节池底设穿孔管，穿孔管与水泵压水管相连，用压力水进行搅拌，不需要在调节池内安装特殊的机械设备，简单易行，混合较完全，但动力消耗较大。

（2）空气搅拌。空气搅拌是在调节池的侧壁上布置环状管道，管道上开孔，按照穿孔管曝气的方式进行搅拌。也可以在池底设穿孔管，穿孔管和鼓风机空气管相连，用压缩空气进行搅拌。空气搅拌不仅起混合均化的作用，且具有预曝气的功能，效果较好，能够防止水中悬浮物的沉积，动力消耗较少。但空气搅拌使废水中的挥发性物质散逸到空气中，产生异味，同时布气管经年淹没在水中，容易被腐蚀。

（3）穿孔导流槽引水。穿孔导流槽引水是利用差流方式使污水进行自身水力混合。同一时间进入调节池的废水，由于流程的长短不同，前后进入调节池的废水发生混合。该过程几乎不需要消耗动力，但池体结构较为复杂，会出现水中杂质在池中积累的现象。

（4）机械搅拌。机械搅拌是在池内安装机械搅拌设备。搅拌器是实现机械搅拌的主要部件，叶轮是其主要的组成部分，它随旋转轴运动将机械能传递给液体，促使液体运动。机械搅拌的混合效果较好，但这些设备常年浸泡在水中，容易腐蚀损坏，维护保养工作量较大。常用的机械搅拌设备有桨式、推进式、涡流式和双曲面式等，各种搅拌器的适用条件见表5-3[2]。

表 5-3　各种搅拌器的适用条件

| 搅拌器型式 | 流动状态 | | | 搅拌目的 | | | | | | | | | 搅拌容器容积/m³ | 转速范围/r·min⁻¹ | 最高黏度/Pa·s |
	对流循环	湍流扩散	剪切流	低黏度混合	高黏度液混合传热反应	分散	溶解	固体悬浮	气体吸收	结晶	传热	液相反应			
桨式	√	√	√	√	√		√	√		√	√	√	1~200	10~300	50
推进式	√	√		√		√	√	√				√	1~1000	10~500	2
涡流式	√	√						√				√	1~100	10~300	50
双曲面式	√	√						√				√	—	10~250	

注："√"为可用；空白为不详或不可用。

5.2.3.2　调节池设计

调节池的设计主要是确定调节池的容积，容积可按式（5-1）计算[4]：

$$W_T = \sum_{i=1}^{t} \frac{q_i}{2\eta} \qquad (5\text{-}1)$$

式中　W_T——调节池容积，m³；

　　　q_i——i 内某时段的废水流量，m³/h；

　　　η——容积加大系数，一般取 0.7。

在生活垃圾焚烧发电厂渗沥液处理工艺中，调节池一般采用钢筋混凝土结构。为减少对环境的污染，其上部设顶板和人孔盖板进行密封，安装除臭系统抽取调节池产生的臭气送到垃圾焚烧炉进行焚烧。池体采取防腐防渗措施，避免池内液体渗漏。为方便调节池的维护和检修，调节池应设 2 座，交替运行。调节池的设计水力停留时间一般为 7~8d 左右[2]。调节池的营养底物、微生物和温度条件具备厌氧发酵的条件，会产生沼气和臭气，因此需要设置抽负压装置，防止爆炸。

5.3　渗沥液处理生化处理单元

5.3.1　厌氧生物处理单元

厌氧生物处理工艺可采用升流式污泥床厌氧反应器（UASB）[5]、升流式厌氧生物滤池反应器（UBF）[6]、膨胀颗粒污泥床（EGSB）[7~9]以及内循环厌氧反应器（IC）[10]等。厌氧生物处理控制条件需符合下列要求：

（1）温度范围宜为 30~38℃；

（2）容积负荷（COD）宜为 5~15kg/（m³·d）；

（3）厌氧运行宜保持 0~2000Pa 正压运行；

（4）污泥浓度宜为 10~50g/L；

（5）pH 值宜为 7.0~8.5。

5.3.1.1 升流式污泥床厌氧反应器（UASB）

A UASB 反应器设计

（1）UASB 反应器容积宜采用容积负荷计算法，按公式（5-2）计算：

$$V = \frac{Q \times S_0}{1000 \times N_v} \tag{5-2}$$

式中　V——反应器有效容积，m³；

Q——UASB 反应器设计流量，m³/d；

N_v——容积负荷（COD），kg/（m³·d）；

S_0——进水有机物浓度（COD），mg/L。

（2）渗沥液的 UASB 反应器设计负荷（COD_{Cr}），颗粒污泥 35℃时可采用 6~10kg/（m³·d），絮状污泥 35℃时可采用 5~8kg/（m³·d），高温厌氧情况下反应器负荷宜适当提高。

（3）UASB 反应器工艺设计宜设置两个系列，具备可灵活调节的运行方式，且便于污泥培养和启动。反应器的最大单体体积应小于 3000m³。

（4）UASB 反应器的有效水深应在 5~8m 之间。

（5）UASB 反应器内废水的上升流速宜小于 0.8m/h。

（6）UASB 反应器的建筑材料应符合下列要求：

1）UASB 反应器宜采用钢筋混凝土、不锈钢、碳钢等材料；

2）UASB 反应器应进行防腐处理，混凝土结构宜在气液交界面上下 1.0m 处采用环氧树脂防腐，碳钢结构宜采用可靠的防腐材料等；

3）钢制 UASB 反应器的保温材料常用的有聚苯乙烯泡沫塑料、聚氨酯泡沫塑料、玻璃丝棉、泡沫混凝土、膨胀珍珠岩等。

B UASB 反应器组成

UASB 反应器主要由布水装置、三相分离器、出水收集装置、排泥装置及加热和保温装置组成。反应器结构形式如图 5-3 所示。

a 布水装置

（1）UASB 反应器宜采用多点布水装置，进水管负荷可参考表 5-4。

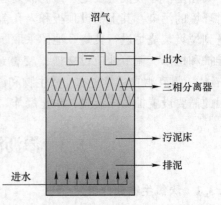

图 5-3　UASB 反应器结构示意图

表 5-4 进水管负荷

典型污泥	每个进水口负责的布水面积/m²	负荷（COD_{Cr}）/kg·（m³·d）^{-1}
颗粒污泥	0.5~2	2~4
	>2	>4
絮状污泥	1~2	<1~2
	2~5	>2

（2）布水装置宜采用一管多孔式布水、一管一孔式布水或枝状布水。

（3）布水装置进水点距反应器池底宜保持 150~250mm 的距离。

（4）一管多孔式布水孔口流速应大于 2m/s，穿孔管直径应大于 100mm。

（5）枝状布水支管出水孔向下距池底宜为 200mm；出水管孔径应在 15~25mm 之间；出水孔处宜设 45°斜向下布导流板，出水孔应正对池底。

b　三相分离器

（1）宜采用整体式或组合式的三相分离器，单元三相分离器基本构造如图 5-4 所示。

（2）沉淀区的表面负荷宜小于 0.8m³/（m²·h），沉淀区总水深应大于 1.0m。

（3）出气管的直径应保证从集气室引出沼气。

（4）集气室的上部应设置消泡喷嘴。

（5）三相分离器宜选用高密度聚乙烯（HDPE）、碳钢、不锈钢等材料，如采用碳钢材质应进行防腐处理。

c　出水收集装置

（1）出水收集装置应设在 UASB 反应器顶部。

（2）断面为矩形的反应器出水宜采用几组平行出水堰的出水方式，断面为圆形的反应器出水宜采用放射状的多槽或多边形槽出水方式。

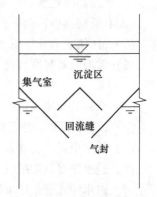

图 5-4　单元三相分离器基本构造图

（3）集水槽上应加设三角堰，堰上水头大于 25mm，水位宜在三角堰齿 1/2 处。

（4）出水堰口负荷宜小于 1.7L/（s·m）。

（5）处理废水中含有蛋白质或脂肪、大量悬浮固体，宜在出水收集装置前设置挡板。

（6）UASB 反应器进出水管道宜采用聚氯乙烯（PVC）、聚乙烯（PE）、聚丙烯（PPR）等材料。

d　排泥装置

（1）UASB 反应器的污泥产率（按质量 VSS/COD_{Cr}）为 0.05~0.10kg/kg，排泥频率宜根据污泥浓度分布曲线确定。应在不同高度设置取样口，根据监测污泥浓度制定污泥分布曲线。

（2）UASB 反应器宜采用重力多点排泥方式。

（3）排泥点宜设在污泥区中上部和底部，中上部排泥点宜设在三相分离器下 0.5~1.5m 处。

(4) 排泥管管径应大于 150mm，底部排泥管可兼作放空管。

e 加热装置

反应器宜采用保温措施，使反应器内的温度保持在适宜范围内。如不能满足温度要求，应设置加热装置，具体要求如下：

(1) 加热方式可采用池外加热和池内加热，池外加热有加热池和循环加热两种方式，池内加热宜采用热水循环加热方式。

(2) 热交换器选型应根据废水特性、介质温度和热交换器出口介质温度确定。热交换器换热面积应根据热平衡计算，计算结果应留有 10%~20% 的余量。

(3) 加热装置的需热量按公式 (5-3) 计算：

$$Q_t = Q_h + Q_d \tag{5-3}$$

式中 Q_t ——总需热量，kJ/h；

Q_h ——加热废水到设计温度需要的热量，kJ/h；

Q_d ——保持反应器温度需要的热量，kJ/h。

C 反应器的进水条件与预计处理效果

UASB 反应器应符合下列进水条件：

(1) pH 值宜为 6.0~8.0。

(2) 常温厌氧温度宜为 20~25℃，中温厌氧温度宜为 35~40℃，高温厌氧温度宜为 50~55℃。

(3) 营养组合比 $m(C):m(N):m(P)$ 宜为 100~500:5:1。

(4) BOD_5/COD_{Cr} 的比值宜大于 0.3。

(5) 进水中悬浮物含量宜小于 1500mg/L。

(6) 进水中氨氮浓度宜小于 2000mg/L。

(7) 进水中硫酸盐浓度宜小于 1000mg/L。

(8) 进水中 COD_{Cr} 浓度宜大于 1500mg/L。

(9) 严格控制重金属、氰化物、酚类等物质进入厌氧反应器的浓度。

UASB 反应器对污染物的预计去除效果可参照表 5-5。

表 5-5 UASB 反应器对污染物的去除率 (%)

化学耗氧量（COD_{Cr}）	五日生化需氧量（BOD_5）	悬浮物（SS）
80~90	70~80	30~50

D 检测系统

(1) 预处理宜设液位计、液位差计、液位开关及流量计，可在进口处增设 COD_{Cr} 检测仪。

(2) 调节池出水端宜设置温度、pH 值自动检测装置，检测值用于控制温度和药剂投加装置。

(3) 溶药宜采用专用的溶药罐和搅拌设备，药剂应根据检测设定值自动投加。

(4) UASB 反应器应设置 pH 计、温度计、污泥界面仪等在线仪表，在线检测应符合《水污染源在线监测系统（COD_{Cr}、NH_3-N 等）安装技术规范》（HJ 353—2019）中的有关规定。

(5) 剩余污泥宜设流量计计量。

E 控制系统

(1) 应结合工程规模、运行管理的要求、工程投资情况、所选用设备仪器的先进程度及维护管理水平，因地制宜选择监控指标和自动化程度。

(2) 宜采用集中控制，当规模比较大或反应器数量比较多时，宜采用分散控制的自动化控制系统。

(3) UASB 反应器宜与全站其他反应器共用一套 PLC 控制器，必要时可在 UASB 反应器处设现场 I/O 模块，PLC 控制器一般不另设操作员接口设备。

(4) 采用成套设备时，成套设备自身的控制宜与 UASB 反应器设置的控制相结合。

(5) 关键设备附近应设置独立的控制箱，同时具有"手动/自动"的运行控制切换功能。

(6) 现场检测仪表应具有防腐、防爆、抗渗漏、防结垢和自清洗等功能。

F 供配电系统

(1) 工艺装置的用电负荷应为二级负荷；如不能满足双路供电，应采用单路供电加柴油发电机组的供电方式。

(2) 高、低压用电设备的电压等级应与其供电系统的电压等级一致。

(3) 中央控制室主要设备应配备在线式不间断供电电源。

(4) 接地系统宜采用三相五线制。

(5) 变电所及低压配电室设计应符合国家标准《20kV 及以下变电所设计规范》（GB 50053—2013）和《低压配电设计规范》（GB 50054—2011）的规定。

(6) 供配电系统应符合《供配电系统设计规范》（GB 50052—2009）的规定。

(7) 电机应优先采用直接启动方式。当通过计算不能满足规范中规定的直接启动电压损失条件时，才考虑采用降压启动方式。

G 反应器的启动

a 以絮状污泥启动

(1) 反应器启动前宜进行污泥产甲烷活性的检测。

(2) UASB 反应器的启动周期较长，一旦启动完成，停止运行后的再次启动可迅速完成。

(3) 絮状污泥接种方式的接种量（SS）宜为 $20\sim30kg/m^3$。

(4) UASB 反应器的启动负荷（COD_{Cr}）应小于 $1kg/(m^3 \cdot d)$，上升流速应小于 $0.2m/h$，进水 COD_{Cr} 浓度大于 $5000mg/L$ 或处理有毒废水时应采取出水循环或稀释进水措施。

(5) 应逐步升温（以每日升温 2℃ 为宜）使 UASB 反应器达到设计温度。

(6) 出水 COD_{Cr} 去除率达 80% 以上，或出水挥发酸浓度低于 $200mg/L$ 后，可逐步提高进水容积负荷；负荷的提高幅度宜控制在设计负荷的 20%~30%，直至达到设计负荷和设计去除率。

(7) 进水水力负荷过低，宜采用出水回流的方式，提高反应器内的上升流速，加快污泥颗粒化和优良菌种的选择进度。

(8) 污泥中宜添加少量破碎的颗粒污泥，促进颗粒化过程，缩短启动时间。

b　以颗粒污泥启动

（1）颗粒污泥接种方式的接种量（VSS）宜为 10~20kg/m³。

（2）UASB 反应器启动的初始负荷（COD_{Cr}）宜为 3kg/（m³·d）。

（3）处理废水与接种污泥废水性质完全不同时，宜在第一星期保持初始污泥负荷低于最大设计负荷的 50%。

H　运行控制

UASB 反应器的运行、维护及安全管理应参照《城镇污水处理厂运行维护及安全技术规程》（CJJ 60—2011）执行，并应符合以下规定：

（1）应根据 UASB 反应器监测数据及时调整反应器负荷、控制进水碱度或采取其他相应措施，厌氧反应器中碱度（以 CaCO_3 计）应高于 2000mg/L，挥发性脂肪酸（VFA）宜控制在 200mg/L 以内；

（2）启动和运行时，均应保证 UASB 反应器内 pH 值在 6.0~8.0 之间，严禁 pH 值降至 6.0 以下，必要时宜加入碳酸氢钠等碱性物质；

（3）厌氧反应器反应区污泥浓度（VSS）不宜低于 30g/L；

（4）厌氧反应器污泥层应维持在三相分离器下 0.5~1.5m，污泥过多时应进行排泥；

（5）厌氧反应器宜维持稳定的设计温度；

（6）应保证厌氧反应器溢流管畅通。

I　停产控制

（1）反应器长期停运时，应将反应器放空，并采取相应的防冻措施。

（2）反应器再启动时，应先恢复运行温度，并根据运行状态逐步提高进水负荷。

J　维护保养

（1）废水处理设施、设备的维护保养应纳入全厂的维护保养计划中。

（2）企业应根据设计单位和设备供应商提供的设备资料制定详细的维护保养计划。

（3）维修人员应根据维护保养规定定期检查、更换或维修必要的部件，并做好维护保养记录。

（4）应定期对 UASB 反应器中的 pH 计、温度计、流量计、液位计、污泥浓度计、污泥界面仪等仪表进行校正和维修。

（5）厌氧反应器本体、各种管道及阀门应每年进行一次检查和维修。

（6）厌氧反应器的各种加热设施应经常除垢、清通。

K　应急措施

（1）过量的有毒有害物质进入 UASB 反应器时，应采取回流、稀释进水，同时调节反应器内营养盐等应急措施，保证反应器的正常运行。

（2）沼气利用系统突发故障时，应立即启动燃烧器。

（3）企业应根据自身生产情况及废水排放周期等综合因素设置事故池。

5.3.1.2　膨胀颗粒污泥床（EGSB）与内循环厌氧反应器（IC）

膨胀颗粒污泥床（EGSB）的设计与运行应满足《厌氧颗粒污泥膨胀床反应器废水处理工程技术规范》（HJ 2023—2012）的要求，内循环厌氧反应器的设计与运行可参考膨胀颗粒污泥床（EGSB）。

A EGSB反应器设计

EGSB反应器主要由布水装置、三相分离器、出水收集装置、循环装置、排泥装置及气液分离装置组成。EGSB反应器结构形式如图5-5所示。

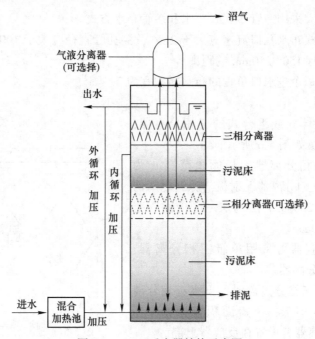

图5-5 EGSB反应器结构示意图

a EGSB反应器池体

(1) EGSB反应器容积宜采用容积负荷法计算，见公式（5-4）

$$V = \frac{Q \times S_0}{1000 \times N_v} \tag{5-4}$$

式中 V——反应器有效容积，m^3；

　　Q——EGSB反应器设计流量，m^3/d；

　　N_v——容积负荷（COD），$kg/(m^3 \cdot d)$；

　　S_0——进水有机物浓度（COD），mg/L。

(2) EGSB反应器的容积负荷（COD）范围宜为10~30kg/($m^3 \cdot d$)。

(3) EGSB反应器的个数不宜少于两个，并应按并联设计，具备可灵活调节的运行方式，且便于污泥培养和启动。

(4) EGSB反应器的有效水深宜在15~24m之间。

(5) EGSB反应器内废水的上升流速宜在3~7m/h之间。

(6) EGSB反应器宜为圆柱状塔形，反应器的高径比宜在3~8之间。

(7) EGSB反应器的建筑材料应符合下列要求：

1) EGSB反应器宜采用不锈钢、加防腐涂层的碳钢等材料，也可采用钢筋混凝土结构；

2）钢制 EGSB 反应器的保温材料常用的有聚苯乙烯泡沫塑料、聚氨酯泡沫塑料、玻璃丝绵、泡沫混凝土、膨胀珍珠岩等。

B　EGSB 反应器组成

a　布水装置

（1）布水装置宜采用一管多孔式布水和多管布水方式。

（2）一管多孔式布水孔口流速应大于 2m/s，穿孔管直径应大于 100mm，配水管中心距反应器池底宜保持 150~250mm 的距离。

（3）多管布水每个进水口负责的布水面积宜为 2~4m²。

b　三相分离器

（1）宜采用整体式或组合式的三相分离器，三相分离器基本构造如图 5-6 所示。

（2）整体式三相分离器斜板倾角范围 α 为 55°~60°；分体式三相分离器反射板与隙缝之间的遮盖 Z1 宜在 100~200mm，层与层之间的间距范围 Z2 宜为 100~200mm。

（3）EGSB 反应器可采用单级三相分离器，也可采用双级三相分离器。

（4）设置双级三相分离器时，下级三相分离器宜设置在反应器中部，覆盖面积宜为 50%~70%，上级三相分离器宜设置在反应器上部。

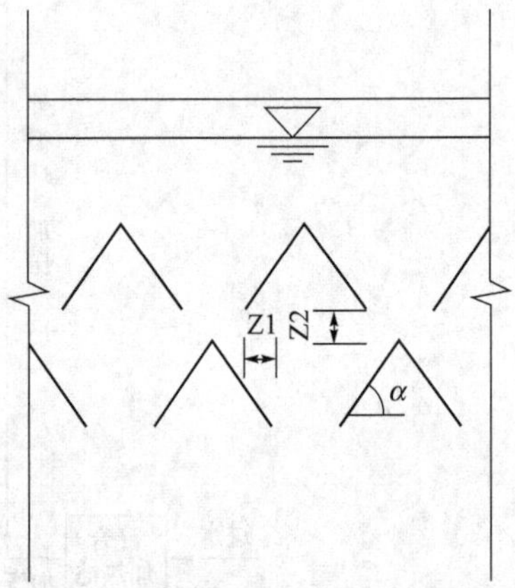

图 5-6　三相分离器基本构造图

（5）出气管的直径应保证从集气室引出沼气。

（6）处理废水中含有蛋白质、脂肪或大量悬浮固体时，宜在出水收集装置前设置消泡喷嘴。

（7）三相分离器宜选用聚丙烯（PP）、碳钢、不锈钢等材料，如采用碳钢材质应进行防腐处理。

c　出水收集装置

（1）出水收集装置应设在 EGSB 反应器顶部。

（2）圆柱形 EGSB 反应器出水宜采用放射状的多槽或多边形槽出水方式。

（3）集水槽上应加设三角堰，堰上水头应大于 25mm，水位宜在三角堰齿 1/2 处。

（4）出水堰口负荷宜小于 1.7L/(s·m)。

（5）EGSB 反应器进出水管道宜采用聚氯乙烯（PVC）、聚乙烯（PE）、聚丙烯（PPR）、不锈钢、高密度聚乙烯（HDPE）等材料。

d　循环装置

（1）EGSB 反应器有外循环和内循环两种方式。

（2）EGSB 反应器外循环和内循环均由水泵加压实现，回流比根据上升流速确定，上升流速按公式（5-5）计算：

$$v = \frac{Q + Q_{回}}{A} \tag{5-5}$$

式中　v——反应器上升流速，m/h；

Q——EGSB 反应器进水流量，m^3/h；

$Q_回$——EGSB 反应器回流流量，包括内回流和外回流，m^3/h；

A——反应器表面积，m^2。

（3）EGSB 反应器外循环出水宜设旁通管接入混合加热池。

（4）EGSB 反应器外循环、内循环进水点宜设置在原水进水管道上，与原水混合后一起进入反应器。

e　排泥装置

（1）EGSB 反应器的污泥产率（按质量 VSS/COD）为 0.05~0.10kg/kg，排泥频率宜根据污泥浓度分布曲线确定。应在不同高度设置取样口，根据监测污泥的浓度制定污泥分布曲线。

（2）EGSB 反应器宜采用重力多点排泥方式，排泥点宜设在污泥区的底部。

（3）排泥管管径应大于 150mm，底部排泥管可兼作放空管。

f　气液分离器

设置双级三相分离器时，反应器顶部宜设置气液分离器，气液分离器与三相分离器通过集气管相连接。

g　加热或降温装置

如废水温度不能满足设计温度要求，应设置加热或降温装置，具体要求如下。

（1）加热方式可采用池外加热和池内加热，池内加热宜采用热水循环加热方式。

（2）热交换器选型应根据废水特性、介质温度和热交换器出口介质温度确定。热交换器换热面积应根据热平衡计算，计算结果应留有 10%~20% 的余量。

（3）加热装置的需热量按公式（5-6）计算：

$$Q_t = Q_h + Q_d \tag{5-6}$$

式中　Q_t——总需热量，kJ/h；

Q_h——加热废水到设计温度需要的热量，kJ/h；

Q_d——保持反应器温度需要的热量，kJ/h。

（4）宜采用冷却水池或冷却塔等降温设施。

C　反应器的进水条件与预计处理效果

EGSB 反应器进水应符合下列条件：

（1）pH 值宜为 6.0~8.0；

（2）常温厌氧温度宜为 20~25℃，中温厌氧温度宜为 35~40℃，高温厌氧温度宜为 50~55℃；

（3）营养组合比 $m(COD):m(N):m(P)$ 宜为 100~500:5:1；

（4）EGSB 反应器进水中悬浮物含量宜小于 2000mg/L；

（5）氨氮浓度宜小于 2000mg/L；

（6）硫酸盐浓度应小于 1000mg/L，$c(COD)/c(SO_4^{2-})$ 比值应大于 10；

（7）COD 浓度宜大于 1000mg/L；

（8）严格控制重金属、氰化物、酚类等物质进入厌氧反应器的浓度。

EGSB 反应器对污染物的预计去除效果可参照表 5-6。

表 5-6 EGSB 反应器对污染物的去除率 （%）

化学需氧量（COD）	五日生化需氧量（BOD$_5$）	悬浮物（SS）
70~90	60~80	30~50

D 检测系统

（1）调节池内宜设液位计、液位开关及流量计，大型废水处理厂（站）宜在出口处增设化学需氧量检测仪。

（2）调节池出水端宜设置温度、pH 值自动检测装置，检测值用于控制温度和药剂投加。

（3）EGSB 反应器应设置 pH 计、温度计、污泥界面仪等在线仪表。

E 控制系统

（1）过程控制管理系统应具有数据采集、处理、控制、管理，储存历史数据 1 年以上和安全保护功能。

（2）应结合工程规模、运行管理的要求、工程投资情况，确定所选用设备仪器的先进程度及维护管理水平，因地制宜选择监控指标和自动化程度。

（3）EGSB 反应器宜与全站其他反应器共用一套 PLC 控制器，必要时可在 EGSB 反应器处设现场 I/O 模块，PLC 控制器一般不另设接口设备。

（4）采用成套设备时，成套设备自身的控制宜与 EGSB 废水处理厂（站）设置的控制相结合。

（5）关键设备附近应设置独立的控制箱，同时具有"手动/自动"的运行控制切换功能。

（6）现场检测仪表应具有防腐、防爆、抗渗漏、防结垢和自清洗等功能。

F 供配电系统

（1）工艺装置的用电负荷应为二级负荷，如不能满足双路供电，应采用单路供电加柴油发电机组的供电方式。

（2）高、低压用电设备的电压等级应与其供电系统的电压等级一致。

（3）中央控制室主要设备应配备在线式不间断供电电源。

（4）接地系统宜采用三相五线制。

（5）变电所及低压配电室设计应符合国家标准《20kV 及以下变电所设计规范》（GB 50053—2013）和《低压配电设计规范》（GB 50054—2011）的规定。

（6）供配电系统应符合《供配电系统设计规范》（GB 50052—2009）的规定。

（7）电机应优先采用直接启动方式，当通过计算不能满足规范中规定的直接启动电压损失条件时再考虑采用降压启动方式。

（8）电气设备的金属外壳均应采取接地或接零保护，钢结构、排气管、排风管和铁栏等金属物应采用等电位连接。

G 反应器启动

（1）反应器启动前宜进行污泥产甲烷活性的检测。

（2）EGSB 反应器启动应采用颗粒污泥接种，接种量（VSS）宜为 $10~20kg/m^3$，宜根据处理废水的性质，优先选用与拟处理的废水种类一致的颗粒污泥进行接种。

（3）颗粒污泥应具有下列特征：大小均匀，粒径为 0.5~3.0mm，颗粒沉速为 20~100m/h，具有较高的机械强度。

（4）颗粒污泥宜在低温（4℃左右）含有营养液的密封装置中储存，并尽量缩短保存时间。

（5）EGSB 反应器的启动负荷（COD）应小于 2kg/(m³·d)，上升流速小于 0.5m/h。

（6）启动时应逐步升温（以每日升温 2℃为宜）使 EGSB 反应器达到设计温度。

（7）颗粒物污泥投加后，应缓慢增加循环流量；当反应器出水悬浮物增加过快时，应适当降低循环流量。

（8）出水 COD 达到一定的去除率并稳定后，或出水挥发酸浓度低于 200~300mg/L 后，可逐步提高进水容积负荷；负荷的提高幅度宜控制在设计负荷的 20%~30%，直至达到设计负荷和设计去除率。

H　运行控制

（1）应根据 EGSB 反应器监测数据及时调整反应器负荷、控制进水碱度或采取其他相应措施。EGSB 反应器中碱度（以 $CaCO_3$ 计）应高于 2000mg/L，挥发性脂肪酸（VFA）宜控制在 200mg/L 以内。

（2）启动和运行时，均应保证 EGSB 反应器内 pH 值在 6.0~8.0 之间；pH 值降至 6.0 以下时，宜停止运行装置，检查原因，并加入碳酸氢钠等碱性物质。

（3）EGSB 反应器反应区污泥浓度（VSS）不宜低于 30kg/m³。

（4）EGSB 反应器污泥层应维持在三相分离器下 0.5~1.5m，污泥过多时应进行排泥。

（5）EGSB 反应器宜维持稳定的设计温度。

（6）应保证 EGSB 反应器溢流管畅通。

I　停产控制

（1）EGSB 反应器长期停运时，应采取相应的防冻措施。

（2）EGSB 反应器再启动时，应先恢复运行温度，并根据运行状态逐步提高进水负荷。

J　应急措施

过量的有毒有害物质进入 EGSB 反应器时，应采取回流、稀释进水，同时调节反应器内营养盐等应急措施，保证反应器的正常运行。

5.3.1.3　升流式厌氧生物滤池反应器（UBF）

A　工艺构造

升流式厌氧生物滤池按功能不同分为布水区、反应区（滤料区）、出水区、集气区四部分，其结构形式如图 5-7[2] 所示。升流式厌氧生物滤池的流态接近于平推流，纵向混合不明显，反应器内存在明显的有机物浓度梯度，有明显的微生物分层现象。

B　设计要求

（1）厌氧生物滤池的滤料容积宜按容积负荷法式（5-7）计算：

$$V = \frac{Q(S_0 - S_e)}{1000q} \tag{5-7}$$

式中　V——滤料容积，m^3；

　　S_0——进水有机物浓度，mg/L；

S_e——出水有机物浓度，mg/L；

Q——流量，m^3/d；

q——容积负荷（以 COD_{Cr} 或 BOD_5 计），kg/$(m^3 \cdot d)$。

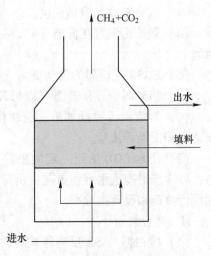

图 5-7 升流式厌氧生物
滤池结构示意图

容积负荷应根据试验或相似污水的运行数据确定，无资料时，容积负荷（COD）宜取 2～10kg/$(m^3 \cdot d)$。容积负荷主要决定于污水中有机物种类、浓度、滤料的性能，其他如 pH 值、水温、营养物及有害物质浓度等，一般情况下，有机物浓度较高、滤料的比表面积和空隙率较高时，可采用较高的容积负荷。

（2）当进水 COD 浓度大于 8000mg/L 时，厌氧生物滤池的出水应回流。出水回流能够降低对碱度的需求量，降低进水 COD 浓度，增大进水量，改善进水水流分布的均匀性。厌氧生物滤池出水回流时，回流比宜通过试验确定。

（3）厌氧生物滤池的填料宜采用轻质、耐腐蚀性、空隙率高、比表面积大、生物易附着的填料，常用的填料有玻璃钢蜂窝、聚苯乙烯蜂窝、聚乙烯斜交错波纹板等。填料装填高度对滤池处理能力影响较大，厌氧生物滤池的填料装填高度不宜低于滤池高度的2/3，且不宜低于 2m。

（4）升流式厌氧生物滤池的布水可采用穿孔管，并宜采用可拆卸管路，以便于清通维修。孔口流速宜为 1.5～2.0m/s，管内流速宜为 0.4～0.8m/s，孔口设在布水管的下方两侧，孔口直径不宜小于 15mm。

（5）厌氧生物滤池的进水悬浮物浓度不宜大于 200mg/L。如果进水中的悬浮物浓度较高，应采取预处理措施。

C 主要特点

（1）升流式厌氧生物滤池微生物浓度较高，有机物去除能力强，出水悬浮固体 SS 较低，出水水质较好。

（2）微生物停留时间长，可缩短水力停留时间，生成的剩余污泥可不需要专设泥水分离和污泥回流设施，运行管理方便。

（3）耐冲击负荷能力较强，适用的废水有机物浓度范围宽。

（4）启动时间短，停止运行后的再启动较容易，无搅拌与回流设施，整个工艺能耗低，系统运行稳定。

（5）由于渗沥液的 SS、COD、硬度等指标较高，滤料易堵塞，所以在焚烧厂渗沥液处理中应用较少。

5.3.2 好氧生物处理单元

好氧生物处理工艺可采用序批式生物反应器（SBR）、膜生物反应器（MBR）[11~13] 或其改良工艺，需符合下列要求：

（1）采用空气曝气时：

1）温度宜为 25~35℃；

2）pH 值宜为 7.0~7.5；

3）缺氧段溶解氧不宜高于 0.5mg/L；

4）好氧段溶解氧宜为 1~3mg/L；

5）污泥负荷（按质量 COD/MLSS）宜为 0.08~0.15kg/（kg·d），其中 MLSS 是混合液悬浮固体浓度；

6）反硝化速率（按质量 NO_3—N/MLSS）宜为 0.05~0.12kg/（kg·d），其中 MLSS 是混合液悬浮固体浓度。

（2）采用纯氧曝气法时：

1）温度宜为 25~35℃；

2）pH 值宜为 7.0~7.5；

3）缺氧段溶解氧不宜高于 0.5mg/L；

4）氧气浓度宜高于 90%，溶解氧宜为 6~10mg/L；

5）污泥负荷（按质量 COD/MLSS）宜为 0.08~0.2kg/（kg·d）；

6）反硝化速率（按质量 NO_3—N/MLSS）宜为 0.05~0.12kg/（kg·d）。

（3）好氧系统产生的泡沫，宜采用投加化学药剂、物理喷淋或溢流导出等处理方式。选用的化学药剂不应抑制微生物的活性，不影响后续处理系统。

（4）超滤膜系统可采用浸没式或外置式超滤，其中浸没式超滤膜通量宜为 6~12L/（h·m²），外置管式超滤膜的膜通量宜为 60~70L/（h·m²）。

5.3.2.1　序批式生物反应器（SBR）

A　工艺设计

a　一般规定

（1）应保证 SBR 反应池兼有时间上的理想推流和空间上的完全混合的特点。

（2）应保证 SBR 反应池具有静置沉淀功能和良好的泥水分离效果。

（3）应根据 SBR 工艺运行要求设置检测与控制系统，实现运行管理自动化。

（4）SBR 反应池应设置固定式事故排水装置，可设在滗水结束时的水位处。

（5）SBR 反应池排水应采用有防止浮渣流出设施的滗水器。

（6）限制曝气进水的反应池，进水方式宜采用淹没式入流。

b　工艺设计

SBR 工艺由进水、曝气、沉淀、排水、待机五个工序组成，运行方式分为限制曝气进水和非限制曝气进水两种，如图 5-8、图 5-9 所示。

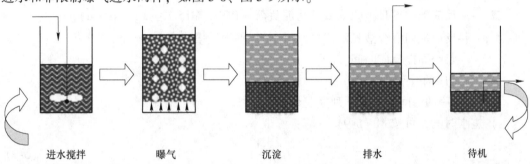

进水搅拌　　　　曝气　　　　沉淀　　　　排水　　　　待机

图 5-8　SBR 工艺运行方式（限制曝气进水）

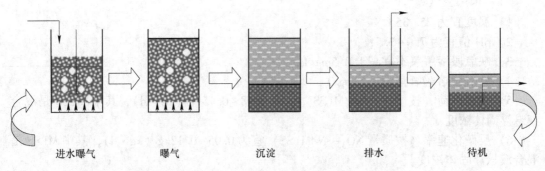

进水曝气   曝气   沉淀   排水   待机

图 5-9　SBR 工艺运行方式（非限制曝气进水）

B　进水条件与预计处理效果

SBR 进水应符合下列条件：

（1）水温宜为 12~35℃，pH 值宜为 6~9，BOD_5/COD 的值宜不小于 0.3；

（2）有去除氨氮要求时，进水总碱度（以 $CaCO_3$ 计）/氨氮（$NH_3\text{-}N$）的值宜不小于 7.14，不满足时应补充碱度；

（3）有脱氮要求时，进水的 BOD_5/总氮（TN）的值宜不小于 4.0，总碱度（以 $CaCO_3$ 计）/氨氮的值宜不小于 3.6，不满足时应补充碳源或碱度。

SBR 污水处理工艺的污染物去除率按照表 5-7 计算。

表 5-7　SBR 污水处理工艺的污染物去除率设计值 （%）

悬浮物（SS）	五日生化需氧量（BOD_5）	化学耗氧量（COD）	氨氮（$NH_3\text{-}N$）	总氮（TN）	总磷（TP）
70~90	70~90	70~90	85~95	55~85	50~85

C　反应池设计计算

（1）反应池有效反应容积。

SBR 反应池容积，可按式（5-8）计算。

$$V = 24\frac{Q'S_0}{1000XL_st_R} \tag{5-8}$$

式中　V——反应池有效容积，m^3；

Q'——每个周期进水量，m^3；

S_0——反应池进水五日生化需氧量，mg/L；

L_s——反应池的五日生化需氧量污泥负荷（BOD_5/MLSS），kg/(kg·d)；

X——反应池内混合液悬浮固体（MLSS）平均质量浓度，kg/m^3；

t_R——每个周期反应时间，h。

（2）各工序的时间。

工艺各工序的时间，宜按下列规定计算。

1）进水时间，可按式（5-9）计算：

$$t_F = \frac{t}{n} \tag{5-9}$$

式中　t_F——每池每周期所需要的进水时间，h；

　　　t——一个运行周期需要的时间，h；

　　　n——每个系列反应池个数。

2）反应时间，可按式（5-10）计算：

$$t_R = \frac{24 S_0 m}{1000 L_s X} \tag{5-10}$$

式中　m——充水比，可参照表5-8~表5-10取值；

　　　S_0——反应池进水五日生化需氧量，mg/L；

　　　L_s——反应池的五日生化需氧量污泥负荷（BOD₅/MLSS），kg/（kg·d）；

　　　X——反应池内混合液悬浮固体（MLSS）平均质量浓度，kg/m³。

3）沉淀时间 t_s 宜为1h。

4）排水时间 t_D 宜为1.0~1.5h。

5）一个周期所需时间可按式（5-11）计算：

$$t = t_R + t_s + t_D + t_b \tag{5-11}$$

式中　t_b——闲置时间，h。

（3）SBR法的每天周期数宜为整数，如：2、3、4、5、6。

（4）反应池水深宜为4.0~6.0m，当采用矩形池时，反应池长宽比宜为1：1~2：1。

（5）反应池设计超高一般取0.5~1.0m。

（6）反应池的数量不宜少于2个，并且均为并联设计。

D　SBR工艺主要设计参数

a　去除碳源污染物主要设计参数

主要设计参数见表5-8的规定取值。

表5-8　SBR工艺去除碳源污染物主要设计参数

项　目　名　称		符号	单位	参数值
反应池五日生化需氧量污泥负荷	BOD₅/MLVSS	L_s	kg/（kg·d）	0.25~0.50
	BOD₅/MLSS		kg/（kg·d）	0.10~0.25
反应池混合液悬浮固体（MLSS）平均质量浓度		X	kg/m³	3.0~5.0
反应池混合液挥发性悬浮固体（MLVSS）平均质量浓度		X_v	kg/m³	1.5~3.0
污泥产率系数（VSS/BOD₅）	设初沉池	Y	kg/kg	0.3
	不设初沉池		kg/kg	0.6~1.0
总水力停留时间		HRT	h	8~20
需氧量（O₂/BOD₅）		O₂	kg/kg	1.1~1.8
活性污泥容积指数		SVI	mL/g	70~100
充水比		m	%	40~50
BOD₅总处理率		η	%	80~95

b　去除氨氮污染物主要设计参数

主要设计参数见表5-9的规定取值。

表 5-9　SBR 工艺去除氨氮污染物主要设计参数

项目名称		符号	单位	参数值
反应池五日生化需氧量污泥负荷	BOD$_5$/MLVSS	L_s	kg/(kg·d)	0.10~0.30
	BOD$_5$/MLSS		kg/(kg·d)	0.07~0.20
反应池混合液悬浮固体（MLSS）平均质量浓度		X	kg/m^3	3.0~5.0
污泥产率系数（VSS/BOD$_5$）	设初沉池	Y	kg/kg	0.4~0.8
	不设初沉池		kg/kg	0.6~1.0
总水力停留时间		HRT	h	10~29
需氧量（O$_2$/BOD$_5$）		O$_2$	kg/kg	1.1~2.0
活性污泥容积指数		SVI	mL/g	70~120
充水比		m	%	30~40
BOD$_5$ 总处理率		η	%	90~95
NH$_3$-N 总处理率		η	%	85~95

c　生物脱氮主要设计参数

主要设计参数见表 5-10 的规定取值。

表 5-10　SBR 工艺生物脱氮主要设计参数

项目名称		符号	单位	参数值
反应池五日生化需氧量污泥负荷	BOD$_5$/MLVSS	L_s	kg/(kg·d)	0.06~0.20
	BOD$_5$/MLSS		kg/(kg·d)	0.04~0.13
反应池混合液悬浮固体（MLSS）平均质量浓度		X	kg/m^3	3.0~5.0
总氮负荷率（TN/MLVSS）			kg/(kg·d)	≤0.05
污泥产率系数（VSS/BOD$_5$）	设初沉池	Y	kg/kg	0.3~0.6
	不设初沉池		kg/kg	0.5~0.8
缺氧水力停留时间占反应时间比例			%	20
好氧水力停留时间占反应时间比例			%	80
总水力停留时间		HRT	h	15~30
需氧量（O$_2$/BOD$_5$）		O$_2$	kg/kg	0.7~1.1
活性污泥容积指数		SVI	mL/g	70~140
充水比		m	%	30~35
BOD$_5$ 总处理率		η	%	90~95
NH$_3$-N 总处理率		η	%	85~95
TN 总处理率		η	%	60~85

E　供氧系统需氧量计算

供氧系统污水需氧量按式（5-12）计算。

$$O_y = 0.001aQ(S_0 - S_e) - c\Delta X_v + b[0.001Q(N_k - N_{ke}) - 0.12\Delta X_v] -$$
$$0.62b[0.001Q(N_t - N_{ke} - N_{0e}) - 0.12\Delta X_v] \qquad (5-12)$$

式中　O_y——污水需氧量，kg/d；

$\quad Q$——污水设计流量，m³/d；

$\quad S_0$——反应池进水五日生化需氧量（BOD$_5$），mg/L；

$\quad S_e$——反应池出水五日生化需氧量（BOD$_5$），mg/L；

$\quad \Delta X_v$——排出反应池系统的微生物量（MLVSS），kg/d；

$\quad N_k$——反应池进水总凯氏氮质量浓度，mg/L；

$\quad N_{ke}$——反应池出水总凯氏氮质量浓度，mg/L；

$\quad N_t$——反应池进水总氮质量浓度，mg/L；

$\quad N_{0e}$——反应池出水硝态氮质量浓度，mg/L；

$\quad a$——碳的氧当量，当含碳物质以 BOD$_5$ 计时，取 1.47；

$\quad b$——氧化每千克氨氮所需氧量 kg/kg，取 $b = 4.57$kg/kg；

$\quad c$——细菌细胞的氧当量，取 1.42。

标准状态下污水需氧量按式（5-13）计算。

$$O_s = K_0 \cdot O_y \qquad (5-13)$$

$$K_0 = \frac{C_s}{\alpha(\beta C_{sw} - C_0) \times 1.024^{T-20}}$$

式中　O_s——标准状态下污水需氧量，kg/d；

$\quad K_0$——需氧量修正系数；

$\quad O_y$——污水需氧量，kg/d；

$\quad C_s$——标准状态下清水中饱和溶解氧浓度，mg/L，取 9.17；

$\quad \alpha$——混合液中总传氧系数与清水中总传氧系数之比，一般取 0.80~0.85；

$\quad \beta$——混合液的饱和溶解氧值与清水中的饱和溶解氧值之比，一般取 0.90~0.97；

$\quad C_{sw}$——T℃、实际压力时，清水饱和溶解氧浓度，mg/L；

$\quad C_0$——混合液剩余溶解氧，mg/L，一般取 2；

$\quad T$——设计水温，℃。

鼓风曝气时，可按式（5-14）将标准状态下污水需氧量，换算为标准状态下的供气量。

$$G_s = \frac{O_s}{0.28E_A} \qquad (5-14)$$

$$E_A = \frac{100(21 - O_t)}{21(100 - O_t)}$$

式中　G_s——标准状态下的供气量，m³/d；

$\quad O_s$——标准状态下污水需氧量，kg/d；

$\quad E_A$——曝气设备的氧利用率，%；

$\quad O_t$——曝气后反应池水面逸出气体中氧的体积百分比，%。

F　剩余污泥量计算

剩余污泥量的计算按污泥产率系数、衰减系数及不可生物降解和惰性悬浮物计算式（5-15）。

$$\Delta X = YQ(S_0 - S_e) - K_d VX_v + fQ(SS_0 - SS_e) \tag{5-15}$$

式中　ΔX ——剩余污泥量，kg/d；

　　　Y ——污泥产率系数，按表 5-8、表 5-9 和表 5-10 选取；

　　　Q ——设计平均日污水量，m^3/d；

　　　S_0 ——反应池进水五日生化需氧量，kg/m^3；

　　　S_e ——反应池出水五日生化需氧量，kg/m^3；

　　　K_d ——衰减系数，d^{-1}；

　　　V ——反应池的总容积，m^3；

　　　X_v ——反应池混合液挥发性悬浮固体（MLVSS）平均质量浓度，kg/m^3；

　　　f ——进水悬浮物的污泥转换率（MLSS/SS），kg/kg，宜根据试验资料确定，无试验资料时可取 0.5~0.7；

　　　SS_0 ——反应池进水悬浮物质量浓度，kg/m^3；

　　　SS_e ——反应池出水悬浮物质量浓度，kg/m^3。

G　主要工艺设备

a　排水设备

（1）SBR 工艺反应池的排水设备宜采用滗水器，包括旋转式滗水器、虹吸式滗水器和无动力浮堰虹吸式滗水器等。滗水器性能应符合相应产品标准的规定，若采用旋转式滗水器应符合 HJ/T 277—2006 的规定。

（2）滗水器的堰口负荷宜为 20~35L/(m·s)，最大上清液滗除速率宜取 30mm/min，滗水时间宜取 1.0h。

（3）滗水器应有浮渣阻挡装置和密封装置。滗水时不应扰动沉淀后的污泥层，同时挡住水面的浮渣不外溢。

b　曝气设备

（1）SBR 工艺选用曝气设备时，应根据设备类型、位于水面下的深度、水温、在污水中氧总转移特性、当地的海拔高度以及生物反应池中溶解氧的预期浓度等因素，将计算的污水需氧量换算为标准状态下污水需氧量，并以此作为设备设计选型的依据。

（2）曝气方式应根据工程规模大小及具体条件选择。恒水位曝气时，鼓风式微孔曝气系统宜选择多池共用鼓风机供气方式，或采用机械表面曝气。变水位曝气时，鼓风式微孔曝气系统宜采用反应池与鼓风机一对一供气方式，或采用潜水式曝气系统。

（3）曝气设备、鼓风机、单级高速曝气离心鼓风机、罗茨鼓风机、微孔曝气器、机械表面曝气装置、潜水曝气装置应符合《潜水曝气机》（GB/T 27872—2011）等相关标准的规定。

c　混合搅拌设备

（1）混合搅拌设备应根据好氧、厌氧等反应条件选用，混合搅拌功率宜采用 2~8W/m^3。

（2）厌氧和缺氧宜选用潜水式推流搅拌器，搅拌器性能应符合《潜水搅拌机》（CJ/T 109—2007）等相关标准的规定。

H 检测系统

（1）进水泵房、格栅、沉砂池宜设置 pH 计、液位计、液位差计、流量计、温度计等。

（2）SBR 反应池内宜设置温度计、pH 计、溶解氧（DO）仪、氧化还原电位计、污泥浓度计、液位计等。

（3）为保证渗沥液处理站安全运行，按照下列要求设置监测仪表和报警装置。

1）进水泵房：宜设置硫化氢（H_2S）浓度监测仪表和报警装置。

2）污泥消化池：应设置甲烷（CH_4）、硫化氢（H_2S）浓度监测仪表和报警装置。

3）加氯间：应设置氯气（Cl_2）浓度监测仪和报警装置。

I 控制系统

（1）SBR 工艺污水处理工程的主要构筑物应按照液位变化自动控制运行。

（2）主要生产工艺单元宜采用自动控制系统。

（3）采用成套设备时，设备本身控制宜与系统控制相结合。

J 计算机控制管理系统

（1）计算机管理系统应有信息收集、处理、控制、管理和安全保护功能。

（2）控制管理系统的控制层、监控层和管理层应合理配置。

（3）污水处理过程宜采用集中与分散控制模式，实现工艺过程自动控制、运行工况的监视和调整、停机和故障处理。

（4）全厂的控制系统宜划分为若干个单元，采用可编程逻辑控制器（PLC），根据工艺参数自动监控各运行设备。

（5）中央控制室计算机应与各单元 PLC 联网，实时显示运行工况，实时向 PLC 传送调整设备运行状态的指令，建立数据库并记录、储存运行参数、指标等资料。

（6）中央控制室计算机应能设置所有运行参数，并可预先设置多套运行模式，根据实际水量、水质、水温等检测参数自动选择。

（7）现场控制设备通过"手动/自动"选择开关进行切换，可由现场开关直接控制设备，同时应将现场控制模式作为最高优先级的控制模式以保证现场操作的安全。

K 电气系统

a 供电系统

（1）工艺装置的用电负荷应为二级负荷。

（2）高、低压用电设备的电压等级应与其供电电网电压等级相一致。

（3）中央控制室的仪表电源应配备在线式不间断供电电源设备。

（4）接地系统宜采用三相五线制系统。

b 低压配电

变电所低压配电室的变配电设备布置应符合《低压配电设计规范》（GB 50054—2011）等相关标准的规定。

c 二次线

（1）工艺线上的电气设备宜在中央控制室集中监控管理，并纳入自动控制。

（2）电气系统的控制水平应与工艺水平相一致，宜纳入计算机控制系统，也可采用强电控制。

L 运行

(1) 应充分考虑冬季低温对 SBR 工艺去除碳源污染物和脱氮的影响,必要时可采取降低负荷、减少排泥(增长泥龄)、调整厌氧及缺氧时段的水力停留时间、保温或增温等措施。

(2) 排水比(或充水比)调节。在设定运行周期不变的情况下,当实际运行进水流量发生变化时,可用调整排水比(或充水比)的方法保证各反应池的配水均匀。

(3) 运行周期调节。处理水量变化较大时,需按高峰期日处理水量、低谷期日处理水量、日均处理水量调整运行周期。

(4) 进水流量调节。一天中设施进水流量随时间变化较大时,可以调节进水流量,保证排水比(充水比)相对稳定、反应池处于良好运行状态。

(5) 排水调节。排水时要求水面匀速下降,下降速度宜小于或等于 30mm/min。

(6) 滗水器管理。每班对滗水器巡视一次,发现故障及时处理。滗水器因故障停运时可临时用事故排水管排水。

(7) 曝气调节:

1) 鼓风曝气系统曝气开始时,应排放管路中的存水,并经常检查自动排水阀的可靠性;

2) 曝气工序结束时,反应池主反应区溶解氧浓度不宜小于 2mg/L。

(8) 污泥观察与调节:

1) 污水处理系统运行中,应经常观察活性污泥的颜色、状态、气味、生物相以及上清液的透明度,定时测试,发现问题应及时解决;

2) 污水处理系统运行中,应经常观察沉淀工序结束时的污泥界面下降距离,污泥界面至最低水面距离不宜小于 500mm;

3) 反应池的排泥量可根据污泥沉降比、混合液污泥浓度、静置沉淀结束时(或排水结束时)的污泥层高确定。

M 维护保养

(1) SBR 反应池的维护保养应作为渗沥液处理系统维护的重点。

(2) 操作人员应严格执行设备操作规程,定时巡视设备运转是否正常,包括温升、响声、振动、电压、电流等,发现问题应尽快检查排除。

(3) 各设备的转动部件应保持良好的润滑状态,及时添加润滑油、清除污垢;若发现漏油、渗油,应及时解决。

(4) 应定期检查滗水器排水的均匀性、灵活性、自动控制的可靠性,发现问题及时解决。

(5) 鼓风曝气系统曝气开始时应排放管路中的存水,并经常检查自动排水阀的可靠性。

(6) SBR 反应池内微孔曝气器容易堵塞,应定时检查曝气器堵塞和损坏情况,及时更换破损的曝气器,保持曝气系统运行良好。

(7) 推流式潜水搅拌机无水工作时间不宜超过 3min。

(8) 运行中应防止由于推流式潜水搅拌机叶轮损坏或堵塞、表面空气吸入形成涡流、不均匀水流等原因引起的振动。

（9）定期检查、更换不合格的零部件和易损件。

5.3.2.2　膜生物反应器

A　工艺设计

膜生物反应器基本工艺流程如图 5-10 所示。工艺设计应考虑具备可灵活调节的运行方式，应考虑水温的影响，各处理构筑物的个（格）数不宜少于 2 个（格），并宜按并联设计。

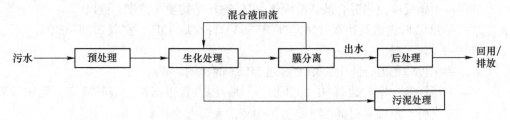

图 5-10　膜生物反应器基本工艺流程

混合液回流路线及回流比的设置，应综合考虑其对污染物降解、溶解氧水平与污泥浓度的影响。好氧区（池）的供氧，应满足污水需氧量、混合以及处理效率要求。

生物反应池的进水应符合下列条件：

（1）水温宜为 12~35℃，pH 值宜为 6~9，BOD_5/COD_{Cr} 的比值宜不小于 0.3；

（2）有去除氨氮要求时，进水总碱度（以 $CaCO_3$ 计）/氨氮（NH_3-N）的浓度比值宜不小于 7.14，不满足时应补充碱度；

（3）有脱总氮要求时，进水的 BOD_5/总氮（TN）的浓度比值宜不小于 4.0，总碱度（以 $CaCO_3$ 计）/NH_3-N 的浓度比值宜不小于 3.6，不满足时应补充碳源或碱度。

B　缺氧/好氧（AO）工艺设计

缺氧好氧（AO）基本工艺流程如图 5-11 所示。

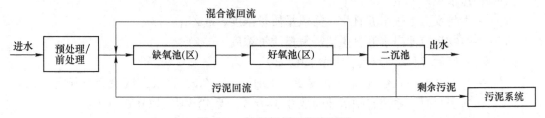

图 5-11　缺氧好氧工艺流程图

a　缺氧池（区）容积

缺氧池（区）有效容积可按式（5-16）计算：

$$V_n = \frac{0.001Q(N_k - N_{te}) - 0.12\Delta X_v}{K_{de(T)}X} \tag{5-16}$$

$$K_{de(T)} = K_{de(20)} 1.08^{T-20} \tag{5-17}$$

$$\Delta X_v = yY_t \frac{Q(S_0 - S_e)}{1000} \tag{5-18}$$

式中　V_n——缺氧池（区）容积，m^3；

Q——污水设计流量，m^3/d；

N_k——生物反应池进水总凯氏氮质量浓度，mg/L；

N_{te}——生物反应池出水总氮质量浓度，mg/L；

ΔX_v——排出生物反应池系统的微生物量，kg/d；

$K_{de(T)}$——$T\,℃$时的脱氮速率（NO_3-N/MLSS），$kg/(kg \cdot d)$，宜根据试验资料确定，无试验资料时按式（5-17）计算；

X——生物反应池内混合液悬浮固体（MLSS）平均质量浓度，g/L；

$K_{de(20)}$——$20℃$时的脱氮速率（NO_3-N/MLSS），$kg/(kg \cdot d)$，宜取 $0.03 \sim 0.06$；

T——设计水温，℃；

y——单位体积混合液中，MLVSS 占 MLSS 的比例，g/g；

Y_t——污泥总产率系数（MLSS/BOD_5），kg/kg，宜根据试验资料确定，无试验资料时，系统有初沉池时取 $0.3 \sim 0.5$，无初沉池时取 $0.6 \sim 1.0$；

S_0——生物反应池进水五日生化需氧量浓度，mg/L；

S_e——生物反应池出水五日生化需氧量浓度，mg/L。

b　好氧池（区）容积

好氧池（区）容积可按式（5-19）计算

$$式中\quad V_0 = yY_t \frac{Q(S_0 - S_e)\theta_{c0}Y_t}{1000X} \tag{5-19}$$

$$\theta_{c0} = F\frac{1}{\mu}$$

$$\mu = 0.47\frac{N_a}{K_N + N_a}e^{0.098(T-15)}$$

V_0——好氧池（区）容积，m^3；

Q——污水设计流量，m^3/d；

S_0——生物反应池进水五日生化需氧量质量浓度，mg/L；

S_e——生物反应池出水五日生化需氧量质量浓度，mg/L；

θ_{c0}——好氧池（区）设计污泥泥龄值，d；

Y_t——污泥总产率系数（按质量 MLSS/BOD_5），kg/kg，宜根据试验资料确定，无试验资料时，系统有初沉池时取 $0.3 \sim 0.5$，无初沉池时取 $0.6 \sim 1.0$；

X——生物反应池内混合液悬浮固体（MLSS）平均浓度，g/L；

F——安全系数，取 $1.5 \sim 3.0$；

μ——硝化菌生长速率，d^{-1}；

N_a——生物反应池中氨氮质量浓度，mg/L；

K_N——硝化作用中氮的半速率常数，mg/L，一般取 1.0；

T——设计水温，℃。

c　混合液回流量

混合液回流量可按式（5-20）计算

$$Q_{Ri} = \frac{1000V_nK_{de(T)}X}{N_t - N_{ke}} - Q_R \tag{5-20}$$

式中 Q_{Ri}——混合液回流量，m^3/d；

V_n——缺氧池（区）容积，m^3；

$K_{de(T)}$——$T℃$时的脱氮速率（$NO_3\text{-}N/MLSS$），$kg/(kg \cdot d)$，宜根据试验资料确定，无试验资料时按式（5-17）计算；

X——生物反应池内混合液悬浮固体（MLSS）平均质量浓度，g/L；

N_t——生物反应池进水总氮质量浓度，mg/L；

N_{ke}——生物反应池出水总凯氏氮质量浓度，mg/L；

Q_R——回流污泥量，m^3/d。

d 工艺参数

设计参数应通过试验或参照类似工程确定。

C 膜分离系统设计

膜分离系统运行方式宜采用恒通量和周期性间歇运行模式；膜分离系统过滤，一个运行周期宜为 7～9min；间歇期宜为 1～3min。

a 膜组器

（1）膜组器。膜组器的整体设计应符合以下要求：

1）膜组器的吊架应安全可靠，便于安装和检修；

2）膜组器的曝气装置、集水管路、框架和吊架等部件应布局合理，便于安装和检修，并满足工艺和安全要求；

3）膜组器设计与选型应充分考虑集水均匀、结构紧凑、能耗低；

4）膜组器与管路之间应由连接可靠、密封性好、耐负压、安装拆卸方便的连接件固定，通常采用不锈钢快速接头或管道连接器固定。

（2）膜组器。膜组器设计应符合以下要求：

1）中空纤维膜组件宜采用超滤或微滤膜组件；

2）膜的平均产水通量宜在 12～25L/（$m^2 \cdot h$）；

3）膜组件的保存、使用、安装与拆卸应根据膜组件制造商的要求进行；

4）膜组件应采用耐污染、耐腐蚀性材料。

（3）曝气装置。曝气装置主要由进气管路和曝气部件组成，其设计应符合以下要求：

1）进气管路应确保密封无泄漏，各通道应连接可靠；

2）曝气部件宜布置在膜组器下方，保证出气均匀并能有效减轻膜污染；

3）曝气方式通常采用穿孔式。

（4）集水管路。集水管路主要由连接各个膜组件产水的集水支管和总管等组成。

（5）框架及附属部件。框架是将膜组件、曝气装置、集水管路连接在一起的支撑体，其设计应符合相关规定。

b 膜池

（1）膜池整体。膜池整体设计应符合以下要求：

1）膜池应设置有进水口、回流口以及排泥管，每个膜池应能单独隔离、放空和检修；

2）膜池上部宜设置能覆盖膜池、化学清洗池、走道和检修平台的起吊设备；

3）膜池均应满足在线化学清洗的要求，进行恢复性清洗的膜池、离线清洗池应做防腐处理；

4）应根据膜组器的数量设计膜池数量，膜池数量宜采用偶数；

5）膜池内的膜组器平面布局应合理，平均分布，间距相等；

6）每个膜池应能独立运行且宜设置独立的进水系统、产水系统和回流系统；

7）膜池形状宜为矩形，池深应与膜组器尺寸匹配并留有富余空间；

8）膜池底部应留有排水通畅的空间和便于底部排泥的设施；

9）膜池宜有膜组器的定位设置，并保证膜组器的安装水平精度在 ±10mm 以内；

10）在寒冷地区，宜将膜池设置于室内，室内宜考虑设置供暖、通风、除雾措施；

11）膜池宜留有 10%~20% 备用膜组器空位。

（2）膜池深度。膜池深度的设计可参考以下因素：

1）膜组器高度；

2）膜组器底部排水排泥区高度，不宜小于 200mm；

3）膜组器顶部浸没水深和膜池水位调节范围，不宜小于 500mm；

4）膜池水面距池壁顶部高度，不宜小于 500mm。

c 膜进水单元

（1）膜池进水水质。

膜池进水水质宜达到表 5-11 的要求。

表 5-11 进水水质表

指标	pH	水温/℃	动植物油/mg·L^{-1}	矿物油/mg·L^{-1}
要求	6~9	10~40	<30	<3

（2）膜分离系统进水可采用重力自流进水，也可采用压力提升进水，进水宜均匀分配至各个膜池，进水宜采用自动闸门或自动阀门调节水量。

d 膜产水单元

（1）膜池产水水质。膜池产水水质应符合以下要求：

1）产水浊度小于 1NTU；

2）产水固体悬浮物（SS）浓度小于 2mg/L。

（2）膜产水单元设计。膜产水单元设计应符合以下要求：

1）膜产水单元设施包括膜产水泵、各集水管路设施、辅助及监控设施；

2）膜产水单元可采用负压抽吸，也可采用静压重力自流；

3）膜产水单元通量与混合液污泥浓度、温度等性能相关，宜通过实验确定；

4）跨膜压差不宜大于 0.05MPa；

5）产水泵宜采用变频控制，流量可根据对应的膜组器数量、膜设计通量和膜有效工作时间确定，产水泵应考虑备用；

6）小型膜生物反应器工程中，产水泵可采用自吸泵；大中型工程中，产水泵宜采用离心泵，配合真空泵系统使用；

7）集水总管应采用可调节的控制阀门，真空节点应设在各组集水总管最高点处；

8）集水管路应保证连接的密封可靠性，应满足使用时的压力和耐化学清洗剂的腐蚀等要求。

e 膜曝气单元

（1）膜曝气单元组成。膜曝气单元由膜组器曝气设备、鼓风机、空气管路及附件等组成；管路包括供气总管和每个膜池设置的独立的供气管，供气管连接应方便、可靠。

（2）膜曝气单元设计。膜曝气单元设计应符合以下要求：

1）膜曝气量应根据膜组器性能设计确定，同时满足生物处理需氧量和膜丝抖动需气量的要求，不应造成浪费及膜损坏；

2）平均曝气强度应按膜池内膜面积计算，通常为 $0.1 \sim 0.5 m^2/(m^2 \cdot h)$；

3）膜曝气单元可采用连续曝气、交替曝气、脉冲曝气等方式；

4）曝气管应均匀布气；

5）鼓风机可采用罗茨风机或离心风机（空气悬浮风机、磁悬浮风机等），曝气设备应考虑备用；

6）应设置膜吹扫风量、风压、风机运行状态等监控系统，保障膜吹扫系统与膜产水系统的联动控制，防止出现膜吹扫系统故障或风量过低的情况。

f 膜反冲洗单元

膜反冲洗单元设计应符合以下要求：

（1）膜反冲洗水应采用膜产水或优于膜产水水质的水源；

（2）膜反冲洗频率应根据进水水质、膜设计通量等因素确定，宜通过实验确定，也可参照膜供应商提供的类似工程参数；

（3）膜反冲洗流量应根据膜组器的性能、产水量和产水方式综合确定，通常可按产水流量的 0.5~1.5 倍设计。

g 混合液回流单元

混合液回流单元设计应符合以下要求：

（1）膜池内的混合液污泥浓度宜为 6~12g/L；

（2）混合液污泥回流比应根据膜池混合液污泥浓度、工艺脱氮要求确定，通常为进水流量的 100%~400%；

（3）混合液污泥回流泵宜采用离心泵、混流泵、潜水泵或螺旋泵等；

（4）回流泵数量不应少于 2 台，并设有备用；

（5）混合液回流泵宜有调节流量的措施，通常设备采用变频控制；

（6）膜池混合液应部分回流至前面的生化反应池，部分作为剩余污泥定期排放。

h 剩余污泥排放单元

剩余污泥排放单元设计应符合以下要求：

（1）膜池内的污泥泥龄通常取 20~30d；

（2）膜池内的剩余污泥的排放量可按照污泥泥龄计算，也可参照《膜生物法污水处理工程技术规范》（HJ 2010—2011）的有关规定执行。

i 清洗单元

（1）清洗单元组成。清洗单元由清洗泵、加药罐、管路及附件等组成。

（2）维护性清洗。维护性清洗设计应符合以下要求：

1）应定期对膜组件进行维护性清洗，通过化学药剂的杀菌、溶解、调节 pH 等作用，减缓膜表面的生物污染和化学污染，维持膜通量；

2）药液浓度由实验确定，也可参照膜供应商提供的相关资料确定，常采用的化学药剂有次氯酸钠溶液、柠檬酸溶液等。

（3）恢复性清洗。恢复性清洗设计应符合以下要求：

1）应定期对膜元件进行充分的恢复性清洗，清除中空纤维内外表面的生物污染和化学污染物，恢复膜通量；

2）常采用的化学药剂有次氯酸钠溶液、氢氧化钠溶液、柠檬酸溶液等，药液浓度由实验确定，也可参照膜供应商提供的相关资料确定；

3）恢复性清洗采用在线清洗或离线清洗，小型膜生物反应器工程，宜采用离线清洗；大中型工程，宜采用在线清洗。

j 起吊装置

膜池顶部应设起吊装置，便于膜组器的安装与维护。

k 自动控制与检测

（1）膜分离系统应设置完整的自动化控制与检测系统，设置应稳定可靠、便于调整，其设计符合《电气控制设备》（GB/T 3797—2016）的有关规定。

（2）每个膜池的进水系统宜设置独立的液位在线监测仪表，产水系统宜设置独立的流量、跨膜压差以及完整性检测的在线检测仪表，膜曝气单元宜设置独立的流量和压力的在线监测仪表。

（3）自动控制系统宜采用可编程控制器和上位机或触摸屏进行控制，并可根据工艺要求实现设定和调整，满足膜分离工艺参数调整的要求。

（4）自动控制系统应设有可供操作人员手动操作的人机界面以及远程就地系统。

（5）自动控制系统应设有报警装置。

（6）自动控制系统宜设有报表系统，根据现场需求产生年、月、日报表。

（7）自动控制系统中的在线检测仪表应按相应规范要求定期进行检测，对仪表进行校正。

（8）自动控制系统应设有不间断电源。

（9）自动控制系统应遵循"集中管理，分散控制"的原则，宜根据工程的重要等级设置系统冗余。

5.4 深度处理单元

深度处理单元应结合排放要求选择合适的单个工艺或组合工艺，可采用纳滤（NF）、反渗透（RO）、高级氧化、电渗析、化学软化、高压反渗透（DTRO 或 STRO）等工艺[14~24]。

5.4.1 膜分离法深度处理

5.4.1.1 膜型式及材质与进水水质的匹配性

在设计膜系统时，应根据进水水质，选择合适型式和材质的膜元件。

内压式中空纤维微滤、超滤系统进水，水质要求可参考表5-12，进水水质超过表中参考值时，须增加预处理工艺。

表 5-12 内压式中空纤维微滤、超滤系统进水参考值

膜材质	参 考 值		
	浊度/NTU	SS/mg·L⁻¹	矿物油含量/mg·L⁻¹
聚偏氟乙烯（PVDF）	≤20	≤30	≤3
聚乙烯（PE）	<30	≤50	≤3
聚丙烯（PP）	≤20	≤50	≤5
聚丙烯腈（PAN）	≤30	（颗粒物粒径<5μm）	不允许
聚氯乙烯（PVC）	<200	≤30	≤8
聚醚砜（PES）	<200	<150	≤30

外压式中空纤维微滤、超滤组件品种较少，进水要求可参考表 5-13。卷式膜微滤、超滤系统的进水水质，可参照表 5-14 的规定。

表 5-13 外压式中空纤维微滤、超滤系统进水参考值

膜材质	参考值		
	浊度/NTU	SS/mg·L⁻¹	矿物油含量/mg·L⁻¹
聚偏氟乙烯（PVDF）	≤50	≤300	≤3
聚丙烯（PP）	≤30	≤100	≤5

纳滤、反渗透系统进水，应符合表 5-14 的规定。进水水质超过表 5-14 限值时，须增加预处理工艺。

表 5-14 纳滤、反渗透系统进水限值

膜材质	限值		
	浊度/NTU	SDI	余氯/mg·L⁻¹
聚酰胺复合膜（PA）	≤1	≤5	≤0.1
醋酸纤维膜（CA/CTA）	≤1	≤5	≤0.5

5.4.1.2 膜分离法渗沥液深度处理系统设计

A 微滤、超滤系统设计

a 工艺设计参数

工艺设计参数包括处理水量、处理水质、膜通量、操作压力、反洗周期和每次反洗时间。

b 工艺流程

微滤、超滤系统的运行方式可分为间歇式和连续式，组件排列形式宜为一级一段，并联安装。推荐基本工艺流程如图 5-12 所示。

图 5-12 微滤、超滤系统基本工艺流程图

c 基本设计计算

（1）产水量。

产水量按式（5-21）计算：

$$q_s = C_m \times S_m \times q_0 \tag{5-21}$$

式中 q_s——单支膜元件的稳定产水量，L/h；

q_0——单支膜元件的初始产水量，L/h；

C_m——组装系数，取值范围为 0.90~0.96；

S_m——稳定系数，取值范围为 0.6~0.8。

设计温度 25℃，实际温度的波动，可用式（5-22）修正产水量的计算：

$$q_{st} = q_s \times (1 + 0.0215)^{t-25} \tag{5-22}$$

（2）膜组件数。

膜组件数按式（5-23）计算：

$$n = \frac{Q}{q_s} \tag{5-23}$$

式中 Q——设计产水量，L/h。

（3）浓缩液的浓度和体积。

浓缩液的浓度、体积可按式（5-24）计算：

$$\frac{\rho}{\rho_0} = \left(\frac{V_0}{V}\right)^R \tag{5-24}$$

式中 ρ——浓缩液的质量浓度，mg/L；

ρ_0——进料液的质量浓度，mg/L；

V——浓缩液的体积，L；

V_0——进料液的体积，L；

R——污染物去除率。

B 纳滤、反渗透系统设计

a 工艺流程

（1）一级一段系统工艺流程。进水一次通过纳滤或反渗透系统即达到产水要求。有一级一段批处理式、一级一段连续式。推荐基本工艺流程如图 5-13、图 5-14 所示。一级多段纳滤、反渗透系统压力容器排列比，宜为 2∶1 或 3∶2 或 4∶2∶1 或按比例增加。

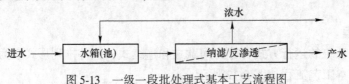

图 5-13 一级一段批处理式基本工艺流程图

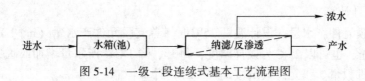

图 5-14 一级一段连续式基本工艺流程图

（2）一级多段系统工艺流程。一次分离产水量达不到回收率要求时，可采用多段串联工艺，每段的有效横截面积递减，推荐基本工艺流程如图 5-15~图 5-17 所示。

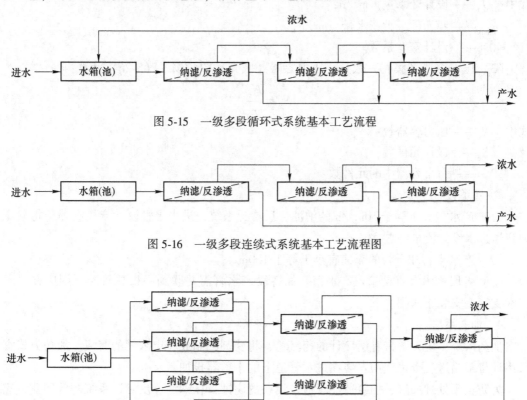

图 5-15 一级多段循环式系统基本工艺流程

图 5-16 一级多段连续式系统基本工艺流程图

图 5-17 一级多段系统基本工艺流程图

（3）多级系统工艺流程。当一级系统产水不能达到水质要求时，将一级系统的产水再送入另一个反渗透系统，继续分离直至得到合格产水。推荐基本工艺流程如图 5-18 所示。膜组件的排列形式可分为串联式和并联式。

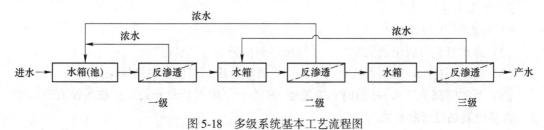

图 5-18 多级系统基本工艺流程图

b　基本设计计算

（1）单支膜元件产水量。设计温度 25℃时，单支膜元件产水量（m³/h）应按温度修正系数进行修正，也可以 25℃为设计温度，每升、降 1℃，产水量增加或减少 2.5% 计算。

（2）膜元件数量。膜元件数量按式（5-25）计算：

$$N_e = \frac{Q_p}{q_{max} \times 0.8} \tag{5-25}$$

式中　Q_p——设计产水量，m³/h；

　　　q_{max}——膜元件最大产水量，m³/h；

　　　0.8——设计安全系数。

（3）压力容器（膜壳）数量。压力容器（膜壳）数量按式（5-26）计算：

$$N_v = \frac{N_e}{n} \tag{5-26}$$

式中　N_v——压力容器数；

　　　N_e——设计元件数；

　　　n——每个容器中的元件数。

c　管道设计

（1）产水量大于等于 50m³/h 的纳滤、反渗透系统，进水干管设计流量应等于每只压力容器进水设计流量的总和。

（2）产水支管和干管的流速宜小于等于 1.0m/s。

（3）各段产水宜直接输入产水箱。如各段产水管需并联到一根总管时，则应在每段产水支管上安装止回阀。

d　加药系统

加药系统，应设置带有温度计的药液箱，将药剂配制成一定浓度的溶液。加药方式宜采用计量泵输送，也可使用安装在进水管道上的水射器投加。

为防止预处理加酸、加氯造成管道及设备的腐蚀，在纳滤、反渗透系统的低压侧，应采用 PVC 管材及连接件，在高压侧应采用不锈钢管材及连接件。

e　自动控制系统和仪表

（1）自控系统的监控项目。自控系统的监控项目应包括：

1）进水压力，MPa；

2）进水电导率，μS/cm；

3）产水流量，m³/h；

4）产水电导率，μS/cm；

5）浓水流量，m³/h；

6）浓水压力，MPa。

（2）进水管应设置余氯监测器，并与还原剂加药装置联动运行。

（3）高压泵进水口应设置低压保护开关；高压泵出水口应设置高压保护开关。

（4）当加酸调节进水 pH 值时，应设置 pH 上、下限值切断开关；如进水设有升温措施，则应设置高温切断开关。

5.4.1.3 系统安装与调试

A 微滤、超滤系统安装与调试

a 微滤、超滤系统安装

微滤、超滤系统安装应按照设计要求进行安装。

b 微滤、超滤系统调试

(1) 系统启动时,应开启浓水排放管阀门和产水管阀门,用自来水冲洗膜组件内的保护液,直到冲洗水无泡沫为止。

(2) 进水压力 0.1~0.4MPa,工作温度为 15~35℃。

(3) 调试项目应包括进水压力、进水流量、产水流量、浓水流量和浓水压力。

(4) 系统每连续运行 30min,应反冲洗一次,反冲洗时间宜为 30s。

B 纳滤、反渗透膜系统安装与调试

a 纳滤、反渗透系统安装

纳滤、反渗透系统安装应符合有关标准的规定,设备应安装于室内,压力容器两端,应留有不小于膜元件长度 1.2 倍的空间。

b 纳滤、反渗透系统调试

(1) 膜系统启动前,应彻底冲洗预处理设备和管道,清除杂质和污物。

(2) 膜系统进水管阀门和浓水管调节阀门须完全打开。用低压、低流量合格预处理出水赶走膜系统内空气,冲洗压力为 0.2~0.4MPa,ϕ100mm 压力容器冲洗流量为 0.6~3.0m³/h,ϕ200mm 压力容器冲洗流量为 2.4~12.0m³/h。

(3) 内有保护液的膜元件低压冲洗时间应不少于 30min,干膜元件低压冲洗时间应不少于 6h。在冲洗过程中,检查渗漏点,立即紧固。

(4) 第一次启动高压泵,须将进水阀门调到接近全关状态,缓慢开大进水阀门,缓慢关小浓水排放管阀门,调节浓水流量和系统进水压力直至系统产水流量达到设计值。升压速率应低于每秒 0.07MPa。

(5) 系统连续运行 24~48h,记录运行参数作为系统性能基准数据,将系统实际运行参数与系统设计参数比较,运行参数应包括进水压力、进水流量、进水电导率、产水流量、产水电导率、浓水压力、浓水流量和系统回收率。

(6) 上述调节在手动操作模式下进行,待运行稳定后将系统切换到自动控制运行模式。

(7) 系统运行第一周内,应定期检测系统性能,确保系统性能在运行初始阶段处于合适的范围内。

5.4.1.4 运行管理

A 启动

(1) 检查进水水质是否符合要求。

(2) 在低压和低流速下排除系统内空气。

(3) 检查系统是否渗漏。

B 运行

(1) 调节浓水管调节阀门,缓慢增加进水压力直至产水流量达到设计值。

（2）检查和试验所有在线监测仪器仪表，设定信号传输及报警。

（3）系统稳定运行后，记录操作条件和性能参数。

C 停机

（1）先降压后停机，当需要停机时，缓慢开大浓水管调节阀门，使系统压力下降至最低点再切断电源。

（2）停机时，应对膜系统进行冲洗，用预处理水大流量低压冲洗整个系统3~5min。

（3）膜分离系统停机后，其他辅助系统也应停机。

5.4.1.5 膜元件污染与化学清洗

A 微滤/超滤系统污染与清洗

（1）系统进水压力超过初始压力0.05MPa时，可采用等压大流量冲洗水冲洗，如无效，应进行化学清洗。

（2）化学清洗剂的选择应根据污染物类型、污染程度、组件的构型和膜的物化性质等来确定。常用的化学清洗剂有：氢氧化钠、盐酸、1%~2%的柠檬酸溶液、加酶洗涤剂、过氧化氢水溶液、三聚磷酸钠、次氯酸钠溶液等。

（3）杀菌消毒的常用药剂为：浓度1%~2%的过氧化氢或500~1000mg/L的次氯酸钠水溶液，浸泡30min，循环30min，再冲洗30min。

B 纳滤/反渗透系统污染与清洗

（1）出现下列情形之一时，应进行化学清洗：

1）产水量下降10%；

2）压力降增加15%；

3）透盐率增加5%。

（2）化学清洗剂的选择应根据污染物类型、污染程度和膜的物化性质等来确定。常用的化学清洗剂有：氢氧化钠、盐酸、1%~2%的柠檬酸溶液、乙二胺四乙酸二钠盐、加酶洗涤剂等。

（3）化学清洗液的最佳温度：碱洗液30℃，酸洗液40℃。

（4）复合清洗时，应采用先碱洗再酸洗的方法。常用的碱洗液为0.1%（质量分数）氢氧化钠水溶液；常用的酸洗液为0.2%（质量分数）盐酸水溶液。

（5）废清洗液和清洗废水排入膜分离浓水收集池处理。

C 膜元件的保存方法

（1）短期存放（5~30d）操作：

1）清洗膜元件，排除内部气体；

2）用1%亚硫酸氢钠保护液冲洗膜元件，浓水出口处保护液浓度达标；

3）全部充满保护液后，关闭所有阀门，使保护液留在压力容器内；

4）每5天重复（2）、（3）步骤。

（2）长期存放操作：存放温度27℃以下时，每月重复以上（1）中1）、2）步骤一次；存放温度27℃以上时，每5天重复以上（1）中1）、2）步骤一次。

（3）恢复使用时，应先用低流量进水冲洗1h，再用大流量进水（浓水管调节阀全开）冲洗10min。

5.4.2 高级氧化

高级氧化技术又称作深度氧化技术，以产生具有强氧化能力的羟基自由基（·OH）为特点，在高温高压、电、声、光辐照、催化剂等反应条件下，使大分子难降解有机物氧化成低毒或无毒的小分子物质。根据产生自由基的方式和反应条件的不同，可将其分为光化学氧化、催化湿式氧化、声化学氧化、臭氧氧化、电化学氧化、Fenton 氧化等。

目前在垃圾渗沥液深度处理中应用较多的有臭氧氧化和 Fenton 氧化技术。

5.4.3 电渗析

电渗析是电化学过程和渗析扩散过程的结合。在外加直流电场的驱动下，利用离子交换膜的选择透过性（即阳离子可以透过阳离子交换膜，阴离子可以透过阴离子交换膜），阴、阳离子分别向阳极和阴极移动。离子迁移过程中，若膜的固定电荷与离子的电荷相反，则离子可以通过；如果它们的电荷相同，则离子被排斥，从而实现溶液淡化、浓缩、精制或纯化等目的。

电渗析的进水水质不良会造成结垢或膜受污染，因此要保证电渗析器的稳定运行和具有较高的工作效率，必须控制电渗析器的进水水质，其进水水质的要求见表 5-15。

表 5-15　电渗析器的进水水质要求

序号	水质指标		数值范围
1	浊度/NTU	0.5~0.9mm 隔板	<1
		1.5~2mm 隔板	<3
2	$COD_{Mn}/mg \cdot L^{-1}$		<3
3	游离余氯/$mg \cdot L^{-1}$		<0.1
4	铁/$mg \cdot L^{-1}$		<0.3
5	锰/$mg \cdot L^{-1}$		<0.1
6	水温/℃		5~43

与反渗透相比，电渗析的脱盐率低，回收率相似。在用于处理高浓度废水时，抗污染性较反渗透差，耗电量较反渗透大，所以电渗析目前应用于垃圾渗沥液处理中的实例较少。

5.4.4　化学软化微滤处理

化学软化法是指通过加入化学药剂，将水中的 Ca^{2+}、Mg^{2+}、HCO_3^- 和 SO_4^{2-} 等转化为难溶性的盐，形成沉淀去除。石灰（CaO）、烧碱（NaOH）和纯碱（$NaHCO_3$）是常用的软化药剂。

渗沥液在预处理、厌氧和好氧生物处理过程中，仅有有机质、氮、磷和悬浮物等得到有效去除，而 Ca^{2+}、Mg^{2+}、Na^+、K^+ 等阳离子以及 Cl^-、SO_4^{2-}、HCO_3^- 等阴离子并没有得到有效去除。如果高硬度和碱度的水进入后续处理系统会增加设备的结垢风险。

采用化学软化和微滤组合工艺，向渗沥液生化处理出水中投加软化药剂，分步调节 pH 值，在降低水中硬度、去除重金属离子的同时，也可以去除二氧化硅等物质，软化出水直接进入微滤系统，使用微滤膜将生成的沉淀物与水分离，微滤系统出水进入后续处理系统。化学软化和微滤系统常用的微滤膜有 TUF 管式微滤膜和 MSF 中空纤维微滤膜。图 5-19 为化学软化微滤系统流程图[2]。

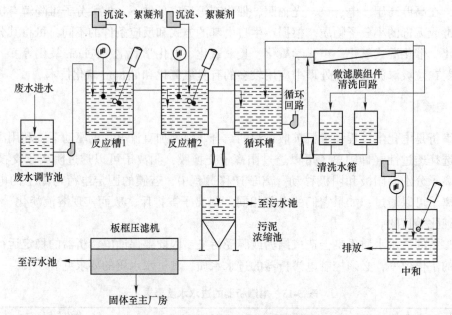

图 5-19　化学软化微滤系统流程图

5.4.5　高压反渗透（DTRO 或 STRO）

碟管式反渗透（DTRO）膜膜组件具有耐高压、抗污染的特性。其导流盘间距约为 3mm，导流盘的上下表面有不规则的凸点，这种独特的结构易形成湍流，降低膜堵塞和膜表面浓差极化现象，改善膜运行环境，延长膜片的使用寿命。

管式反渗透（STRO）膜是在卷式 RO 膜的基础上改进而成，具有结构简单、抗污染、耐高压的特性。通过改进进水流道和卷制方式，减少了淡水流道的压力，克服了普通反渗透膜组件常见的膜污染和结垢问题，其开放的流道设计使膜清洗效果更好，性能恢复更容易。STRO 与 DTRO 相比，废水通过系统的行程更短，运行压降更小，系统能耗降低；另外，在同等处理规模下，STRO 堆填面积更大，占地面积和造价低；但 STRO 在抗污堵和膜更换方面处于劣势。

DTRO 和 STRO 具有良好的抗污染性能和化学清洗恢复能力，常用于处理纳滤或反渗透膜浓缩液，进一步减少膜浓缩液量。

DTRO/STRO 系统设计由进水泵、保安过滤器、高压泵、循环泵、膜元件及清洗系统组成。进水泵为膜系统提供足够的处理水量；保安过滤器可过滤水中粒径大于 $5\mu m$ 的颗粒物杂质，防止其进入膜系统，损坏膜元件；高压泵为膜提供足够的进水压力。DTRO/STRO 工艺流程见图 5-20[2]。

通常情况下，在实际膜浓缩液处理工程中，设计通量为 $12.5\sim15L/(m^2\cdot h)$，设计回收率为 $50\%\sim60\%$，运行压力为 $6\sim8MPa$。采用 DTRO/STRO 处理渗沥液浓缩液，具有出水稳定、抗污染性能好、使用寿命长、膜组件易于维护、自动化程度高等优点。

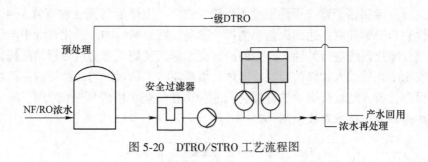

图 5-20　DTRO/STRO 工艺流程图

5.5　辅助工艺系统

5.5.1　浓缩液处理单元

浓缩液处理应结合浓缩液产量、水质等特点，以及终端处置要求确定，可采用化学软化+反渗透（RO、DTRO 或 STRO）或蒸发等工艺。根据环境影响评价批复或回用水水质要求，浓缩液可回喷入炉或用于石灰浆制备、飞灰固化及炉渣冷却等。

浓缩液回喷入炉的工艺设计应重点关注以下三点[25]。

（1）设置浓缩液过滤器，保证浓缩液清洁度。浓缩液来源于浓缩液收集池，在浓缩液收集池和浓缩液存储罐之间设置浓缩液过滤器，可以进一步去除浓缩液中的污泥和浮渣等杂质。保障浓缩液回喷系统输送管道及相应设备的通畅，尤其是防止浓缩液雾化喷枪的堵塞。

（2）保证良好的雾化效果，降低浓缩液对料层的影响。当浓缩液雾化效果不佳时，浓缩液在重力作用下，克服烟气上升携带力，直接落到料层上，不仅延长垃圾干燥时间，导致燃烧滞后，而且容易造成焚烧炉内料层偏烧，影响焚烧炉燃烧状况。因此，在浓缩液回喷系统中应设置自动清洗系统，定期检查、清洗喷枪，保持系统管路通畅。同时，将压缩空气系统的空气压力控制在 0.3~0.5MPa，可保证喷枪具有良好的雾化效果。

（3）选择合理的回喷点、控制合理的回喷量。浓缩液回喷点和回喷量的选择，必须保证浓缩液回喷后炉膛具有足够的温度，不影响焚烧炉烟气在 850℃ 以上区域停留时间不低于 2s 的关键环保指标，同时还应满足炉渣热灼减率低于 3%，焚烧炉出口烟气中氧浓度高于 6% 的设计要求。垃圾低位热值高于 5439kJ/kg 时，允许回喷浓缩液，垃圾热值增加量与允许浓缩液最大回喷量呈线性关系，回喷浓缩液的流量不大于垃圾处理量的 10%。二次风喷入交汇处区域温度在 1000℃ 以上，且经过二次风的搅动混合，烟气参数已趋于均匀稳定，适合进行长期稳定回喷，为浓缩液最佳喷入点。

5.5.2　污泥处理单元

生活垃圾渗沥液处理过程中产生的污泥，首先通过污泥脱水机进行脱水，脱水机宜采用离心脱水机、旋转挤压脱水机等密闭性较好的设备进行脱水，含水率不应超过 80%，脱水污泥入炉焚烧处理可采用污泥缓存储罐，并宜采用密闭的输送方式。

污泥焚烧前一般需经过干化处理，使污泥处于稳定状态。可采用汽轮机抽汽加热的方式对污泥进行直接加热干燥（干燥温度不低于 95℃），干燥后污泥含水率降至 40% 左右，微生物活性完全受到抑制，达到灭菌、消毒、除臭、减容的目的。干化过程中产生的干化气体进入烟气净化系统进行处理，产生的冷凝废水排入焚烧厂渗沥液处理站处理。

污泥脱水干化后投入垃圾储料池，通过垃圾抓斗将干化污泥与发酵好的生活垃圾进行充分搅拌混合，投入垃圾焚烧炉进行焚烧，混合物在焚烧炉内停留时间为 1~2h。污泥与垃圾焚烧炉排炉混烧技术路线见图 5-21[26]。

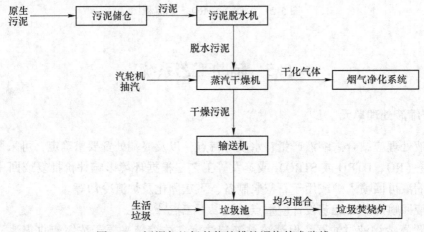

图 5-21　污泥与垃圾焚烧炉排炉混烧技术路线

5.5.3　除臭处理单元

渗沥液处理站臭气应采用源头密闭收集控制，收集后入炉焚烧处理或单独处理。

臭气来自包括渗沥液处理站内的构筑物和设备，根据处理工艺的不同略有差别，有原液过滤器、调节池、事故池、反应沉淀池、污泥浓缩池、污泥脱水间、加药间、污水池、加温池、生化池等。

臭气收集系统包括臭气源收集点、管道系统、引风设备及风压、风量调控设备等，对臭气收集应考虑以下原则[27]：

（1）在不影响操作与维护的前提下，尽可能减小除臭空间；

（2）在气体扩散前被收集起来；

（3）臭气收集系统内应保持适度负压收集和输送过程没有泄漏；

（4）对密封空间和工人活动区域采用抽风和有序补风结合的方式；

（5）对于需要开启的密封区域设置活动门窗或带盖孔洞；

（6）密封及臭气输送管道材质选用坚固耐腐蚀的材料，密封空间内的设备应做好防腐；

（7）臭气收集管道上低位设置泄水点。

渗沥液处理站臭气收集系统的对象分为池体类、车间类、设备类、管沟类和其他臭气源点，通过收集管道汇集至臭气主管并运送至除臭处置装置。

除臭的池体有密闭式池体、半闭式池体、敞口式池体、密封的曝气池池体。目前，污水厂常用的 5 种构筑物密封方式有简易拆卸式、滑轨式、不锈钢+玻璃覆面、大跨度氟碳纤维反吊膜及土建与盖板相结合形式。对于含曝气系统的池体，在除臭设计时还应考虑曝气量和排气量的均衡。

车间类臭气收集系统主要是通过在车间内合理布置集气罩来收集恶臭气体[27]。集气罩是车间内除臭系统的主要组成部分，考虑到作业区域内的环境，在集气罩内设置防尘毡。上部集气罩多为伞形，通常被安装在污染物发生源的上方，靠罩口的吸气作用来控制和排走有害气体。对于臭气密度小于空气的车间可采用此类集气罩。当污染物上方不能设置集气罩时，可设侧吸罩，但它的效果比上部伞形集气罩差，同时要求的排风量也较大。侧吸罩也是采用抽吸的作用原理，安装室应尽量接近污染源。对于臭气密度大于空气的车间采用此类集气罩。当除臭风管在室内布置时，必须考虑风管的防火问题，管道材质要满足防火要求，管道内的设备应选用防爆设备，穿越防火分区时要设置防火阀。

设备类臭气收集系统是将恶臭气体在发生源生产设备处收集起来[27]。这种系统所需要的风量小，效果好，能耗小，是生产车间控制空气污染最有效的方法。密封罩可将产生污染的设备部分或完全密封起来，形成独立的密闭小室，可以利用罩内负压，防止恶臭气体外逸。在工艺操作和设备维修允许的条件下应优先考虑局部密封，以减少排气量和材料消耗量。密封罩设计的要求：

(1) 尽可能将污染源或产臭设备完全密封；

(2) 密封罩内应保持一定的均衡负压，避免污染物溢出；

(3) 吸风点的布置应考虑工艺，风速均匀；

(4) 密封罩采用轻型材质，方便工人操作和维修。

一些管沟及半密封的排水沟的臭气收集，应考虑收集系统的开口位置及密封效果。

由于臭气源分散，管道布置需采用树枝状，如图 5-22[27] 所示。收集管道应选取抗腐蚀的材质，如不锈钢 PVC、HDPE 和玻璃钢等。臭气收集系统的引风装置有离心风机和轴流管道风机，后者比较适用于臭气源分散且排风量大的臭气收集场所，对于长距离输送管道风压损失大的问题，可采用增设轴流管道风机分段串联布置的方式来解决。

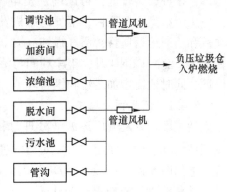

图 5-22　臭气管道收集系统示意

生活垃圾焚烧发电厂臭气处理分为焚烧炉正常运行和焚烧炉停炉检修两种工况，其原理如图 5-23[28] 所示。

5.5.3.1　正常运行工况

焚烧炉正常运行时，焚烧炉一次风从垃圾储池上空进入，作为助燃空气从炉排底部的渣斗送入焚烧炉，使垃圾储池内形成负压。臭气在焚烧炉内被燃烧、氧化、分解。在垃圾储池内设计压差监控系统，信号引至中控室，使运行期间控制人员随时监控垃圾储池内的负压状况，保持焚烧炉一次风系统处于稳定的运行状态。

5.5.3.2　停炉检修工况

在垃圾焚烧炉全部停炉时，焚烧炉一次风停止进风，此时垃圾储池内需要继续保持负压状态。垃圾储池备用除臭系统投入运行，垃圾储池臭气经除臭设备如活性炭除臭系统处理后达标排放。

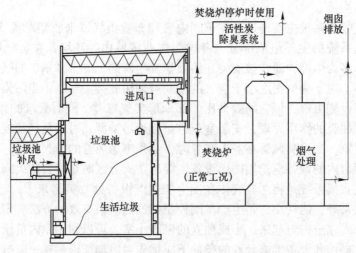

图 5-23　两种工况下的臭气控制原理

5.5.4　沼气处理单元

厌氧系统产生的沼气应密闭收集控制，经预处理后可发电、提纯为生物天然气（CNG）或引入焚烧炉焚烧[29~32]，厌氧沼气应设置应急火炬。沼气经燃烧器回炉燃烧工艺简单，投资成本较低，可以增加发电量，但是对安全性能要求较高，并且利用效率较低，适用于小型沼气项目；沼气内燃机发电虽然费用年值最高，利润也最高，适合大型沼气项目和长期运营项目；沼气提纯制 CNG 出售其年利润受出售单价影响较大，当出售单价在 2.14 元/Nm³CNG 时，年净利润与沼气内燃机发电持平，虽然经济性较好，但销路不能保证，同时还需增加运输和销售环节，需要增加相应的人工和运输成本。

5.5.4.1　沼气预处理工艺

生活垃圾焚烧发电厂渗沥液处理过程产生的沼气还含有硫化氢（H_2S）、水（H_2O）以及颗粒物等杂质，使用前需要对沼气进行预处理，渗沥液厌氧工艺产生的沼气常见的预处理工艺如图 5-24[30] 所示。垃圾渗沥液沼气收集后存放于湿式储柜，储柜收集的沼气含硫量（质量浓度）有时高达 7000mg/m³。对于沼气量较大、含硫量较高的沼气，推荐采用湿法脱硫的工艺对沼气中的硫化氢进行脱除，出口沼气含硫量（质量浓度）仅为 200mg/m³ 左右。经过脱硫的沼气进入后续的沼气预处理装置，实现增压、过滤、除湿等效果，经过预处理后的沼气才可用于火炬燃烧、回炉焚烧和沼气发电。

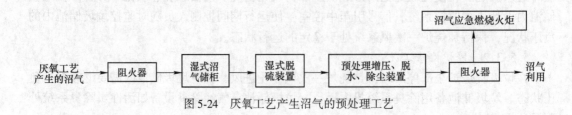

图 5-24　厌氧工艺产生沼气的预处理工艺

厌氧产生的沼气中硫化氢的质量浓度一般为 $1000\sim2500mg/m^3$，发电机组和火炬的进气质量一般要求沼气含硫量（质量浓度）低于 $180mg/m^3$。因此，需要对沼气进行收集、脱硫、过滤、除湿、增压等预处理，使沼气达到燃气发电机组对燃气质量、压力、流量和热值等方面的要求，保证燃气发电机组正常、安全、高效地运行[31]。湿法氧化脱硫法以纯碱（Na_2CO_3）溶液为吸收介质，再加入沼气脱硫专用催化剂，脱除率在98%以上，可以防止含硫气体进入后续系统中，对整个发电系统的设备和管阀造成腐蚀。

经脱硫处理的沼气中含有大量的水蒸气，为了保护风机和减轻后续过滤器过滤强度，在沼气进入风机前需要先引入一个进气罐，通过气体流速的降低和罐内滤网的过滤，将大部分固体杂质和液滴去除并保留在罐底的空间内。

为保证系统安全，气体还需通过一套阻火器。经阻火器后，再通过一套燃气稳压阀，将燃气压力稳定到发电机组要求的范围。

5.5.4.2 沼气处理与利用技术

A 火炬燃烧

厌氧沼气应设置应急火炬，在沼气产气量过大、或设备检修等情况时应启用应急燃烧火炬对沼气进行无害化燃烧。考虑到渗沥液厌氧处理产生沼气品质较差和产量不稳定因素，通常也会采用火炬燃烧的处理方式。沼气火炬由燃烧室、引射器喷嘴、支撑结构、点火及火焰监测系统、阻火器、主执行器、冷凝水排放、PLC 控制柜等主要部件组成。火炬采用大型全封闭式钢结构，确保沼气能够在室外自然环境下稳定燃烧。该方法的优点是节省投资，设备的维护和操作简单方便，适用于沼气量较小且不稳定的系统，缺点则是沼气的热值得不到利用。

B 回炉焚烧

垃圾渗沥液厌氧处理产生的沼气可通过沼气燃烧器送入焚烧炉燃烧，它作为额外的燃料进入焚烧系统，以实现对资源的回收利用。沼气燃烧器的安装位置通常位于辅助燃烧器附近，如图 5-25[30] 所示。沼气通过燃烧器回炉燃烧，在垃圾热值较低时，可作为辅助燃料，提高垃圾焚烧过程的炉膛温度。但实际运行过程中，焚烧炉正常燃烧时并不需要助燃，沼气燃烧带来的额外热量在一定程度上会造成炉内温度过高，导致受热面结焦等一系列问题。另外，沼气回炉将增加锅炉蒸发量，相应增加汽轮机的输出，沼气投入的这部分

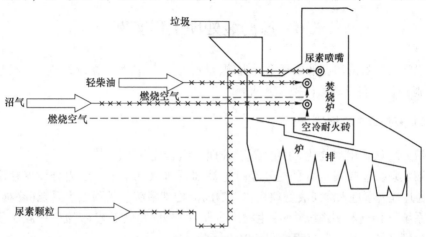

图 5-25 沼气燃烧器安装位置示意

热量理论上可以增加汽轮发电机组的发电量，但正常运行时焚烧炉基本处于满负荷状态，很难实现发电量增加。如果新建焚烧厂项目，在焚烧炉的设计时考虑沼气燃烧的这部分热量，那么沼气回炉焚烧也是一个较好的利用方式。

将沼气引入焚烧炉焚烧，能提高垃圾焚烧温度，有利于二噁英的热解，预处理流程中可以省去脱硫单元，沼气中硫化氢在燃烧后转化为二氧化硫，经过焚烧炉后端的烟气处理系统处理后达标排放。

C　沼气发电

对于沼气量能够在一定时期达到一个较稳定的产量时，可利用预处理后的沼气进行发电。沼气发电采用燃气内燃机，适用于沼气产量较小的场所。以沼气为燃料，将燃料与空气注入气缸混合压缩，点火引其燃烧做功，推动活塞运行，通过气缸连杆和曲轴，驱动发电机发电。沼气发电系统还配套了一些辅助系统，如冷却水系统、润滑油补充系统和排气系统等。此外，沼气发电系统还配有应急火炬，当沼气发电设备无法正常运行时，可通过火炬燃烧的方式进行应急处理。

生活垃圾焚烧发电厂采用沼气发电机组发电经济效益十分显著。沼气发电可为生活垃圾焚烧发电厂提供一部分厂用电，降低焚烧厂的厂区自用电比例，在焚烧炉机组停机或检修的情况下，利用沼气汽轮机发电为厂区内的生活生产提供电量。同时，沼气也是一种可再生能源，燃烧后 CO_2 排放量是同样发电量火力电厂 CO_2 排放量的 40%，几乎不产生 SO_2、粉尘颗粒物等大气污染物。当沼气发电系统孤岛运行，对焚烧厂的整体运行不会造成影响，且无须额外配备运行人员，完全可以利用渗沥液处理系统运行人员，日常运行维护量较小，设备的运行控制可以通过 DCS 实现远程控制。因此，无论从循环经济的角度，还是沼气发电系统的投资收益比来考虑，认为沼气通过燃气内燃机发电是较大规模焚烧厂渗沥液厌氧工艺产生沼气的最佳利用途径[30]。

D　沼气压缩提纯制压缩天然气

压缩天然气（CNG）是指经加压并以气态储存在容器中的天然气，可作为车辆燃料使用。产生的沼气经湿法干法两次脱硫、冷冻脱水和变压吸附处理后，去除原沼气中的杂质，将甲烷分离出来，使其纯度达到《车用压缩天然气》（GB 18047—2017）的要求，再通过 CNG 压缩装置压缩至 22MPa 装入罐车。

5.6　渗沥液处理工程实例

本节以宁波项目的渗沥液处理系统为例，概括其工艺流程、系统组成、各处理单元的设备（设施）设计要求和运行操作方法等。

5.6.1　渗沥液处理工程概述

渗沥液处理站采用"物化+生化+深度处理"组合处理工艺[33]。

渗沥液从垃圾仓收集池由泵提升经过过滤器后进入调节池，池内分设 6 台潜水搅拌器，然后通过提升泵进入渗沥液处理系统，渗沥液处理系统包括预处理系统(除臭系统)→厌氧处理系统（沼气利用系统）→膜生物反应器（缺氧/好氧工艺+超滤）→膜深度处理系统及污泥处理系统。其工艺流程如图 5-26 所示。

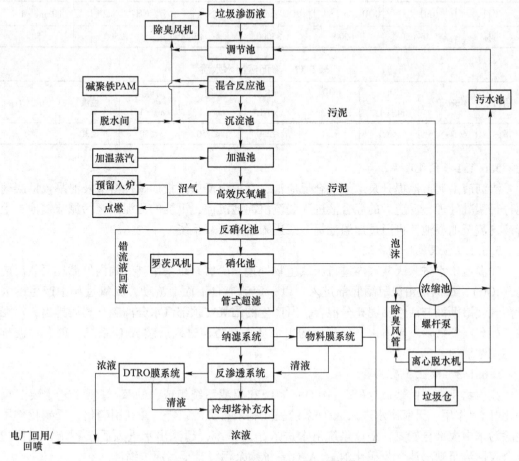

图 5-26 渗沥液处理工艺流程示意图

渗沥液处理系统水平衡图如图 5-27 所示，生活垃圾焚烧发电厂的渗沥液、栈桥冲洗水、车间地坪冲洗水、生活用水和化验室用水均汇集至渗沥液处理站处理，处理后的淡水作为循环冷却水补充水回用，浓水用作烟气净化工艺用水或回喷至炉膛焚烧。

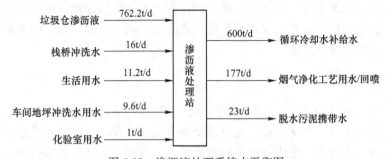

图 5-27 渗沥液处理系统水平衡图

渗沥液进水与出水水质分别见表 5-16 和表 5-17。

表 5-16 渗沥液进水水质

项目	pH 值	COD$_{Cr}$/mg·L^{-1}	BOD$_5$/mg·L^{-1}	SS/mg·L^{-1}	NH$_3$-N/mg·L^{-1}	TP/mg·L^{-1}
指标	5.0~6.0	60000	35000	15000	2500	50

表 5-17 渗沥液出水水质

项目	pH 值	COD$_{Cr}$ /mg·L^{-1}	BOD$_5$ /mg·L^{-1}	Cl$^-$ /mg·L^{-1}	总硬度 /mg·L^{-1}	总碱度 /mg·L^{-1}	色度	浊度/NTU
指标	6.5~8.5	≤60	≤10	≤250	≤450	≤50	≤30	≤5

5.6.1.1 预处理系统

渗沥液由调节池提升泵送入混合反应池，在混合反应池投加碱性溶液及混凝、助凝药剂进行絮凝处理，反应后的混合液进入竖流沉淀池沉淀，沉淀的污泥排至污泥浓缩池，上清液自流至加温池，再通过加温池提升泵进入后续厌氧系统。

5.6.1.2 厌氧处理系统

加温池出水进入厌氧罐内进行厌氧生物处理。厌氧系统采用高效的内外循环厌氧反应器（IOC），渗沥液由厌氧罐底部进入，以一定流速自下而上流动，厌氧过程中产生的大量沼气使渗沥液与活性污泥充分混合，所产生的沼气在顶部汽水分离罐分离后排出，污泥被三相分离器截留于罐体内，处理后的出水从上部溢流进入后续 A/O 系统，剩余污泥排至污泥浓缩池。

5.6.1.3 膜生物反应器

膜生物反应器由缺氧/好氧（A/O）系统和超滤系统组成，缺氧/好氧工艺主要起反硝化/硝化作用，厌氧出水进入 A/O 系统去除剩余有机污染物，并利用硝化、反硝化作用去除污水中大部分氨氮，A/O 系统出水进入超滤系统，超滤出水进入后续系统，截留的混合液回流至缺氧池（反硝化池），A/O 系统剩余污泥排至污泥浓缩池。

5.6.1.4 膜深度处理系统

膜深度处理系统包括纳滤和反渗透。膜生物反应器的超滤出水进入纳滤系统处理，纳滤出水进入反渗透系统。反渗透产水作为循环冷却水补充水，纳滤浓水作为捞渣机补充水，反渗透浓水可用于半干法石灰制浆、飞灰螯合以及回喷入炉。

5.6.1.5 污泥处理系统

竖流沉淀池、厌氧系统、好氧系统排放的污泥进入污泥浓缩池。浓缩污泥经螺杆泵送至离心机脱水，脱水污泥输送入焚烧炉焚烧；离心水进入污水池，与浓缩池溢流进污水池的上清液一并进入混合反应池。

5.6.2 调节池的运行

调节池主要用于接纳来自垃圾仓内的渗沥液和厂区的生产、生活污水。由于设计池容较大，能起到调节水量、均化水质，缓解系统冲击负荷的作用。调节池进水处设置了过滤器，能截留大颗粒悬浮物；池内设置了潜水搅拌器，以保持整池的内部循环流动，避免池内产生泥沙的沉淀沉积，造成池容损失。

5.6.2.1 主要设备参数

（1）结构型式。半地下式钢筋混凝土结构。共三个池，每个池内设置两台呈对角位置的潜水搅拌器，外设进、出水管道，可根据需要单独或同时进水。

（2）调节池尺寸。2座大池：25.7m×20m×6.5m；1座小池：20m×17.5m×6.5m。

（3）设计总有效容积。$V=8268m^3$。

（4）水力停留时间。HRT=8.36d。

5.6.2.2　进水操作

当操作人员通知进水时，需确认调节池进水管路阀门打开，旁路阀门关闭。

操作步骤：打开进水主管路进水手动阀及调节池进水阀，保证进水通过篮式过滤器、袋式过滤器及自清洗过滤器三者至少一个，并关闭相应旁路阀门，确认无误后通知操作人员已具备进水条件。

5.6.2.3　运行要求

在保证全部收纳垃圾仓内的渗沥液和厂区的生产、生活污水的前提下，调节池宜保持低水位，其目的是当渗沥液处理系统或其他系统发生较大故障或突发事件时，可用于存放故障系统内的污水，避免发生环境污染事故，同时便于检修。

调节池内的污水应每天化验 pH、COD_{Cr}、NH_3-N，每周化验 TP、Cl^- 和 SS，便于后续系统及时调整工艺参数。调节池内臭气应及时抽排。

5.6.3　混合反应池、沉淀池、加温池的运行

通过在混合反应池内投加混凝剂和助凝剂，使水中悬浮物混凝，絮体吸附部分难以生物降解的有机物和重金属离子。混凝后的混合液从沉淀池中心筒进入沉淀池沉淀，沉淀污泥排至污泥浓缩池，上清液溢流进入加温池。

5.6.3.1　主要设备参数

预处理系统由混合反应池、沉淀池、加温池联体构成，配有加药搅拌装置、中心筒、污水提升泵、排泥泵、蒸汽加温等装置。

（1）池尺寸：

1）混合反应池：9m×3m×3m，材质为防腐的普通碳素结构钢（Q235），直径 $d=10mm$，钢接料采用 45 度斜接；

2）沉淀池：7.5m×7.5m×7.5m；

3）加温池：7.5m×4.1m×7.5m。

（2）搅拌器：

1）混合池搅拌器：1台桨叶搅拌器，搅拌桨直径 800mm，转速 84r/min，功率 3kW；

2）反应池搅拌器：2台框式搅拌器，搅拌桨直径 2500mm，转速 5.2r/min，功率 0.75kW；

3）$FeCl_3$ 加药搅拌器：2台桨叶式搅拌器，功率 0.55kW；

4）PAM 加药搅拌器：2台桨叶式搅拌器，功率 1.5kW。

（3）计量泵：

1）碱计量泵：2台（一用一备），流量 25L/h，压力 1.2MPa，功率 0.25kW；

2）$FeCl_3$ 计量泵：2台（一用一备），流量 50L/h，压力 1.0MPa，功率 0.25kW；

3）PAM 计量泵：2台（一用一备），流量 240L/h，压力 0.7MPa，功率 0.25kW。

（4）电动葫芦。起重量 1t，轨距 5.58m，起吊高度 6.2m。

（5）沉淀池排泥泵。3 台（两用一备），流量 28m³/h；扬程 12.5m；功率 5.5kW。

（6）厌氧供水泵。3 台（两用一备），流量 40m³/h；扬程 35m；功率 15kW。

5.6.3.2　进水与加药

混合反应池进水时，需根据日处理量均衡每小时流量；投加药剂时，应取水样观察混凝效果。如遇水质波动较大的情况，需多做小试验确定合理的投加药量。若絮体细小、沉速缓慢，需适当增加 PAM 的药量，如絮体虽大、但却过多的浮在水面不能下沉时，应减少 PAC 的加药量，加药的过程中保持搅拌器运行。

5.6.3.3　沉淀池排泥

应根据加温池出水 SS，确定排泥量和频率；处理水量较大时，应该适当增加排泥量。

5.6.3.4　加温池的水温与 pH 控制

加温池出水进入后续厌氧系统，加温池水温和 pH 的控制是为了满足后续厌氧系统的运行要求，加温池水温宜保持在 35~45℃，pH 宜保持在 5~7。

5.6.4　厌氧反应系统的运行

厌氧生物反应系统选用升流式厌氧污泥床（UASB），4 个厌氧罐（图 5-28）采用并联进水方式，厌氧罐内设气、固、液三相分离器，进水布水管，污水内循环管道。通过投放活性污泥，驯化培养产酸菌、产甲烷菌等微生物细菌，在中温条件下消化降解污水中的有机物质。

图 5-28　厌氧罐实物图

厌氧系统设计处理水量为原水量 1000m³/d 和回流水量 450m³/d，进水及处理出水水质要求见表 5-18。

表 5-18　进水及处理出水水质要求

项目	$COD_{Cr}/mg \cdot L^{-1}$	$BOD_5/mg \cdot L^{-1}$	$SS/mg \cdot L^{-1}$
原水水质	≤60000	≤33000	≤6000
回流水水质	≤8000	≤3000	≤8000
出水水质	≤6500	≤3300	≤2400

5.6.4.1 主要设备参数

(1) 厌氧罐：

1）型号：UA/IC-2600；

2）数量：4套；

3）规格：$\phi1200mm\times24000mm$；

4）有效容积：$V=2600m^3/台$；

5）水力停留时间：7.17d；

6）设计进水有机物浓度（COD_{Cr}）：$50\sim60kg/m^3$；

7）设计容积负荷（COD_{Cr}）：$5\sim10kg/(m^3\cdot d)$；

8）设计处理量：约为$360m^3/(d\cdot台)$；

9）外回流比R：大于300%。

(2) 厌氧反应罐进水泵。3台（1用2备）；流量：$Q=40m^3/h$；功率：$N=15.0kW$；扬程：$H=35m$。

(3) 进水布水装置。布水装置与气水分离器连接，增加内循环效果。布水装置采用一管多孔式布水，孔口流速应大于$2m/s$，穿孔管直径大于100mm。配水管中心距反应器池底的距离为$150\sim250mm$。布水装置共4套，规格为DN100/50。

(4) 出水集水装置。出水集水槽上加设三角堰，堰上水头大于25mm。出水堰口负荷小于$1.7L/(m\cdot s)$。集水装置共4套，规格为200mm（宽）×250mm（高）。

(5) 排泥装置。排泥装置共4套，规格为DN125/80。

(6) 三相分离器。设置8套双层三相分离器，下层三相分离器设置在反应器中部，上层三相分离器设置在反应器上部。沉淀区的表面负荷小于$0.8m^3/(m^2\cdot h)$。

(7) 气液分离罐。设置4套气液分离器，规格为$\phi1600mm\times2500mm$。

(8) 水封罐。水封罐的主要作用是升压、阻火。此系统设置4套水封罐，规格为$\phi800mm\times2200mm$。

5.6.4.2 厌氧反应器工艺条件控制

A 负荷增加操作方式

启动初期容积负荷（COD）可从$0.2\sim0.5kg/(m^3\cdot d)$开始，当生物降解能力达到80%以上时，再逐步加大。若最低负荷进料，厌氧过程仍不正常，COD不能消化，则进料间断时间应延长24h或$2\sim3d$，检测消化降解的主要指标VFA浓度，启动阶段VFA应保持在3mmol/L以下。

当容积负荷（COD）达到$2.0kg/(m^3\cdot d)$后，每次进料负荷可增大，但最大不超过20%。只有当进料增大，而VFA浓度且维持不变，或仍维持在低于3mmol/L水平时，进料量才能继续增大，进料间隔才能缩短。

B pH值的控制

厌氧系统进水pH值应控制在7.0左右，厌氧反应器内pH值控制范围在$7.0\sim7.8$之间，最佳范围为$6.8\sim7.2$。

C 氧化还原电位

水解阶段氧化还原电位为$-100\sim+100mV$，产甲烷阶段的最优氧化还原电位为$-150\sim400mV$。

D 反应器温度

厌氧反应器反应温度需要保持稳定，波动范围 24h 内不得超过 2℃。对中温厌氧反应器，应该避免温度超过 42℃。在反应器温度偏低时，应根据运行情况，及时调整负荷与停留时间，反应器仍可能稳定运行，但此时不能充分发挥反应器的处理能力，否则将导致反应器无法正常运行。

罐温的急剧变化，易造成沼气中甲烷气体所占比例减少，CO_2 增多，因此向厌氧系统进水时需检测加温池内的水温，确保水温保持在合适的范围内。

E 营养物

厌氧反应池营养物质量比例为 $m(C):m(N):m(P)=(350\sim500):5:1$，需要依据水质化验分析，及时调整。

F 有毒有害物

需经常观察厌氧反应器产甲烷的情况，另外可通过辨别活性污泥的色、味来判断系统进水是否带入有毒有害物质。

5.6.4.3 厌氧生物处理中存在的问题及解决方法

厌氧生物处理中存在的问题及解决方法见表 5-19。

表 5-19 厌氧生物处理中存在的问题及解决方法

序号	存在问题	原　因	解决方法
1	污泥生长过慢	1. 营养物不足，微量元素不足； 2. 进液酸化度过高； 3. 种泥不足	1. 增加营养物和微量元素； 2. 减少酸化度； 3. 增加种泥
2	反应器过负荷	1. 反应器污泥量不够； 2. 污泥产甲烷活性不足； 3. 每次进泥量过大间断时间短	1. 增加种污或提高污泥产量； 2. 减少污泥负荷； 3. 减少每次进泥量加大进泥间隔
3	污泥活性不够	1. 温度不够； 2. 产酸菌生长过快； 3. 营养或微量元素不足； 4. 无机物 Ca^{2+} 引起沉淀	1. 提高温度； 2. 控制产酸菌生长条件； 3. 增加营养物和微量元素； 4. 减少进泥中 Ca^{2+} 含量
4	污泥流失	1. 气体集于污泥中，污泥上浮； 2. 产酸菌使污泥分层； 3. 污泥脂肪和蛋白质过高	1. 增加污泥负荷，增加内部水循环； 2. 稳定工艺条件增加废水酸化程度； 3. 采取预处理去除脂肪蛋白质
5	污泥扩散、颗粒污泥破裂	1. 负荷过大； 2. 过度机械搅拌； 3. 有毒物质存在； 4. 预酸化突然增加	1. 稳定负荷； 2. 改水力搅拌； 3. 清除废水毒素； 4. 应用更稳定的酸化条件

5.6.5 膜生物反应器的运行

膜生物反应器由两级缺氧/好氧（A/O）系统与超滤系统组成。两级 A/O 系统由反硝化池、潜水搅拌器、硝化池、冷却系统、曝气系统等组成，采用超滤膜系统浓缩液回流方式进行硝化液回流，即超滤膜系统的浓缩液回流进入一级反硝化池。其工艺流程图如图 5-29 所示。

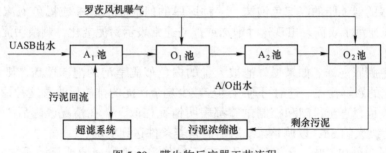

图 5-29　膜生物反应器工艺流程

5.6.5.1　缺氧/好氧(A/O)系统

A/O 工艺将前段缺氧段和后段好氧段串联在一起，缺氧(A)段 DO 不大于 0.2mg/L，好氧(O)段 DO=2~4mg/L。在缺氧段异养菌将污水中的淀粉、纤维、碳水化合物等悬浮污染物和可溶性有机物水解为有机酸，使大分子有机物分解为小分子有机物，不溶性的有机物转化成可溶性有机物，当这些经缺氧水解的产物进入好氧池进行好氧处理时，提高好氧池污水的可生化性和氧的效率；在缺氧段异养菌将蛋白质、脂肪等污染物进行氨化游离出氨，在充足供氧条件下，自养菌的硝化作用将氨氮氧化为硝酸盐，通过回流控制返回至 A 池，在缺氧条件下，异氧菌的反硝化作用将硝酸盐还原为分子态氮，完成 C、N、O 在生态中的循环，实现污水碳源污染物和氨氮的去除。

A　主要设备参数

（1）A/O 池结构及工艺技术参数。2 座 A/O 池，每座分 4 个系统格，A/O 池尺寸为 30.4m×30.3m×6.5m，有效水深为 5.5m。A 池水力总停留间为 2.94d，O 池水力总停留间为 6.72d，O 池采用阶梯式鼓风曝气。

（2）主要设备。主要设备包括 4 台潜水搅拌器，2 台排泥泵，2 台消泡排泥泵，2 台换热器冷却装置。

B　A/O 反应池

反应池运行期间需每天在曝气区尾端靠近污泥泵的位置取样化验，记录当时的水位、池内水温及外界温度，监测反应池中悬浮固体浓度（MLSS），最低水位时的 MLSS 应在 4000~8000mg/L 范围内。同时需抽样检测曝气阶段溶解氧浓度及 COD，主反应池内溶解氧浓度在曝气阶段末尾应不超过 4mg/L。

C　运行过程中的目测

操作人员应观察运行情况，将以下各项指标的观察结果进行记录，确定可能发生的问题并采取相关措施。

a　紊流

观察曝气池表面，整个曝气池内的混合应该是均匀的。如注意到表面紊流或在曝气池内任意区域混合过度或不足，就应该调整空气流量或检查曝气装置并进行清洗。

b　表面泡沫和浮渣

（1）新鲜易碎的白色泡沫。出水水质优良的活性污泥处理过程，通常伴随着数量稳定的新鲜的白色或淡色的泡沫。出现这种泡沫说明处理系统稳定。除物理性能或控制试验表明需要改变程序外，无须额外操作。

（2）厚厚的似油脂的深棕色泡沫。一种厚厚的似油脂的深棕或褐色泡沫或浮渣有时会出现在曝气池污水表面。出现这种泡沫或浮渣通常表示污泥老化，剩余污泥的排放量此时应适量增加。

（3）白色膨胀泡沫。如果曝气池被大量的白色似肥皂泡的泡沫覆盖，则说明系统中有未充分氧化的新鲜污泥。这时可通过逐步减少剩余污泥的排放量改善这种情况，每天减少20%的排放量，直至目测和控制试验都表明情况在改善。在情况改善后，剩余污泥仍要继续排放持续大约3d，以调整系统所需的营养条件达到稳定。

（4）污泥颜色和气味。污泥颜色及气味无法像泡沫那样简便地显示系统的运行情况，但观察污泥的颜色和气味是有一定价值的。

1）淡棕或褐色。污泥出现淡棕或褐色通常是由两种原因造成的：①进入或渗入的泥土或砂在曝气池中积累；②存在氧化极不充分的活性污泥。

2）深棕色—近黑色。这种颜色污泥通常伴随着硫化氢的臭鸡蛋味。这种情况发生时，可增加曝气量。如情况仍未改变，应重新评测进水有机负荷。

D　泥龄

泥龄是整个系统平均固体停留时间。对一个四池系统而言，每个池子泥龄的平均值即表示整个系统的泥龄。应持续监测污泥量，它与MLSS浓度的变化是相关的，每个反应池负荷不均匀将导致各池的污泥产量不同。如发生污泥产量不同的情况，要查明原因并通过调整流量分配予以纠正。

E　污泥沉淀性能控制

较好的运行情况是池中沉淀污泥的体积在沉降试验中应不超过65%，已沉淀的污泥在滗水阶段不会从絮状污泥中被带走。

如果沉淀污泥的体积超过65%，操作人员要立即采取措施，可以通过排放剩余污泥调整滗水阶段开始时污泥层在池内的相对位置。

F　A/O系统操作日常

（1）每天定点从O池取样口处取样，监测并记录O池COD_{Cr}、氨氮、SV_{30}、溶解氧。

（2）每天观察水质状况，检查曝气的均匀性。

（3）好氧池溶氧控制在2~4mg/L左右，根据溶氧高低适当调整罗茨风机频率。

（4）A/O系统SV_{30}一般控制在40%~70%。

（5）A/O系统温度控制在35℃左右，当温度不低于37℃时，需开启冷却系统对污水进行降温，当污水温度回落后关闭冷却系统。

（6）A/O系统需每天有稳定的进水量和出水量，若调节池水位较高或较低时，需稳步增减进水量，不能突然性增加或减少处理水量。

5.6.5.2　超滤系统

超滤系统（图5-30）由产水系统、清洗系统、远程控制系统、循环系统等所组成。超滤膜组件即管径为8mm的管式膜，膜组件外径为8英寸，长度为3.0m，膜面积为27m²，膜数量为24支，每组选用6支，共4组超滤装置。该膜组件采用内压方式，使用亲水性、不易附着污染物、抗酸碱、耐腐蚀、有高过滤通量的PVDF材料。膜过滤方式为错流过滤，有效防止膜面污染。系统控制可实现远程与手动控制相结合的方式。在远程控制方式下，系统当中的所有设备动作均由PLC完成；在手动控制方式下，操作人员需在PLC控制面板下完成手动控制。

图 5-30 超滤系统实物图

A 主要设备参数

（1）袋式过滤器。3 组袋式过滤器，壳体材质为 304 不锈钢，滤袋为不锈钢过滤网；工作压力为 0.2MPa，过滤精度为 40 目，尺寸为 $\phi0.9\text{m}\times2.0\text{m}$。

（2）超滤进水泵。4 台卧式离心泵，流量 $Q=230\text{m}^3/\text{h}$，扬程 $H=20\text{m}$，功率 $P=22\text{kW}$。

（3）超滤循环泵。4 台卧式离心泵，控制方式为变频控制，流量 $Q=264\text{m}^3/\text{h}$，扬程 $H=55\text{m}$，功率 $P=55\text{kW}$。

（4）超滤清洗泵。4 台卧式离心泵，流量 $Q=100\text{m}^3/\text{h}$，扬程 $H=20\text{m}$，功率 $P=11\text{kW}$。

（5）清洗罐。材质为聚乙烯（PE），容积 $V=3000\text{L}$。

B 超滤膜的运行

a 运行前准备

系统运行前，检查系统设备是否处于完好状态，水、气、电是否畅通，并检查以下项目：

（1）确认就地控制盘柜已合闸上电，将控制柜内所有的断路器扳到"ON"位置，给机组上电。

（2）确认空压机运转正常，确保气动阀门使用的压缩空气的正常供给。

（3）确认袋式过滤器无堵塞、清洁，避免细小颗粒物（铁屑、沙粒等）进入膜处理系统，对膜组件造成不可挽回的刮伤。

（4）确认超滤膜处理系统的水泵处于正常状态，所有的气动阀门处于关闭状态，所有手动蝶阀处于全开状态。

b 超滤系统的运行控制

超滤膜处理系统控制方式分为远程控制和手动控制两类。

远程控制

远程控制分为运行远程控制、冲洗远程控制和化学清洗远程控制三种，当采用远程控制时，应在 PLC 控制面板上将控制方式打到"远程"档。

（1）系统运行远程控制。在"系统运行"一栏按下"启动"，超滤系统远程运行，将中间水池的活性污泥抽至超滤膜，膜透过液进入超滤储水罐，浓缩污泥部分回流到A/O系统，剩余污泥进入调节池。当停止系统运行时，按下"停止"按钮，系统远程停止。

（2）系统冲洗远程控制。在"系统冲洗"一栏按下"启动"，超滤系统远程将清洗罐的清水抽至A/O系统，将超滤膜中的污泥冲洗干净。

（3）化学清洗远程控制。在"化学清洗"一栏按下"启动"，超滤膜系统启动清水泵和循环泵，将清洗罐内的清洗剂抽吸至超滤膜内，对膜进行化学清洗。当膜清洗干净后，按下"停止"按钮，系统停止运行。

手动控制

当远程控制出现故障无法运行或需要进行就地控制时，应采用手动控制。手动控制分为运行手动控制、冲洗手动控制和化学清洗手动控制三种，当采用手动控制时，应在就地控制柜将控制方式转换为"手动"。

（1）运行手动控制。

1）超滤膜系统的手动启动程序：

①开启 AV101、AV102、AV106、AV104 气动阀门，确保 AV105、AV107、AV103 气动阀门处于关闭状态。注意观察气动阀门开闭状态；

②在气动阀门开启 5s 后，开启原水泵"启动"按钮；

③原水泵开启 20s 后，点击开启循环泵"启动"按钮；

④超滤膜系统启动完毕。

2）超滤膜系统的手动停止程序：

①按下循环泵的"停止"按钮；

②循环泵关闭 10s 后，关闭原水泵；

③原水泵关闭 10s 后，关闭 AV101、AV102、AV106、AV104 气动阀门；

④超滤膜系统关闭完毕。

（2）冲洗手动控制。

1）手动冲洗控制程序。当超滤膜系统运行 2~3 个月，膜污染比较严重或异常原因需停机时，在化学清洗膜时，应先对系统进行冲洗，手动冲洗控制程序如下：

①开启 AV103、AV105、AV107 气动阀门，确保 AV101、AV102、AV106、AV104 气动阀门处于关闭状态，注意观察画面的气动阀门运行状态；

②在气动阀门开启 5s 后，开启清洗泵"运行"按钮；

2）手动冲洗控制程序的关闭。当超滤膜内污泥冲洗干净后，关闭系统的冲洗程序，具体流程如下：

①按下原水泵"停止"按钮；

②在原水泵关闭 5s 后，关闭 AV103、AV105、AV107 气动阀门。

（3）化学清洗手动控制。

1）手动化学清洗控制程序：

①开启 AV103、AV104、AV105、AV107 气动阀门，确保 AV101、AV102、AV106 气动阀门处于关闭状态，注意观察显示的气动阀门运行状态；

②在气动阀门开启 5s 后，开启清洗泵"运行"按钮；

③清洗泵开启 20s 后，开启循环泵。

2）手动化学清洗控制程序的关闭：

当超滤膜内污染物清洗干净后，关闭系统冲洗程序，具体流程如下：

①按循环泵"停止"按钮；

②循环泵关闭 20s 后，关闭清洗泵；

③清洗泵关闭 5s 后，关闭 AV103、AV104、AV105、AV107 气动阀门。

C 超滤系统的运行操作

a 温度

膜管运行的最大温度为 60℃，正常情况下超滤膜管的温度不宜超过 40℃。为防止温度超过使用范围，操作人员应监测膜管的运行温度，一旦超过运行温度应报警并停机。

b 运行压力和压力损失

正常运行时，进膜压力为 500~600kPa，出膜压力为 50~100kPa，回流量为 150~220m³/h。超滤膜在管内错流流速接近 3~5m/s 时，一根膜管沿长度方向的压力损失大约为 100kPa。如果压力损失明显增加，膜管内的膜面则可能堵塞。

c 膜侧产水量

一套超滤装置产水量约为 10~12m³/h，当膜出水量发生较大波动时，应考虑进行膜清洗，保证超滤膜的正常进行。

d 介质的预处理

进入超滤系统的污水及物料需经过 400~800μm 过滤器的预过滤，如果进水流速和流量严重下降，过滤器就有被截留活性污泥堵塞的危险，这时应及时更换过滤网，保证系统的正常运行。在超滤膜系统运行初期应经常更换不锈钢丝网，一般每天宜检查一次。

D 超滤系统的清洗

当超滤膜污染较严重时，应对膜进行清洗，清洗过程分为酸洗和碱洗两种，首先应进行酸洗；酸洗后，用水冲洗，然后进行碱洗。

a 酸洗

酸洗 pH 值要求为 3 左右，如果 pH 值未达到要求，可通过加药直至 pH 值降至 3 以下。酸洗时间根据具体情况确定，若无机盐等污染比较严重，清洗时间可适当延长，一般 30~60min 即可。

b 碱洗

碱洗 pH 值要求为 11~12，如果 pH 值未达到要求，可通过加药泵继续加药直至 pH 值升至 11 以上。碱洗时间根据具体情况确定，若有机体等物质污染比较严重时，清洗时间可适当延长，一般 30~60min 即可。碱洗完毕后，清洗槽必须放空。若清洗后的清水膜通量能达到使用前清水能量的 70%，则表明清洗程序完成，若无法达到，则应重新清洗，直至清水膜通量达到正常值。

E 膜装置运行禁止事项

（1）将超滤出水端的阀门关死（即超滤清水不能排出）。

（2）在不确定阀门是否打到正确位置时开启泵。

（3）在清洗剂温度高于 42℃ 时，仍然进行清洗。

（4）在进水压力低于 60kPa 时，仍然开启超滤循环泵。

（5）在进水泵或清洗泵没有启动的情况下，首先启动了超滤循环泵。

（6）药槽液位低于 20% 时，仍然开启超滤清洗泵。

（7）生化池的液位低于低位限时，仍然开启超滤进水泵。

（8）初次运行时，开启超滤系统的过程中没有排气，如过滤器、膜管的排气。

F　超滤膜系统的维护

一旦膜浸水成为湿态，应始终使它处于湿态，不可以在试运转后让它变干。当系统停止运行时间达到 24h，膜组件内的液体必须用水冲洗干净。当系统停止运行时间达到 3d，应执行一次标准清洗程序冲洗掉组件内液体，并将组件内充满清水。当系统停止运行时间超过 3d，执行一次标准清洗程序冲洗掉组件内液体，并将组件内充满含有 2% 丙酸的保护液。每 2 个月更换一次保护液。如果过滤介质易于在膜表面上形成一层难清洗物质，在关闭超滤装置超过 3d 时，建议执行一次特殊清洗操作。超滤膜管的保存程序和操作次序见表 5-20。

表 5-20　超滤膜管的保存程序和操作次序

步骤	次序	清洗介质	浓度	温度/℃	时间/min
水洗	1	反渗透产水或自来水		35~40	30
酸洗	2	盐酸或柠檬酸	pH = 2~3	35~40	30
水洗	3	反渗透产水或自来水		35~40	30
碱洗	4	氢氧化钠	pH = 11~12	35~40	30
水洗	5	反渗透产水或自来水		35~40	30
除菌	6	次氯酸钠	35%~60%	35~40	30
水洗	7	反渗透产水或自来水		35~40	30
保存	8	丙酸	2%	20~30	30

5.6.6　膜深度处理系统的运行

5.6.6.1　纳滤系统

纳滤系统共三套，每套有 3 个循环管路，每个循环管路有 2 支膜壳，每支膜壳内安装 6 支膜组件，纳滤膜组件采用卷式纳滤膜，每支膜组件长 1.016m，单支膜面积 37.2m²，总膜面积 4017.6m²。纳滤系统处理水量为 1200m³/d，设计回收率为 80%~85%，每套纳滤装置产水约为 367m³/d。系统控制可实现自动、手动控制方式。在自动控制方式下，系统当中的所有设备动作均由 PLC 完成；在手动控制方式下，操作人员需在 PLC 控制面板下完成手动控制。纳滤系统工艺流程如图 5-31 所示，实物图如图 5-32 所示。

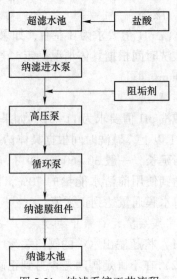

图 5-31　纳滤系统工艺流程

图 5-32 纳滤系统实物图

A 主要设备参数

a 盐酸储罐

1 个盐酸储罐，材质为聚乙烯（PE），容积 $V=10000L$。

b 酸添加计量泵

4 台酸添加计量泵，流量 $Q=150L/h$，压力 $P=700kPa$。

c 阻垢剂计量泵

4 台阻垢剂计量泵，流量 $Q=50L/h$，压力 $P=700kPa$。

d 纳滤进水泵

4 台纳滤进水泵，流量 $Q=22m^3/h$，扬程 $H=22m$，功率 $P=2.2kW$。

e 纳滤清洗泵

2 台纳滤清洗泵，流量 $Q=54m^3/h$，扬程 $H=30m$，功率 $P=7.5kW$。

f 纳滤增压泵

4 台纳滤增压泵，控制方式为变频控制，流量 $Q=22m^3/h$，扬程 $H=95m$，功率 $P=7.5kW$。

g 纳滤循环泵

三组纳滤循环泵。

第一组：3 台 CRN45-1 高压泵，流量 $Q=48m^3/h$，扬程 $H=20m$，功率 $P=4.0kW$。

第二组：3 台 CRN32-2 高压泵，流量 $Q=32m^3/h$，扬程 $H=30m$，功率 $P=4.0kW$。

第三组：3 台 CRN20-3 高压泵，流量 $Q=32m^3/h$，扬程 $H=30m$，功率 $P=4.0kW$。

h 袋式过滤器

流量 $Q=18m^3/h$，过滤精度 $10\mu m$，DN50/PN10 法兰。

i 清洗罐

材质为聚乙烯（PE），容积 $V=2000L$。

B 纳滤系统的运行

a 运行前准备

系统运行前，检查系统设备是否处于完好状态，水、气、电是否畅通，并检查以下项目：

（1）确认就地控制盘柜已合闸上电，将控制柜内所有的断路器扳到"ON"位置，给机组上电；

（2）确认空气压缩机运转正常，开启供气给气动阀的阀门，定期给空压机和储气罐排水；

（3）确认袋式过滤器无堵塞、清洁，避免细小颗粒物进入纳滤膜，对膜组件造成不可挽回的刮伤，应根据袋式过滤器压力损失情况，定期取出过滤布袋进行更换；

（4）确认纳滤膜处理系统的水泵处于正常状态，所有的气动阀门处于关闭状态，运行前应检查各阀门处在正确的位置，尤其产水侧阀门不能关死。

b　纳滤系统的运行控制

纳滤膜处理系统控制方式分为自动控制和手动控制两类。

自动控制

自动控制分为运行自动控制、冲洗自动控制和化学清洗自动控制三种。当采用自动控制时，应在 PLC 控制面板上将控制方式打到"自动"档。

（1）系统运行自动控制。在"系统运行"一栏按下"启动"，纳滤系统按程序启动原水泵、增压泵和循环泵，原水泵将储水罐内的超滤出水抽至袋式过滤器，经过初过滤后，出水再经增压泵的增压作用，与回流的浓水一起进入循环泵，最终进入膜组件过滤，膜透析液进入一级纳滤储水罐，浓缩液则进入浓水储水池。当要停止系统运行时，按下"停止"按钮，系统自动停止。

（2）系统冲洗自动控制。在"系统冲洗"一栏按下"启动"，纳滤系统按程序启动，开启清洗泵，自动将清洗罐的清水抽至纳滤系统，将纳滤膜内黏附的污染物冲洗干净。当停止系统运行时，按下"停止"按钮，系统自动停止。

（3）化学清洗自动控制。在"化学清洗"一栏按下"启动"，纳滤膜系统按程序启动，开启清水泵和循环泵，将清洗罐内的清洗剂抽吸至纳滤膜内，对膜进行化学清洗。当膜清洗干净后，按下"停止"按钮，系统停止运行。

手动控制

当自动控制出现故障，无法运行时，应采用手动控制。此时，应在 PLC 控制面板上将控制方式转换为"手动"。

（1）运行手动控制。

1）纳滤膜系统的手动控制程序：

①在画面开启 AV101、AV104、AV106 气动阀门，确保 AV102、AV103、AV105 气动阀门处于关闭状态。注意观察画面显示的气动阀门开闭状态；

②在气动阀门开启 5s 后，开启原水泵"启动"按钮；

③原水泵开启 10s 后，按增压泵"启动"按钮；

④增压泵开启 5s 后，按循环泵"启动"按钮；

⑤纳滤系统手动运行操作完毕。

2）纳滤膜系统运行的手动停止程序：

①按下循环泵的"停止"按钮；

②循环泵关闭 10s 后，关闭增压泵；

③增压泵关闭 5s 后，关闭原水泵；

④原水泵关闭 5s 后，关闭 AV101、AV104、AV106 气动阀门；

⑤纳滤膜系统关闭完毕。

（2）冲洗手动控制。

1）纳滤膜系统的手动冲洗控制程序：

①在画面开启 AV102、AV103、AV105 气动阀门，确保 AV101、AV104、AV106 气动阀门处于关闭状态，注意观察画面显示的气动阀门运行状态，并且关闭浓缩液的出水阀门；

②在气动阀门开启 5s 后，开启清洗泵"启动"按钮。

2）纳滤膜系统的手动冲洗关闭程序：

①按下清洗泵"停止"按钮；

②在原水泵关闭 5s 后，关闭 AV102、AV103、AV105 气动阀门。

（3）化学清洗手动控制。

1）手动化学清洗控制程序：

①在画面左侧开启 AV102、AV103、AV105 气动阀门，确保 AV101、AV104、AV106 气动阀门处于关闭状态，注意观察画面右侧显示的气动阀门运行状态，并且关闭浓缩液的出水阀门；

②在气动阀门开启 5s 后，按清洗泵"启动"按钮；

③清洗泵开启 10s 后，开启循环泵。

2）手动化学清洗关闭程序：

①关闭循环泵；

②循环泵关闭 10s 后，按下清洗泵"停止"按钮；

③清洗泵关闭 5s，关闭 AV102、AV103、AV105 气动阀门。

C 纳滤膜化学清洗

当纳滤膜污染较严重时，应对膜进行清洗，清洗过程分为酸洗和碱洗两种，首先应进行酸洗；酸清洗后，用水冲洗，然后进行碱洗。

a 酸洗

酸洗 pH 值要求为 2~3 左右，如果 pH 值未达到要求，可通过加药直至 pH 值降至 3 以下。酸洗时间根据具体情况确定，若无机盐等污染比较严重，清洗时间可适当延长，一般 30~60min 即可。

b 碱洗

碱洗 pH 值要求为 12~13，如果 pH 值未达到要求，可通过加药泵继续加药直至 pH 值升至 12 以上。碱洗时间根据具体情况确定，若有机体等物质污染比较严重时，清洗时间可适当延长，一般 30~60min 即可。碱洗完毕后，清洗槽必须放空。若清洗后的清水膜通量能达到使用前清水能量的 70%，则表明清洗程序完成；若无法达到，则应重新清洗，直至清水膜通量达到正常值。

D 纳滤膜停用保护

a 杀菌

为防止微生物污染，一天一次注入质量浓度 500mg/L 的亚硫酸氢钠（$NaHSO_3$）水溶液 30~60min，进行间断性杀菌。另外，装置停止前也要用含有 500mg/L 亚硫酸氢钠的纳滤产水来替换原水。

b 膜元件保存

（1）停运 30d 以内。用含有 500mg/L 亚硫酸氢钠的纳滤产水替代原水，并保持压力容器内充满这种水并关闭阀门密封。

（2）停运 30d 以上。用药品清洗膜元件，然后用含有 500mg/L 亚硫酸氢钠的纳滤产水替代原水，并保持压力容器内充满这种水，关闭阀门密封。当液体温度在 30℃ 以下时，要每 30d 采用新的 500mg/L 亚硫酸氢钠溶液替换原有溶液。当液体温度在 30℃ 以上时，则每 15d 要更换一次。

5.6.6.2　反渗透系统

反渗透系统共三套，每套有 3 个循环管路，每个循环管路有 2 支膜壳，每支膜壳内安装 6 支膜组件，膜组件采用卷式膜，每支膜组件长 1.016m，单支膜面积 37.2m²，总膜面积 4017.6m²。反渗透系统处理水量为 960m³/d，设计回收率为 70%，膜清水量为 672m³/d，浓水产量为 288m³/d。反渗透系统工艺流程如图 5-33 所示，实物图如图 5-34 所示。

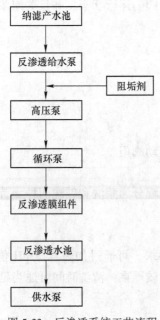

图 5-33　反渗透系统工艺流程　　　　　图 5-34　反渗透系统实物图

A　主要设备参数

a　阻垢剂计量泵

3 台阻垢剂计量泵，流量 $Q=50$L/h，压力 $P=700$kPa。

b　反渗透进水泵

4 台反渗透进水泵，流量 $Q=18.3$m³/h，扬程 $H=45$m，功率 $P=5.5$kW。

c　反渗透清洗泵

1 台反渗透清洗泵，流量 $Q=54$m³/h，扬程 $H=30$m，功率 $P=7.5$kW。

d　反渗透增压泵

4 台反渗透增压泵，控制方式为变频控制，流量 $Q=18.3$m³/h，扬程 $H=200$m，功率 $P=18.5$kW。

e 反渗透循环泵

三组反渗透循环泵，控制方式为变频控制。

第一组：3 台 CRN45-3-1 高压泵，流量 $Q=64m^3/h$，扬程 $H=60m$，功率 $P=15.0kW$。

第二组：3 台 CRN45-4-2 高压泵，流量 $Q=48m^3/h$，扬程 $H=70m$，功率 $P=15.0kW$。

第三组：3 台 CRN45-4 高压泵，流量 $Q=32m^3/h$，扬程 $H=90m$，功率 $P=15.0kW$。

f 反渗透水回用泵

2 台立式泵，流量 $Q=40m^3/h$，扬程 $H=15m$，功率 $P=3.5kW$。

g 袋式过滤器

流量 $Q=18m^3/h$，过滤精度 $10\mu m$，DN50/PN10 法兰。

h 清洗罐

材质为聚乙烯（PE），容积 $V=3000L$。

B 反渗透系统的运行

a 运行前准备

系统运行前，检查系统设备是否处于完好状态，水、气、电是否畅通，并检查以下项目：

（1）确认就地控制盘柜已合闸上电，将控制柜内所有的断路器扳到"ON"位置，给机组上电；

（2）确认空气压缩机运转正常，开启供气给气动阀的阀门，定期给空压机和储气罐排水；

（3）确认袋式过滤器无堵塞、清洁，避免细小颗粒物进入反渗透膜，对膜组件造成不可挽回的刮伤，应根据袋式过滤器压力损失情况，定期取出过滤布袋进行更换；

（4）确认反渗透膜处理系统的水泵处于正常状态，所有的气动阀门处于关闭状态，运行前应检查各阀门处在正确的位置，尤其产水侧阀门不能关死。

b 反渗透系统的运行控制

反渗透膜处理系统控制方式分为自动控制和手动控制两类。

自动控制

自动控制分为运行自动控制、冲洗自动控制和化学清洗自动控制三种。当采用自动控制时，应在 PLC 控制面板上将控制方式打到"自动"档。

（1）系统运行自动控制。在"系统运行"一栏按下"启动"，反渗透系统按程序启动原水泵、增压泵和循环泵，原水泵将储水罐内的纳滤出水抽至袋式过滤器，经过初过滤后，出水再经增压泵的增压作用，与回流的浓水一起进入循环泵，最终进入膜组件过滤，膜透析液进入一级反渗透产水池，浓缩液则进入浓水储水池。当要停止系统运行时，按下"停止"按钮，系统自动停止。

（2）系统冲洗自动控制。在"系统冲洗"一栏按下"启动"，反渗透系统按程序启动，开启清洗泵，自动将清洗罐的清水抽至反渗透系统，将反渗透膜内黏附的污染物冲洗干净。当停止系统运行时，按下"停止"按钮，系统自动停止。

（3）化学清洗自动控制。在"化学清洗"一栏按下"启动"，反渗透膜系统按程序启动，开启清水泵和循环泵，将清洗罐内的清洗剂抽吸至反渗透膜内，对膜进行化学清洗。当膜清洗干净后，按下"停止"按钮，系统停止运行。

手动控制

当自动控制出现故障，无法运行时，应采用手动控制，在PLC控制面板上将控制方式转换为"手动"。

（1）运行手动控制。

1）反渗透膜系统的手动控制程序：

①在画面开启AV101、AV104、AV106气动阀门，确保AV102、AV103、AV105气动阀门处于关闭状态，注意观察画面显示的气动阀门开闭状态；

②在气动阀门开启5s后，开启原水泵"启动"按钮；

③原水泵开启10s后，按增压泵"启动"按钮；

④增压泵开启5s后，按循环泵"启动"按钮；

⑤反渗透系统手动运行操作完毕。

2）反渗透膜系统运行的手动停止程序：

①按下循环泵的"停止"按钮；

②循环泵关闭10s后，关闭增压泵；

③增压泵关闭5s后，关闭原水泵；

④原水泵关闭5s后，关闭AV101、AV104、AV106气动阀门；

⑤反渗透膜系统关闭完毕。

（2）冲洗手动控制。

1）反渗透膜系统的手动冲洗控制程序：

①在画面开启AV102、AV103、AV105气动阀门，确保AV102、AV104、AV106气动阀门处于关闭状态，注意观察画面显示的气动阀门运行状态，并且关闭浓缩液的出水阀门；

②在气动阀门开启5s后，开启清洗泵"启动"按钮。

2）反渗透膜系统的手动冲洗关闭程序：

①按下清洗泵"停止"按钮；

②在原水泵关闭5s后，关闭AV102、AV103、AV105气动阀门。

（3）化学清洗手动控制。

1）手动化学清洗控制程序：

①在画面左侧开启AV102、AV103、AV105气动阀门，确保AV101、AV104、AV106气动阀门处于关闭状态，注意观察画面右侧显示的气动阀门运行状态，并且关闭浓缩液的出水阀门；

②在气动阀门开启5s后，按清洗泵"启动"按钮；

③清洗泵开启10s后，开启循环泵。

2）手动化学清洗关闭程序：

①关闭循环泵；

②循环泵关闭10s后，按下清洗泵"停止"按钮；

③清洗泵关闭5s，关闭AV102、AV103、AV105气动阀门。

C　反渗透膜化学清洗

当反渗透膜污染较严重时，应对膜进行清洗，清洗过程分为酸洗和碱洗两种，首先应进行酸洗；酸清洗后，用水冲洗，然后进行碱洗。

a 酸洗

酸洗 pH 值要求为 2~3 左右，如果 pH 值未达到要求，可通过加药直至 pH 值降至 3 以下。酸洗时间根据具体情况确定，若无机盐等污染比较严重，清洗时间可适当延长，一般 30~60min 即可。

b 碱洗

碱洗 pH 值要求为 12~13，如果 pH 值未达到要求，可通过加药泵继续加药直至 pH 值升至 12 以上。碱洗时间根据具体情况确定，若有机体等物质污染比较严重时，清洗时间可适当延长，一般 30~60min 即可。碱洗完毕后，清洗槽必须放空。若清洗后的清水膜通量能达到使用前清水能量的 70%，则表明清洗程序完成；若无法达到，则应重新清洗，直至清水膜通量达到正常值。

D 反渗透膜停用保护

a 杀菌

为防止微生物污染，一天一次注入质量浓度 500mg/L 的亚硫酸氢钠（NaHSO$_3$）水溶液 30~60min，进行间断性杀菌。另外，装置停止前也要用含有 500mg/L 亚硫酸氢钠的反渗透产水来替换原水。

b 膜元件保存

（1）停运 30 日以内。用含有 500mg/L 亚硫酸氢钠的反渗透产水替代原水，并保持压力容器内充满这种水并关闭阀门密封。

（2）停运 30 日以上。用药品清洗膜元件，然后用含有 500mg/L 亚硫酸氢钠的反渗透产水替代原水，并保持压力容器内充满这种水，关闭阀门密封。当液体温度在 30℃ 以下时，要每 30d 采用新的 500mg/L 亚硫酸氢钠溶液替换原有溶液。当液体温度在 30℃ 以上时，则每 15d 要更换一次。

E 系统运行的注意点

（1）启动前，首先需检查手动阀的开关，然后再点击系统运行、冲洗及清洗按钮；启动和停止时，流量和压力会有波动。过大流量和压力波动可能会导致膜元件破裂。故在启动和停止操作时需缓慢增加或降低压力和流量。

（2）原水中的残留余氯。设备须在原水中的残留余氯为 0mg/L 时才能运行，原水中残留的余氯会破坏膜元件的分离皮层，须用 SBS 来中和。

（3）产水侧压力（背压）。产水侧压力高于原水侧压力 0.05MPa 以上时，膜片会受到物理性损伤。背压通常发生在设备阀门开闭的瞬间。应充分确认阀门的开和关及压力的变动，杜绝运行过程中背压现象的发生。产水管道若高于膜堆中最下部膜壳 5 米以上时，系统停止时产水侧的静压头（0.05MPa）会从产水侧施力给原水侧。即发生背压现象，导致膜受到伤害。因此要务必注意原水管道是否高于产水管道，同时要注意产水管道在膜壳上部的高度。

（4）系统若停机，则重新启动后，需人工对过滤器进行排气。

（5）清洗时，灌满后，点击对应的计量泵进行清洗剂的投加（酸、碱）。

（6）阻垢剂的投加，仅当系统处于运行工况下，输料泵启动后，才自动投加。

5.6.6.3 DTRO 系统

碟管式反渗透简称 DTRO，是一种创新的反渗透膜技术，采用特殊的水力学设计，能有效避免膜堵塞和浓度极化现象，成功地延长了膜包的使用寿命；清洗时也容易将膜包上的积垢洗净，保证碟管式膜组适用于恶劣的进水条件。

DTRO系统为垃圾渗沥液膜处理系统的浓水而设计的，包括纳滤DTRO系统和反渗透DTRO系统，其工艺流程如图5-35所示。DTRO膜系统（图5-36）包括DTRO进水泵、清洗泵、高压泵、循环泵、保安滤器、DTRO装置、加药装置等，主要去除水中有机物和盐分，使产水达标[34~36]。通过DTRO进水泵增压，加酸后流经保安滤器，保安滤器的目的主要防止颗粒性杂质进入膜系统，在DTRO保安滤器出口管路上投加阻垢剂、杀菌剂，预防结垢及微生物的滋生，然后经过高压泵进一步升压，以满足DTRO膜脱盐的要求，产水去反渗透系统（产水池）；浓缩水去浓水箱（浓水池）。

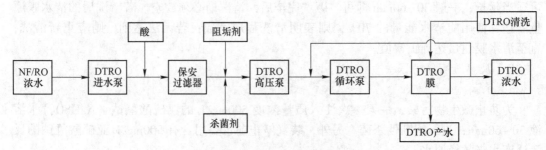

图5-35　DTRO系统工艺流程

图5-36　DTRO膜系统实物图

进水规模为400m³/d，其中纳滤浓水150m³/d，反渗透浓水250m³/d，进水水质见表5-21。即纳滤DTRO膜系统进水为150m³/d，反渗透DTRO膜系统进水为250m³/d。清洁产水去反渗透产水池，水质应达到《城市污水再生利用工业用水水质》（GB/T 19923—2005）中的敞开式循环冷却水水质标准；浓水去浓水池。

表5-21　DTRO系统进水水质

类型	总硬度（以 $CaCO_3$ 计）/mg·L⁻¹	Ca硬度/mg·L⁻¹	Mg硬度/mg·L⁻¹	总碱度（以 $CaCO_3$ 计）/mg·L⁻¹	TDS/mg·L⁻¹	COD/mg·L⁻¹
NF浓缩液	2800	272	512	4600	12500	1846
RO浓缩液	2700	248	498	8500	31000	350

A DTRO 高压泵

DTRO 高压泵主要是为 DTRO 膜提供过滤压力，并且保证一定错流速率；该泵为高压柱塞泵，附带变频器，流量范围为 $0.5\sim1.0m^3/h$，压力最高可调节至 7500kPa。

B DTRO 装置

膜元件由 DTRO 膜、导流盘、产水导流布、端板、中心杆等制作而成，多个 DTRO 膜元件通过高压软管和产水软管连接起来，即形成 DTRO 膜装置。

a 装置组成

纳滤 DTRO 装置和反渗透 DTRO 装置由主体设备、38 根 DTRO 膜组件、系统管路及仪表等组成；设置进水低压、产水高压保护；进水、产水设置电导率在线监测仪，监测系统脱盐率；产水、浓水排放设置流量计，用于监控系统流量。

b 主要技术参数

纳滤 DTRO 装置系统和反渗透 DTRO 装置系统的技术参数分别见表 5-22 和表 5-23。

表 5-22 纳滤 DTRO 装置系统技术参数

项　目		数　值
设计处理量	设计处理量/t·d⁻¹	150
	设计回收率/%	60
	设计清液产量/t·d⁻¹	90
	设计清液产量/t·h⁻¹	4.5
膜组件参数	膜组件直径/mm	214
	膜组件长度/mm	1400
	需要膜组件数量/支	38
	进水泵数量/台	1
	进水泵参数（流量/扬程/功率）	7.5m³/h，36m，1.5kW
	循环泵数量/台	1
	循环泵参数（流量/扬程/功率）	32m³/h，80m，11kW
	高压泵数量/台	1
	高压泵参数（流量/扬程/功率）	7.5m³/h，500m，15kW
	清洗泵数量/台	1
	清洗泵参数（流量/扬程/功率）	7.5m³/h，36m，1.5kW

表 5-23 反渗透 DTRO 装置系统技术参数

项　目		数　值
设计处理量	设计处理量/t·d⁻¹	250
	设计回收率/%	36
	设计清液产量/t·d⁻¹	90
	设计清液产量/t·h⁻¹	4.5

项 目		数 值
膜组件参数	膜组件直径/mm	214
	膜组件长度/mm	1400
	需要膜组件数量/支	38
	进水泵数量/台	1
	进水泵参数（流量/扬程/功率）	12.5m³/h，36m，3.0kW
	循环泵数量/台	1
	循环泵参数（流量/扬程/功率）	32m³/h，80m，11kW
	高压泵数量/台	2
	高压泵参数（流量/扬程/功率）	6.5m³/h，600m，15kW
	清洗泵数量/台	1
	清洗泵参数（流量/扬程/功率）	12.5m³/h，36m，3.0kW

c 膜装置的进水水质指标和运行条件

为了使 DTRO 装置稳定运行，必须严格控制预处理和 DTRO 装置操作参数，其操作参数必须控制在下列范围内：

（1）污染指数 SDI≤15（15min）；

（2）pH 值：2~11；

（3）余氯：<0.1mg/L；

（4）温度：5~35℃；

（5）最高操作压力：<6.5MPa；

（6）Fe：<0.1mg/L；

（7）COD：<100000mg/L；

（8）单元件进水量：≤1m³/h。

d DTRO 的计算公式

（1）DTRO 产水量与温度关系。

$$J_T = a \cdot J_{25} \tag{5-27}$$

式中 J_T——DTRO 装置在 T 温度下的产水量，t/d；

J_{25}——DTRO 在 25℃时产水量，t/d；

a——温度系数。

（2）DTRO 产水量与操作压力关系。

$$J = A \cdot (P - \Delta\pi) \tag{5-28}$$

式中 P——DTRO 操作压力，Pa；

$\Delta\pi$——浓淡水之间渗透压，Pa；

A——压力系数。

（3）DTRO 系统回收率。

$$Y = \frac{Q_p}{Q_f} \times 100\% = \left(\frac{Q_p}{Q_p + Q_r}\right) \times 100\% \tag{5-29}$$

式中　Y——回收率,%;

Q_p——产水流量, t/d;

Q_r——浓水流量, t/d;

Q_f——进水流量, t/d。

（4）盐透过率。

盐透过率表示产品水含盐量浓度（mg/L）与进水含盐量浓度（mg/L）的比率。

$$S_p = \frac{V_p}{V_f} \times 100\% \tag{5-30}$$

式中　S_p——盐透过率,%;

V_p——产品水含盐量浓度, mg/L;

V_f——进水含盐量浓度, mg/L。

（5）脱盐率。

$$R_y = \frac{C_f - C_p}{C_f} \times 100\% = \left(1 - \frac{C_p}{C_f}\right) \times 100\% \tag{5-31}$$

式中　R_y——进水含盐量浓度 C_f 和回收率 Y 条件下的脱盐率,%;

$$R_w = \frac{C_f' - C_p}{C_f'} \times 100\% = \left(1 - \frac{C_p}{C_f'}\right) \times 100\% \tag{5-32}$$

式中　C_r——浓水含盐量浓度, mg/L;

C_p——产水含盐量浓度, mg/L;

R_w——平均进水含盐量浓度 $C_f' = \dfrac{C_r + C_f}{2}$ 和 Y 回收率下的脱盐率,%。

C　DTRO 操作运行

a　运行前的准备工作

（1）手动开启 DTRO 仪表柜电源开关,计量泵电源开关。

（2）检查水源：检查纳滤、反渗透浓水箱是否有水。

（3）检查电源：检查所用相关电源空开是否闭。

（4）检查气源：检查设备仪表气源压力是否 0.5MPa。

（5）检查药剂：检查各个药剂箱中药剂是否够用。

（6）检查仪表：检查各个仪表是否能够正常显示。

（7）检查自动阀门：手动开关各气动阀,检查开闭是否正常。

（8）检查手动阀门：检查各个手动阀门是否处于正常开闭状态,各水泵进出口阀门开、产水阀开、清洗回流阀关、清洗进水阀关。

b　纳滤 DTRO 运行

（1）纳滤 DTRO 的启动。

1）手动启动:

①低压冲洗，打开进水阀、冲洗排放阀，打开浓水调节阀、电动调节阀（开度最大），开启 DTRO 进水泵，同时开启酸计量泵、阻垢剂计量泵、非氧化杀菌剂计量泵，进行低压冲洗，每次 DTRO 系统开机前，必须进行低压冲洗，一般冲洗时间为 3~5min；

②完成低压冲洗后，打开浓水排放阀，关闭冲洗排放阀，开启循环泵（变频启动时间 60s），延时 60s 开启高压泵（变频启动时间 60s），延时 1min 关闭 DTRO 浓水调节阀；

③调节保安过滤器出口手动阀、电动调节阀，使产水流量为 $4.5m^3/h$、浓水流量为 $3m^3/h$、循环流量为 $30m^3/h$；

④系统启动完成。

2）自动启动：

①将各个控制开关调至自动模式；

②检查系统中各个手动阀处于正确状态；

③按下启动系统按钮，系统进入自动运行；

④检查系统自动启动中每个环节是否正确，待系统完全启动之后方可离开。

（2）纳滤 DTRO 的停机。

1）手动停机：

①电动调节阀调至最大开度；

②打开浓水调节阀；

③停止高压泵，延时 60s（高压泵关闭时间 60s）；

④打开清洗进水阀，启动清洗泵；

⑤停止进水泵，关闭进水阀；

⑥开启冲洗排放阀，关闭浓水排放阀；

⑦冲洗 5min 或清洗水箱处于低液位；

⑧停止循环泵，延时 60s（循环泵停止时间 60s）；

⑨停止清洗进水泵，延时 5s，关闭清洗进水阀、冲洗排放阀，关闭浓水调节阀；

⑩系统停机过程完毕。

2）自动停机：

①按下停机按钮，系统在 PLC 控制下进入停机程序；

②待系统执行停机程序完成后，操作人员方可离开；

③系统停机完成。

c 反渗透 DTRO 运行

（1）反渗透 DTRO 的启动。

1）手动启动：

①低压冲洗，打开进水阀、冲洗排放阀，打开浓水调节阀、电动调节阀（开度最大），开启 DTRO 进水泵，同时开启阻垢剂计量泵、非氧化杀菌剂计量泵，进行低压冲洗，每次 DTRO 系统开机前，必须进行低压冲洗，一般冲洗时间为 3~5min；

②完成低压冲洗后，打开浓水排放阀，关闭冲洗排放阀，开启循环泵（变频启动时间 60s），延时 60s 开启高压泵（2 台高压泵同时开启，变频启动时间 60s），延时 1min 关闭 DTRO 浓水调节阀；

③调节保安过滤器出口手动阀、电动调节阀，使产水流量为 $4.5m^3/h$，浓水流量为 $8m^3/h$、循环流量为 $30m^3/h$；

④系统启动完成。

2）自动启动：

①将各个控制开关调至自动模式；

②检查系统中各个手动阀处于正确状态；

③按下启动系统按钮，系统进入自动运行；

④检查系统自动启动中每个环节是否正确，待系统完全启动之后方可离开。

（2）反渗透 DTRO 的停机。

1）手动停机：

①电动调节阀调至最大开度；

②打开浓水调节阀；

③停止高压泵，延时 60s（两台高压泵同时停止，高压泵关闭时间 60s）；

④打开清洗进水阀，启动清洗泵；

⑤停止进水泵，关闭进水阀；

⑥开启冲洗排放阀，关闭浓水排放阀；

⑦冲洗 5min 或清洗水箱处于低液位；

⑧停止循环泵，延时 60s（循环泵关闭时间 60s）；

⑨停止清洗进水泵，延时 5s，关闭清洗进水阀、冲洗排放阀，关闭浓水调节阀；

⑩系统停机过程完毕。

2）自动停机：

①按下停机按钮，系统在 PLC 控制下进入停机程序；

②待系统执行停机程序完成后，操作人员方可离开；

③系统停机完成。

D 运行管理

a 操作参数

DTRO 装置基本上很少需维修，关键是保证采用正确的运行参数，其操作参数必须控制在表 5-24 范围内。

表 5-24 DTRO 装置的操作参数

序号	参 数	控制要求
1	最高操作压力	<6.5MPa
2	产水最高压力	<0.2MPa
3	高压泵口最低压力	>0.1MPa
4	单元件进水量	≤0.6m³/h
5	单元件压差	<1MPa
6	DTRO 系统回收率	≥25%

b 运行注意事项

（1）系统处于自动运行状态，由于未知的原因而停机时，应仔细检查各个环节，找出问题的所在，严禁人为强制启动系统。

（2）开启泵之前，先确认产水阀处于打开状态，确认各阀门打开至正确位置。

（3）严格按照操作先后开启泵和阀门，不能在进水泵或清洗水泵没有启动的情况下，启动 DTRO 高压泵。

（4）系统在运行中，操作人员不得离开现场 0.5h 以上。

（5）发现系统运行中有异常声响，应当停机检查。

（6）保持设备现场地面干燥，防止漏电造成人员伤害。

（7）每次设备开启时，对加药泵进行排气，防止药未加入系统。

（8）当保安过滤器前后压差达到 0.05MPa 时，需对袋式过滤器进行清洗，先酸浸泡（pH=2）1h 左右，再碱浸泡（pH=12）1h 左右，再用清水冲洗。

（9）调节 DTRO 阻垢剂计量泵及杀菌剂计量泵，使 DTRO 阻垢剂加药量在 4.5mg/L、杀菌剂加药量在 6mg/L；具体加药量可根据现场实际运行情况进行适当调节。

E　DTRO 系统清洗

a　DTRO 清洗条件

DTRO 装置随着运行时间的延长，在膜上会积累胶体、金属氧化物、细菌、有机胶体、水垢等物质，性能会有一定下降，当性能下降至以下描述程度时，即 DTRO 系统就要清洗。

（1）产水量比初始或上一次清洗后降低 10%~15%。

（2）产水脱盐率下降不低于 10%。

（3）装置压力差增加不低于 15%。

（4）距离上一次清洗达 1 个月。

b　膜污染特征及清洗液选择

DTRO 膜经长期运行，在膜上会积累胶体、金属氧化物、细菌、有机物、水垢等物质，而造成膜污染，可以根据 DTRO 膜系统性能变化判断膜污染物类型，膜上污染的种类不同，选择的清洗剂配方不同，有时可能有几种污染物混合在一起，因此根据具体情况分别对待。

膜污染物类型及其引起的 DTRO 系统性能变化见表 5-25，不同清洗剂配方对膜污染物的清洗效果见表 5-26，清洗效果不明显的可能原因和对策见表 5-27。

表 5-25　膜污染物类型及其引起的 DTRO 系统性能变化

污染物类型	DTRO 系统性能变化		
	盐透过 S_p	进出口压差 Δp	产水量 V_p
金属氧化物（Fe、Mn）	迅速增加>$2X$[②]	迅速增加>$2X$[①]	迅速降低[①]（20%~30%）
钙镁沉淀（$CaCO_3$、$CaSO_4$）	明显增加 10%~20%	增加 10%~25%	略有降低 10%
无机胶体	无或缓慢增加≥$2X$[②]	缓慢增加≥$2X$[②]	缓慢降低≥40%[②]
混合胶体（有机物、硅酸铝）	迅速增加≥$(2~4)X$[①]	缓慢增加≥$2X$[②]	缓慢降低≥50%[②]
细菌	无或稍微增加	增加≥$2X$	下降≥30%~50%
阳离子性聚合物	无	无或微增加	明显下降

①表示发生在 1~2d 之内；②表示发生在 2~3 周以上；X 为初投运或上一次清洗后的值。

表 5-26 不同清洗剂配方对膜污染物的清洗效果

清洗剂配方	对膜污染物的清洗效果					
	Ca 沉淀	金属 氧化物	无机胶体	有机硅	微生物 细菌	有机物
0.1%NaOH, 1%Na₄EDTA（乙二胺四乙酸四钠）, pH=12, $T \leqslant 30℃$				可以	最好	可以
0.1%NaOH, 0.05%Na-SDS, pH=12, $T \leqslant 30℃$			良好		良好	良好
0.1%三聚磷酸钠, 0.1%磷酸钠, 0.1%Na-EDTA					良好	良好
0.2%HCl	最好					
0.5%磷酸	可以	良好				
2%柠檬酸	可以					
0.2%NH₂SO₃H	可以	可以				
1%NaHSO₃		良好				

注：1. 上述百分数均为其有效成分的质量百分数；2. Na-SDS 指十二烷基苯磺酸钠。

表 5-27 清洗效果不明显的可能原因和对策

序号	原　因	对　策
1	预处理不当，膜污染过度	加强预处理
2	清洗剂选择不当	改变清洗剂，重新清洗
3	膜使用期较长，清洗已无效	更换组件

c 化学清洗

每次化学清洗前必须用去离子水（或自来水）进行彻底的冲洗，一般需用到 2~3 桶清水。系统一般情况先进行酸洗，然后进行碱洗。酸洗结束后必须进行清水清洗，使出水 pH 值至 7 左右，才可以进行碱洗。

（1）清水冲洗。用清水将 DTRO 膜中的污染物冲出系统，防止大量污染物沉积到膜表面，从而延长膜的使用寿命。清水清洗用水为去离子水（或自来水）。打开清洗进水阀，打开冲洗排放阀，打开清洗补水阀；开启 DTRO 清洗进水泵，当清洗水箱低液位时，停止清洗进水泵；关闭清洗进水阀，关闭冲洗排放阀，清水冲洗结束。清洗水箱加满水，再次进行清水清洗，一般需用 2~3 桶清水。

（2）清洗药剂配制。酸洗药液配制：在 1000L 清洗水箱中加入 1.3kg 30%的 HCl，配制成 pH=2 的 HCl 清洗液，将其搅匀待用。碱洗药液配制：在 1000L 清洗水箱中加入 0.2kg 30%的 NaOH，配制成 pH=11 NaOH 清洗液，将其搅匀待用。

（3）进药。打开冲洗排放阀，打开清洗进水阀，打开清洗补水阀，开启清洗泵；当冲洗排放阀出水 pH 值接近清洗药剂 pH 值时，进药完成。

（4）清洗药剂循环。当清洗水箱液位距水箱出液口 40cm 时，打开清洗回流阀，关闭冲洗排放阀；使清洗药剂在膜与水箱之间循环 30min。

（5）浸泡。循环 30min 之后，停止清洗泵，关闭清洗进水阀，关闭清洗回流阀；使清洗药剂在膜组件中浸泡 2h。

（6）再循环。浸泡 2h 之后，打开清洗进水阀，打开清洗回流阀；开启清洗泵，循环 30min。

（7）清水冲洗药剂。循环 30min 后，停止清洗泵。清洗完毕后，将清洗水箱残液排完，将清洗水箱灌满自来水，用清水冲洗相同操作进行冲洗过程，冲洗 2~3 桶水，使出水 pH 值降到 7 左右。

d DTRO 清洗记录

每次清洗必须详细记录以下参数：清洗之前膜的透水通量，第一次清水清洗后的膜通量，每次酸洗后清洗液通量，每次酸洗完毕后膜的清水通量，每次碱洗后清洗液通量，每次碱洗完毕后膜的清水通量，最后一次清水清洗后的膜通量。

e DTRO 清洗注意事项

（1）固体清洗剂必须充分溶解后，再加其他化学药剂，进行充分混合后才能进入 DTRO 装置。

（2）清洗过程中密切注意清洗液温升情况，切忌温度超过 40℃，观察清洗水箱和清洗液的颜色变化，必要时补充清洗液。

（3）清洗结束后，可取残液进行分析，确定污染物种类，为日后清洗提供依据。

（4）配药用水及冲洗用水必须是不低于自来水水质的水，如自来水、反渗透产水等。

（5）清洗过程必须做好相应的清洗记录，包括配药、清洗压力、清洗流量、清洗前后的运行参数。

（6）安全注意事项。

1）清洗操作时要有安全防护措施，如戴防护镜、手套、鞋和衣等；

2）避免与 NaOH、HCl 这些药剂直接接触，该类药剂具有程度不同的腐蚀性；

3）清洗时应控制管线压力，以免压力过高引起化学药品的喷溅。

F DTRO 系统维护与故障分析

DTRO 系统运行过程可能出现的故障及其产生的原因和解决措施见表 5-28。

表 5-28 DTRO 系统运行过程可能出现的异常现象及其产生的原因和解决措施

异常现象	可能产生的原因	解决措施
跨膜压差过高	组件被污染	查出污染原因，采取相应的清洗方法
	产水流量过高	根据操作指导中的要求调整流量
	进水水温过低	提高进水水温
产水水质较差	进水水质超出了允许范围	检查进出水水质，SS、浊度、COD
	膜组件发生破损	查找破损原因，更换或修补膜组件
	膜组件被污染	查出污染原因，采取相应的清洗方法
产水流量小	阀门开度设置不正确	检查阀的开启状态并调整开度
	流量表处问题	检查并校对流量表
	供水压力太低	提高压力，调整参数
	进水水温过低	提高进水温度
自动状态下系统不能运行	纳滤/反渗透浓水箱处于低液位	待液位恢复
	反渗透产水池处于高液位	待液位恢复

G   DTRO 膜的保存

为了最大限度地发挥膜组件的性能，应注意以下事项：

(1) 在膜组件通水之前，务必冲洗配管等部件，并确认没有颗粒杂质和污垢；

(2) 严禁使用不兼容的化学药品和润滑剂，否则将影响膜组件的使用寿命；

(3) 任何时候都严禁膜组件超压运行；

(4) 没有装入设备的膜组件必须存放在 5~40℃ 内环境中，并不要将外包装拆开，最长存放时间为 12 个月；

(5) 一旦膜浸水成为湿态，应总是保持它处于湿态，不可以在试运转后让它变干；

(6) 当系统停止运行时间达到 24h，膜组件内的液体必须用水冲洗干净；

(7) 当系统停止运行时间达到 5d，每天用清水低压冲洗一次；

(8) 当系统停止运行时间超过 5d，执行一次清洗程序冲洗掉组件内液体，并将组件内充满含有 1% 亚硫酸氢钠的保护液，每周检查一次保护液 pH 值，当 pH 值低于 3 时，应更换保护液，每个月更换一次保护液；

(9) 请严格遵守膜组件技术参数及使用条件，否则将影响膜组件的使用寿命。

5.6.7 辅助系统的运行

5.6.7.1 污泥处理系统

反应沉淀池、厌氧池和好氧池的污泥流入浓缩池，在浓缩池内经过浓缩沉降和停留，底部浓缩后的污泥经污泥螺杆泵进入离心机进行机械脱水，上清液进入污水池或 A/O 系统，产生的干污泥可送入焚烧炉焚烧。

A   主要设备参数

a   离心脱水机

3 套离心脱水机，2 用 1 备，处理量 10~25m³/h，主机功率为 30kW。

b   离心脱水机辅机

3 套离心脱水机辅机，2 用 1 备，功率为 7.5kW。

c   污泥螺杆泵

2 台，22.0kW 电动机，电压 380V，速度 60r/min，频率 50Hz，绝缘/防护等级：IP55，带强冷风扇变频范围 5~50Hz，316L 不锈钢材质。

d   电动单梁悬挂起重机

电动单梁悬挂起重机 1 台，起吊重量 3t，跨度 4m，起升高度 6m。

e   泥斗

泥斗 1 台，$V_{有效}=6m^3$。

f   絮凝剂（PAM）加药装置

絮凝剂（PAM）加药装置 1 套。

(1) 溶药搅拌罐。溶药搅拌罐 3 个，$V_{有效}=2m^3$，材质为聚丙烯（PP）。

(2) 溶药搅拌机。溶药搅拌机 2 台，转速为 135r/min，桨叶直径 $D=350mm$，功率为 0.37kW。

(3) 计量泵。计量泵 3 台，流量 $Q=0~100L/h$，扬程 $H=10m$，功率为 0.37kW。

B 主要设备操作规程

a 卧螺离心机的操作

（1）开车前的准备：

1）首先检查离心机主电机和辅电机的电源接线和接地是否安全可靠，皮带是否松动、掉带，转动方向是否和罩壳上的指向相同。

2）检查转鼓上 1~9 个加油孔是否按规定要求加油。

3）用手转动转鼓，检查是否有摩擦和碰撞现象，转动是否轻松。

4）将液池深度调节板 R=113 装在位置上，以后根据出泥干湿程度再调整。

5）将上部机罩壳盖上去，检查两边螺栓是否拧紧，检查皮带轮罩壳的螺栓是否拧紧，检查皮带轮是否有碰罩壳。

6）设置主电机和辅电机变频器。

①主电机变频器设置。最高运行频率设 50Hz，运行频率设为 47~50Hz，开启加速时间 300~600s，关闭减速时间 900~1800s，最大扭力矩设为 110%，电流限制水平设为 110%~200%，电机过载保护系数设置为 110%，最小启动频率为 1Hz，瞬间断电时间设为 3s。

②辅电机变频器设置。最高运行频率设为 60Hz，运行频率设为 30~50Hz，其他设置项目与主电机相同。

7）触摸屏设置主电机工作频率为 48Hz，辅电机工作频率为 45Hz，进泥泵工作频率为 25Hz，加药泵工作频率为 15Hz。设定结束后，在运行过程中会显示相应的进泥流量、加药流量、差转速及主辅电机运行频率。填写运行记录时，应以电磁流量计显示流量值为依据。因为触摸屏上显示的流量为计算流量。在运行过程中，根据离心机排出泥的干湿程度和排出水的澄清程度，再实时调整进料量和加药量的大小。

8）开机之前先检查进泥泵、清水泵和加药泵的安全完好，是否具备开机条件，进入开机状态。

9）检查药剂稀释装置上的进泥管路和加药稀释管路是否畅通。

（2）开机操作、调试方法：

1）在触摸屏上操作，同时开启离心机的主辅电机，当主电机运行至 15~20Hz 时，在离心机进料口进入清水，直至出液口有清水流出为止；

2）运行频率到达预定设置的工作频率时，启动加药泵看一下透明进药管中是否有药液流入离心机，以检查 DN20 的电动阀是否开启，确认是否接通；

3）开启进泥泵，检查进料透明管中是否有污泥进入离心机；

4）运行 15~20min 检查排出污泥质量是否干，检查出液口排出水是否澄清，如果出泥口排出污泥湿度较大，要先关闭进泥泵再关闭加药泵，然后关闭离心机的主辅电机，更换液池深度调节板；

5）如果离心机有 BD 板，将调节板 R 数向下调至 110 或 109，看出泥是否有改善，如果不够干，可以将辅电机工作频率由 45Hz→48Hz→50Hz→52Hz→55Hz 逐步提高，辅电机工作频率提高后，运行的差转速下降，出泥将较干，但出水澄清度稍差；

6）一般选择污泥回收率 97%，进泥口污泥含固率 5%，离心机分离后，排出液含固率不高于 1500mg/L，即达到要求，满足以上指标要求，离心机即为正常运行。

（3）关机操作方法：

1）关闭加药泵，关闭进料口的 DN20 的电动阀；

2）关闭进泥泵；

3）打开清水阀，冲洗时间以离心机出液口排出清水为宜，冲洗离心机内部污泥，以免离心机转鼓内部污泥因停机太久，而使污泥干固影响下次再次启动离心机；

4）如果离心机临时停机在 3~5d 之内，不必进行水冲洗步骤；

5）关闭离心机主电机和辅电机；

6）为防止自来水由稀释阀经转子流量计、混合器至加药泵进入加药装置，停止加药泵时关闭加药泵和进料阀。

（4）离心机运行过程中注意事项：

1）每天上班后，注意按说明书中规定的油眼 1 号，4 号加足润滑油约 5mL，其他油眼准时按期加足油；

2）注意轴承座温度升高，希望配有一只便携式红外测温仪，如果轴承座温度高于环境温度 50℃时需引起重视。轴承内部的润滑油脂允许耐高温 80~120℃，但超过环境温度 50℃时，一般情况下，在轴承加油孔中加足润滑油，20min 后轴承温度就会下降，如果加足油运行半小时后，温度无法下降，则停机检查；

3）如果运行中发现震动异常增大，发生异常噪声等情况，必须立即停机检查，找出原因排除故障才能继续开机。

（5）保养要求：

1）离心机保养必须由经过培训的专职人员进行。

2）机器运行 3000h 需要进行一级保养，运行 6000h 进行二级保养。

3）一级保养内容：

①拆洗主轴承及轴承座；

②清洗润滑系统；

③检查连接螺钉的紧固程度。

4）二级保养内容：

①包括一级保养内容；

②拆洗差速器；

③拆开主机，清洗螺旋推料器轴承；

④螺旋推料器动平衡；

⑤整机安装和整机加水动平衡。

b 螺杆泵的操作

（1）状态设置：

1）料位计设置为高报警，中开，低停；

2）温度高于 50℃时，污泥泵设置为自动关闭；

3）污泥出口压力高于 12kg 时，污泥泵设置为自动关闭；

4）DN250 阀为常开状态，禁止关闭 DN250 阀时开启污泥泵；

5）污泥泵工作频率可根据运行情况在 10~45Hz 范围内进行调整。

（2）启动前的检查和准备：

1）检查泵出口 DN250 闸阀是否完全打开；

2）检查垃圾舱口 DN100 阀是否完全打开；

3）检查料位计探头和仪表是否正常；

4）检查料仓料位状态，料位处于高位（高于低料位计位置）时料仓才能启动；

5）检查污泥泵启动前出口压力及污泥泵定子温度。

（3）开启与关闭：

1）开启泵出口 DN250 电动阀，污泥泵一用一备，开启一台阀门，关闭另一台，每2天污泥泵进行手动切换；

2）开启污泥泵步骤：控制面板上污泥泵选择开关，开至自动挡，按启动按钮，启动污泥泵；

3）关闭污泥泵步骤：控制面板上污泥泵选择开关，开至中间（停止档），关闭污泥泵。

（4）操作注意事项：

1）污泥泵长时间停止运行时，泵应进行清洗，以免介质凝固在泵里；

2）如需将泵打开清理，拆泵前须断开电源；

3）清理周期取决于介质和运行方式；

4）在无来料时（螺杆泵空运转），会造成泵的干运行，造成定子因摩擦温度升高，橡胶老化，甚至烧坏，因此在进口管路上要装压力开关或在定子上配温控开关。

（5）维护及保养：

1）装配前，须用适当去油剂将轴承表面的油脂洗干净，然后重新抹上润滑油脂；

2）填料式密封；

3）不要接触转动的传动轴，以免造成危险。

5.6.7.2 渗沥液浓缩液处理

渗沥液处理工艺中的 NF 和 RO 工艺会产生浓缩液，占进水规模的 30%~40%。浓缩液中含高浓度的 COD、氨氮、总氮、盐分，直接排放会对环境造成二次污染。

纳滤膜的浓缩液采用物料膜系统处理（图5-37），纳滤膜的浓缩液首先进入一级物料膜系统，一级物料膜采用一级两段式运行，一级物料膜产生的浓缩液为高浓度有机废液，储存于浓液箱。一级物料膜透过液进入二级物料膜系统，二级物料膜系统滤出液达到设备出水标准后与主工艺纳滤系统产水混合进入后续反渗透处理系统，二级物料浓液接至浓液箱。

反渗透系统清液回用至冷却塔补充水，浓液进入 DTRO 膜系统。DTRO 膜系统清液回用至冷却塔补充水，浓液接至浓液箱。浓液箱浓缩液主要用于半干法石灰制浆、飞灰螯合以及回喷入炉。

A 浓缩液用于半干法石灰制浆

物料膜系统和 DTRO 膜系统浓缩液收集于浓液箱，然后回用于石灰浆制备系统。生活垃圾焚烧发电厂产生的烟气采用半干法脱硫净化装置，即采用石灰浆液吸收烟气中的 SO_x、HCl 等酸性气体，由于半干法对石灰粉加水制备石灰浆的水质没有要求，因此，可以将浓液箱浓缩液作为石灰浆制备水源，其中重金属等有害成分可与飞灰一起无害化稳定固化处理[36]。

图 5-37 物料膜系统实物图

将渗沥液浓缩液作为石灰浆制备水源回用，能显著提高脱酸的效率及稳定性，并且石灰浆流量的波动也更小，主要原因在于生活垃圾焚烧发电厂的渗沥液浓缩液中 Cl^- 的浓度高达 30000mg/L，在石灰浆进入反应塔后会析出氯盐，氯盐具有很强的吸湿性，从而提高了消石灰与酸性气体的反应活性[25]。与工艺水制浆相比，渗沥液浓缩液制浆脱酸后的 HCl 和 SO_2 排放浓度波动小，且峰值及均值均远小于工艺水制浆，同时适当地降低反应温度，有利于脱酸的进行[25]。

B 浓缩液用于飞灰螯合

将渗沥液浓缩液用于飞灰螯合稳定化系统，稳定化产物的重金属浸出率与工艺水用于飞灰螯合没有显著差别，螯合剂的投加量为飞灰量的 3% 即可满足浸出标准[36]。

飞灰稳定化采用"飞灰+螯合剂+水"的飞灰螯合稳定化工艺（图 5-38），搅拌机间歇处理，飞灰与经过稀释的液体重金属螯合剂按一定比例进入搅拌机内，飞灰中的重金属与螯合剂进行螯合反应。

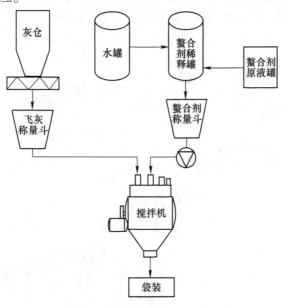

图 5-38 飞灰螯合稳定化工艺流程

C 浓缩液入炉回喷

浓缩液入炉回喷，可以解决因垃圾热值过高导致焚烧炉热负荷超载，而引起水冷壁严重结焦的问题。只有在炉内温度可以确保烟气能在850℃滞留2s的适当状态下，浓缩液才可以喷入炉内；在垃圾低位热值较低时，回喷系统不能运行。

回喷系统主要由收集槽泵、输送泵、过滤器、过滤器控制柜、水罐、喷雾泵、喷雾喷嘴、喷雾喷嘴控制柜、管道和阀等设备组成。

a 回喷工艺流程和回喷点位

渗沥液浓缩液从渗沥液站输送至浓缩液回喷系统收集箱中，然后由各焚烧线的浓缩液喷射泵抽送至相应焚烧线的喷嘴处。每条线都配备独立的喷射系统，并配有工业水冲洗系统（图5-39）[25]。

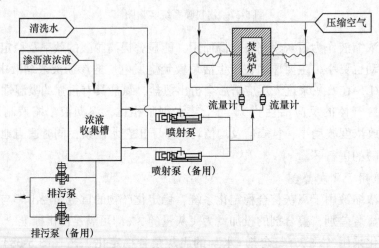

图 5-39 浓缩液回喷系统工艺流程

浓缩液最佳喷入点为二次风喷入交汇处（图5-40）[25]，二次风喷入交汇处区域温度在1000℃以上，且经过二次风的搅动混合，烟气参数已趋于均匀稳定，适合进行长期稳定回喷。

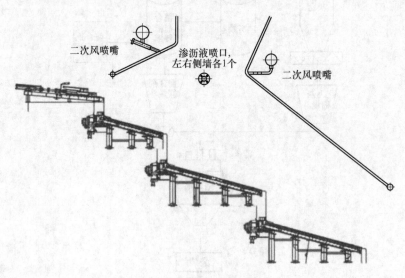

图 5-40 浓缩液回喷射点位

b 回喷系统组成

(1) 浓缩液收集箱。系统设有一个浓缩液收集单元。浓缩液由渗沥液站输送至浓缩液收集箱，收集箱设置料位计一台，高位信号输送至渗沥液站，控制收集仓料位，高位渗沥液站停止进水，收集箱低位时开始进水。

(2) 浓缩液回喷系统。每条焚烧线都配有独立的浓缩液喷射装置。每条线的浓缩液喷射装置由1台变频控制的喷射泵及2个喷射枪（每条焚烧线的炉膛左右两侧各布有1个）组成。喷射泵经气动开关阀将浓缩液从收集箱抽出，进入相应焚烧线的喷射装置。泵出口有压力安全阀，超过一定值时泵自动停止，以免超压。浓缩液通过高效率的雾化喷嘴配合厂用压缩空气可获得高品质的雾化效果。每条焚烧线的雾化压缩空气管路配备一个压力调节阀，可用来确保喷射枪处合适的压缩空气压力，取得最佳雾化效果。冷却喷嘴和喷枪，锅炉启动后雾化空气球阀可以一直保持开启，供给压缩空气。整个浓缩液喷射系统（喷射泵，管路，喷射枪，喷嘴）在停运前可用工业水来进行全面冲洗，以避免凝固颗粒造成的堵塞。气动冲洗阀也安装在喷射泵组的进口，冲洗时关闭浓缩液气动开关阀，开启气动冲洗阀，喷射泵频率设定在一个适当频率，冲洗3分钟即可。

(3) 其他相关系统。浓缩液回喷泵房总电源由1路供电，供给泵房各喷射泵和PLC及系统各气动阀。各焚烧线的浓缩液回喷的流量计电源则引自浓缩液回喷电控柜。各焚烧线的炉前浓缩液回喷系统的仪控压缩空气和雾化压缩空气则分别引自各线的仪控压缩空气和厂用压缩空气管。浓缩液回喷泵房的冲洗水来自生产工业水。

c 喷射控制

当炉膛温度的信号满足工艺要求850℃时，浓缩液喷射装置即可运行。该信号通过对温度测点的测量及计算后得出。每条线浓缩液回喷的流量由焚烧炉17m层左右侧各一个流量计检测。

投运"自动"时，当烟温已上升至850℃时，开启浓缩液泵进口气动开关阀，自动选择开启一台喷射泵，采用预先设定的频率，6支喷枪开始工作，控制流量为$1\sim1.5m^3/h$，浓缩液开始回喷。

若温度继续下降，至830℃，自动执行自动冲洗程序，净水冲洗3分钟后，停运喷射泵，关闭气动冲洗阀。等烟温上升至850℃时，再次开始投运回喷系统。

浓缩液喷射泵3用1备，若运行回喷泵需要检修，则切换前先关掉喷射开关阀，再打开喷射管冲洗阀冲洗2分钟，然后停泵，关掉喷射管冲洗阀，再打开喷射开关阀，同时启动另一台备用泵，如果切换备用泵时另一台泵处在检修状态，则不能启动。

d 回喷泵技术数据

回喷泵技术数据见表5-29。

表5-29 回喷泵技术参数

参数类型	参数名称	参数范围
介质参数	介质名称	废水
	介质温度/℃	约20
	固体含量/%	约1
	pH值	中性

参数类型	参数名称	参数范围
介质参数	动力黏度/Pa·s	0.5
	介质流量/m³·h⁻¹	3
	入口压力	自然流入
	输出压力/MPa	0.7
泵工作参数	工作转速/r·min⁻¹	306
	泵轴功率/kW	1.5
	泵扬程/m	49
	旋转方向	驱动端看逆时针旋转
固定转速齿轮减速马达参数	功率/kW	3
	电压/V	380
	速度/r·min⁻¹	306
	频率/Hz	50
	频率可调范围/Hz	20~60
	绝缘/防护等级	F/IP55

e 运行操作

（1）启动。启动条件是炉膛计算温度达到 850℃。

（2）启动前准备。

1）检查浓缩液回喷泵房投运线回喷系统各喷射泵进出口阀门、浓缩液气动开关阀前隔离阀均在开启状态。

2）检查浓缩液回喷泵房工业水和仪控压缩空气供给正常。

3）检查浓缩液回喷泵房收集箱液位正常。

4）检查投运线浓缩液回喷系统炉前各阀阀位正确，流量计已投运，各喷枪雾化压缩空气已投运，各喷枪气动缸位置正确。

5）检查浓缩液回喷泵房投运线回喷系统各喷射泵已送电，控制开关选自动。

（3）启动顺序。

1）查 DCS 浓缩液回喷画面。

2）打开浓缩液喷射泵组进口气动开关阀。

3）启动浓缩液喷射泵。

4）检查开启各个喷枪的浓缩液雾化压缩开启球阀和给料球阀。

5）检查锅炉左右侧浓缩液回喷流量计流量，根据需要调节喷射泵频率，控制流量。

（4）停运。

1）停运顺序：

①检查 DCS 浓缩液回喷画面；

②打开浓缩液喷射泵进口清洗气动冲洗阀；

③关闭浓缩液喷射泵进口气动开关阀；

④冲洗时间过后，停止浓缩液喷射泵；

⑤关闭浓缩液喷射泵进口清洗气动冲洗阀；

2）如原在自动状态，要停运时，选取自动执行"冲洗"程序，冲洗 3 分钟后，泵、阀自动回至选取自动前状态后，停运。

3）"冲洗"过程中，如要立即退出自动冲洗，选取"故障复位"即可。

f 浓缩液回喷设备检查与维护

（1）浓缩液回喷泵房系统的检查。

1）检查浓缩液回喷泵收集箱液位正常。

2）检查浓缩液回喷系统配电间各设备供电正常，无异常报警。

3）检查各焚烧线喷射泵各进出口阀阀位正确，各气动阀状态正确。

（2）排污泵及喷射泵的维护。

1）每日目视检查排污泵及喷射泵的运行情况，检查泵是否振动过大：目视泵体有抖动，泵出口压力表指针抖动剧烈。

2）各压力表，流量计是否正常。

（3）喷枪单元的维护。

1）每班：交班时巡检各条线喷枪状况。

2）每周：拆卸喷枪进行除焦。

3）如两侧流量偏差超过 0.5m³/h，停止喷射，冲洗管道后拆卸流量较小侧喷枪。

4）枪头进行清洗并除焦。

g 运行情况

本项目脱硝还原剂为氨水，实际运行中投入 SNCR 而不喷入浓缩液时，NO_x 排放浓度约为 180mg/m³；投入 SNCR 且喷入浓缩液时，NO_x 排放浓度约为 150mg/m³，可降低 NO_x 排放浓度约 16.7%，减少 SNCR 或 SCR 脱硝系统中氨水的消耗量，进一步降低运营成本。

5.6.7.3 除臭系统

渗沥液在处理过程中，因工艺条件和要求会造成臭味的产生，可能产生臭味的设施包括预处理系统、沼液暂存池、调节池、均化池、反硝化池、污泥浓缩池及污泥上清液池、污泥脱水间等。

各处理构筑物产生的臭气经负压收集，送至焚烧炉进行焚烧[37~40]。焚烧炉一次风机吸风口布置在垃圾库上方，利用 3 台焚烧炉一次风机吸风，将垃圾库内恶臭气体作为燃烧空气从炉排底部的渣斗送入焚烧炉，并保持垃圾库负压状态，有效防止臭气外逸。

同时，在垃圾库顶加设通风抽气系统，并设置活性炭除臭装置，从垃圾库顶抽出的臭气经活性炭除臭装置净化、脱臭处理后达标排放，保证焚烧炉停炉期间垃圾库的臭气不向外扩散，垃圾库共设置 2 套活性炭除臭装置，活性炭除臭装置设备组成见表 5-30。当 3 台焚烧炉全部停炉时，启动 2 套活性炭除臭装置，换气次数约 2 次/h 以上，垃圾库仍能维持负压。

表 5-30 活性炭除臭装置设备组成

序号	设备名称	单位	数量	设 备 参 数
1	玻璃钢离心风机	台	2	风量：68000m³/h；全压：2442Pa；转数：1120r/min
2	活性炭除臭装置	台	2	尺寸：9m×2m×3m；风量：68000m³/h；设备运行阻力：800~1200Pa；每台活性除臭装置活性炭填装量：21.6t

此外，还在厂内垃圾运输道路、垃圾倾卸厅、污水处理站等位置设除臭剂喷洒装置，消除渗沥液滴漏过程中所散发的臭味。

参 考 文 献

[1] 王子文，戴兰华，谢小青，等. 垃圾焚烧厂渗滤液预处理工艺研究 [J]. 环境工程，2015 (8)：22~26.

[2] 王天义，蔡曙光，胡延国. 生活垃圾焚烧厂渗滤液处理技术与工程实践 [M]. 北京：化学工业出版社，2019.

[3] 上海市职业技能鉴定中心. 污水处理工 (四级) [M]. 北京：中国劳动社会保障出版社，2018.

[4] 北京水环境技术与装备研究中心，北京市环境保护科学研究院，国家城市环境污染控制工程技术研究中心. 三废处理工程技术手册：废水卷 [M]. 北京：化学工业出版社，2000.

[5] Ye Jiexu, Mu Yongjie, Cheng Xiang, et al. Treatment of fresh leachate with high-strength organics and calcium from municipal solid waste incineration plant using UASB reactor [J]. Bioresource Technology, 2011, 102 (9)：5498~5503.

[6] 彭勇. 垃圾焚烧厂渗滤液处理工艺参数优化与综合效能评价研究 [D]. 北京：清华大学，2015.

[7] Dang Yan, Lei Yuqing, Liu Zhao, et al. Impact of fulvic acids on bio-methanogenic treatment of municipal solid waste incineration leachate [J]. Water Research, 2016, 106：71~78.

[8] Dang Yan, Zhang Rui, Wu Sijun, et al. Calcium effect on anaerobic biological treatment of fresh leachate with extreme high calcium concentration [J]. International Biodeterioration & Biodegradation, 2014, 95 (Part A)：76~83.

[9] Liu Zhao, Dang Yan, Li Caihua, et al. Inhibitory effect of high NH_4^+-N concentration on anaerobic biotreatment of fresh leachate from a municipal solid waste incineration plant [J]. Waste Management, 2015, 43：188~195.

[10] Wang Tao, Huang Zhenxing, Ruan Wenquan, et al. Insights into sludge granulation during anaerobic treatment of high-strength leachate via a full-scale IC reactor with external circulation system [J]. Journal of Environmental Sciences, 2018, 64：227~234.

[11] 宋灿辉，肖波，胡智泉，等. UASB/SBR/MBR 工艺处理生活垃圾焚烧厂渗滤液 [J]. 中国给水排水，2009, 25 (2)：62~64.

[12] Zhou Lijie, Zhuang Weiqin, Ye Biao, et al. Inorganic characteristics of cake layer in A/O MBR for anaerobically digested leachate from municipal solid waste incineration plant with MAP pretreatment [J]. Chemical Engineering Journal, 2017, 327：71~78.

[13] Zhang Jiao, Xiao Kang, Huang Xia, et al. Full-scale MBR applications for leachate treatment in China：Practical, technical, and economic features [J]. Journal of Hazardous Materials, 2020, 389：122~138.

[14] 张亚通，朱鹏毅，朱建华，等. 垃圾渗滤液膜截留浓缩液处理工艺研究进展 [J]. 工业水处理，

2019, 39 (9): 18~23.

[15] Jiang Feng, Qiu Bin, Sun Dezhi. Advanced degradation of refractory pollutants in incineration leachate by UV/Peroxymonosulfate [J]. Chemical Engineering Journal, 2018, 349: 338~346.

[16] Li Caihua, Jiang Feng, Sun Dezhi, et al. Catalytic ozonation for advanced treatment of incineration leachate using (MnO_2-Co_3O_4)/AC as a catalyst [J]. Chemical Engineering Journal, 2017, 325: 624~631.

[17] Jiang Feng, Qiu Bin, Sun Dezhi. Degradation of refractory organics from biologically treated incineration leachate by VUV/O_3 [J]. Chemical Engineering Journal, 2019, 370: 346~353.

[18] Liua Yong, Wang Jianlong. Treatment of fresh leachate from a municipal solid waste incineration plant by combined radiation with coagulation process [J]. Radiation Physics and Chemistry, 2020, 166: 108501.

[19] Ilhan F, Kabuk H A, Kurt U, et al. Evaluation of treatment and recovery of leachate by bipolar membrane electrodialysis process [J]. Chemical Engineering and Processing: Process Intensification, 2014, 75: 67~74.

[20] 高用贵. "化学软化+反渗透"法处理垃圾焚烧厂渗滤液中试研究 [D]. 北京: 清华大学, 2013.

[21] Yang Benqin, Yang Jinming, Yang Hui, et al. Co-bioevaporation treatment of concentrated landfill leachate with addition of food waste [J]. Biochemical Engineering Journal, 2018, 130: 76~82.

[22] 付江涛, 王黎, 李新望, 等. STRO膜在垃圾焚烧电厂渗滤液减量化的中试探索 [J]. 膜科学与技术, 2017, 37 (2): 120~123.

[23] Zhao Youcai. Pollution Control for Leachate from Municipal Solid Waste [M]. Elsevier Publisher Inc, 2018.

[24] Ren Xu, Song Kai, Xiao Yu, et al. Effective treatment of spacer tube reverse osmosis membrane concentrated leachate from an incineration power plant using coagulation coupled with electrochemical treatment processes [J]. Chemosphere, 2020, 244: 125479.

[25] 严浩文, 余国涛, 杨杨. 渗滤液浓缩液回喷处理对垃圾焚烧过程影响初探 [J]. 环境卫生工程, 2019, 27 (2): 66~69.

[26] 陈竹, 李军. 生活垃圾渗滤液处理产生污泥的混烧研究 [J]. 环境卫生工程, 2011, 19 (6): 34~36.

[27] 李成海, 胡建民, 高用贵, 等. 垃圾焚烧厂渗滤液处理站除臭系统探讨 [J]. 环境卫生工程, 2014, 22 (4): 73~75.

[28] 黄求诚, 陆新生, 王锋, 等. 垃圾焚烧厂的恶臭污染控制 [J]. 暖通空调, 2019, 19 (9): 82~85, 19.

[29] 朱悦. 城市生活垃圾焚烧发电厂沼气利用工艺探讨 [J]. 环境卫生工程境, 2015, 23 (3): 56, 57.

[30] 周洪权. 生活垃圾焚烧厂沼气利用技术探讨 [J]. 工程技术研究, 2017 (9): 64, 68.

[31] 浦燕新, 乐晨. 垃圾焚烧厂渗滤液厌氧处理产沼发电研究 [J]. 广东化工, 2016, 43 (8): 144~145.

[32] 张桂仙. 静脉产业园沼气利用方式比较分析 [J]. 中国新技术新产品, 2020 (11): 123~125.

[33] 闵涛, 姚琴. 垃圾焚烧发电厂渗滤液处理工程实例分析 [J]. 环境卫生工程, 2019, 27 (5): 57~59.

[34] 许力, 龙吉生, 章文锋. 垃圾渗滤液RO浓水DTRO再浓缩中试实验 [J]. 环境卫生工程, 2016, 24 (4): 41~43.

[35] 何势. 垃圾电厂渗滤液膜浓缩液减量化技术研究及应用 [J]. 环境卫生工程, 2019, 27 (2): 74~76.

[36] 冯淋淋. 垃圾焚烧厂渗滤液浓缩液回用技术研究 [J]. 环境卫生工程, 2019, 27 (5): 53~56.

[37] 李朋. 生活垃圾焚烧电厂防臭措施与除臭系统设计 [J]. 四川环境, 2020, 39 (3): 104~107.

[38] 王刚. 浅析生活垃圾焚烧发电厂臭气控制 [J]. 环境卫生工程, 2017, 25 (1): 33~35.

[39] 顾铮, 李贝. 生活垃圾焚烧发电厂渗滤液处理站臭气处理综论 [J]. 工程技术研究, 2019 (7): 251~252.

[40] 陈圆, 洪勇, 李英. 垃圾焚烧电厂臭源分布及对策分析 [J]. 四川环境, 2019, 38 (2): 65~68.

第6章 渗沥液处理工程运行优化

垃圾渗沥液是生活垃圾焚烧发电厂污染物组分最多、污染物浓度最高、处理工艺最复杂的废水，其处理系统的运行优化直接影响到生活垃圾焚烧发电厂废水的处理效果和处理成本。本章以宁波项目的渗沥液处理系统为例，通过对各处理单元水样的现场取样和测试，分析了渗沥液处理系统的运行效能；通过对渗沥液深度处理膜系统的膜垢和膜浸泡液分析，研究了膜系统的主要污染因子；通过膜系统纳滤进水的混凝预处理实验，研究了深度处理膜系统的污染物削减技术。

6.1 渗沥液处理系统运行效能研究

6.1.1 运行效能分析

6.1.1.1 水质指标分析

取样时间为 2019 年 3 月 12 日，各单元取样点位置如图 6-1 所示，各处理流程基本水质见表 6-1。

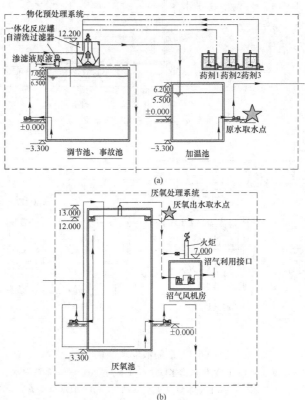

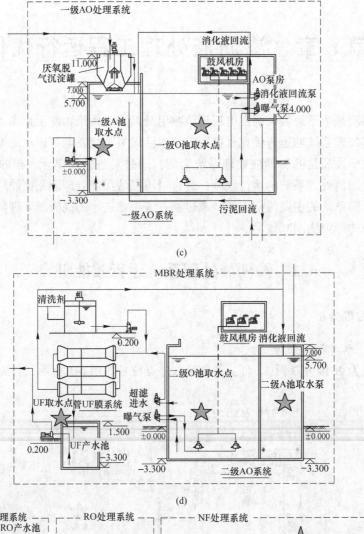

(c)

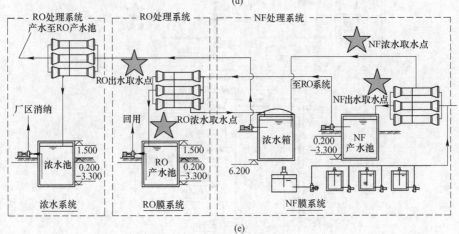

(e)

图 6-1　渗沥液取水位置

(a) 原水取水点 (★); (b) 厌氧出水取水点 (★); (c) 一级 A/O 取水点 (★);

(d) 二级 A/O+UF 取水点 (★); (e) NF+RO 取水点 (★)

表 6-1 各处理流程基本水质

项目	pH	COD_{Cr} /mg·L⁻¹	TN /mg·L⁻¹	NH_4^+-N /mg·L⁻¹	NO_2^--N /mg·L⁻¹	NO_3^--N /mg·L⁻¹	TP /mg·L⁻¹	PO_4^{3-}-P /mg·L⁻¹	Ca^{2+} /mg·L⁻¹	Mg^{2+} /mg·L⁻¹	SO_4^{2-} /mg·L⁻¹	Cl^- /mg·L⁻¹	电导率 μS·cm⁻¹
加温池出水	4.6	19200	1420	1070	0.6	349	192	4.2	2480	1968	906	3195	20690
1号厌氧池出水	7.9	2640	1511	1472	0.2	39	19	4.7	100	360	373	3763	23100
2号一级A池	7.8	220	537	2.9	0.1	534	1.8	0.2	240	336	455	3479	14650
2号一级O池	7.8	380	542	8.8	0.1	533	4.7	2.5	260	372	409	3195	14440
2号二级A池	7.9	440	489	7.5	0.9	481	4.2	3.0	300	408	409	3337	16580
2号二级O池	7.8	420	521	1.8	0.6	519	5.4	2.8	320	408	455	3550	14360
UF出水	6.9	272	499	0.5	0.1	498	5.3	1.1	300	396	400	4260	16220
NF出水	7.2	168	479	0.3	0.1	479	4.0	0.2	216	254	35	3905	14580
NF浓水	7.6	1390	583	18	0.2	565	4.8	4.6	800	1380	2645	5183	21930
RO出水	7.6	16	51	0.0	0.0	51	6.2	0.1	1.6	1.9	18	21	296
RO浓水	7.7	136	635	0.5	0.3	634	5.7	3.2	900	1344	167	12283	53100
一级物料出水	7.4	328	500	0.3	0.1	500	5.1	2.4	560	1020	2444	5183	18120
一级物料浓水	7.3	2400	880	45	1.4	834	5.4	5.2	1360	2160	4993	5183	22400

考虑到总氮和硝酸盐氮的测定方法依据为《水质 硝酸盐氮的测定 紫外分光光度法（试行）》（HJ/T 346—2007），测定总氮时，采用了消解预处理，一般满足 $A_{275}/A_{220}<0.2$，总氮数据较为可信；测定硝酸盐氮时，未采用消解预处理，一般不满足 $A_{275}/A_{220}>0.2$，即有机物干扰较大，所以测定误差较大[1]，A_{275}、A_{220} 分别为 275nm 和 220nm 下的吸光光度。因此，硝酸盐氮实际测定数据没有列入表 6-1，表中所列硝酸盐氮数据是根据公式"硝酸盐氮＝总氮－氨氮－亚硝酸盐氮"计算所得。

6.1.1.2 运行效能分析

根据表 6-1 数据，结合现场调研时厂方提供的信息，对各单元的污染物去除情况描述如下：

（1）渗沥液原液污染物浓度较高，COD、氨氮、总氮和总磷分别高达 19200mg/L、1420mg/L、1070mg/L 和 192mg/L。厌氧池对 COD 以及总磷的去除效果较好，分别达到 86.3%和 90.1%。

（2）厌氧/好氧（A/O）池分为一级 A/O 池与二级 A/O 池，一级 A/O 池对 COD 和氨氮、总磷去除效果较好，去除率分别为 91.7%、99.8%和 90.5%。二级 A/O 池对氨氮去除效果明显，渗沥液氨氮浓度只有 1.8mg/L，总氮的去除效果不大，去除率仅为 3.9%。一级 A/O 池和二级 A/O 池亚硝酸盐浓度较低，均在 1mg/L 以下。

（3）由于二级 A 池碳源一般不足，为补充碳源，在厌氧池进水泵出口设有分支管，可将部分垃圾渗沥液原液补充至二级 A 池，调节 $m(C)/m(N)$ 值为 4∶1~6∶1，以解决碳源不足的问题，但是这也同时导致了二级 A/O 池的 COD 的上升。超滤（UF）系统对 COD、氨氮等的截留效果不明显，更多的是截留 A/O 池过来的污泥。

（4）纳滤（NF）系统对 COD 去除效果一般，氨氮降至 0.3mg/L；钙离子截留效果为 28%，镁离子截留效果为 35%；硫酸根截留效果明显，高达 91.3%。

（5）反渗透（RO）系统的出水水质都能达标，COD 为 16mg/L，氨氮几乎全部去除，除盐效果也比较明显，钙离子为 1.6mg/L，镁离子浓度为 1.9mg/L，截留效率超过 99%；氯离子截留效率为 99.6%。RO 出水水质已经达到其要求的排放标准，出水指标也达到去除率要求（表 6-2）。

表 6-2 进出水质对比表

项目	COD_{Cr}/mg·L^{-1}	NH_3-N/mg·L^{-1}	pH 值	TN/mg·L^{-1}	Cl$^-$/mg·L^{-1}
进水水质	19200	1070	4.6	1420	3195
出水水质①	16（≤60）	0（≤10）	7.6（6.5~8.5）	51（≤80）	21（≤250）
处理率	≥99.9%	≥99.5%	—	≥98.4%	≥99.3%

①括号里为焚烧厂渗沥液国家排放标准，其中 TN 为宁波项目内部标准。

根据各单元水质变化情况，对各反应器的污染物去除效能阐述如下：

由表 6-1 可以看出，COD 去除主要通过厌氧池、一级 A 池、超滤、纳滤和反渗透五个模块完成。厌氧池和一级 A 池主要去除废水中可生物降解 COD，以进水 COD 计算，两个单元去除率分别为 86.3%和 12.6%；而超滤、纳滤和反渗透主要去除溶解性难生物降解 COD，以二级 O 池滤液 COD 计，三个单元去除率分别为 35.2%、24.8%和 36.2%。一级 O 池和二级 A/O 池并未发挥较明显的有机物降解能力。

垃圾渗沥液的脱氮主要包括氨化、硝化和反硝化过程。就脱氮而言，厌氧池对有机物的水解伴随着氨化过程，含氮化合物中的有机氮会水解为氨氮，因此厌氧池氨氮浓度会有所上升（上升37.5%）。值得注意的是，氨氮的硝化主要发生在两段A/O系统的一级A池，该现象的证据包括一级A池氨氮由厌氧池的1472mg/L降低至2.9mg/L，而硝酸盐氮浓度显著上升（由39mg/L上升至534mg/L）。这很可能是由于高回流比，一级A池已经由缺氧状态转变为好氧状态。而由于可生物降解有机物已经在一级A池消耗殆尽，这造成后续各单元脱氮碳源缺乏。由于各反应池氨氮浓度没有变化，硝酸盐浓度变化也不大，可以推断厂方并未将垃圾渗沥液原液泵入二级A池供给碳源（或者说二级A池也变成了好氧状态）。因此，就脱氮而言，A/O系统后续需进行深入运行优化。既需要控制回流比将一级A池转变为缺氧状态，又需要考虑进水分配部分碳源进入二级A/O段以充分脱氮。在后续膜系统中，反渗透单元实现了氨氮和硝酸盐的高效分离，但并未真正去除，只是将脱氮压力转入浓水中。

就除磷而言，虽然渗沥液进水总磷浓度较高（192mg/L），但由于垃圾渗沥液中含有丰富的金属离子，大部分金属离子经过厌氧池后可沉淀去除，部分总磷则在厌氧和好氧反应过程中作为微生物合成代谢的基质进入污泥中。经过超滤后出水磷浓度仍为5.3mg/L，而纳滤和反渗透对磷去除效率较低。因此，综合考虑超滤出水COD和总磷浓度情况，可考虑在超滤与纳滤单元之间增设混凝沉淀系统，同步去除胶体性有机物和总磷。

6.1.2　A/O池除氮效能差的原因分析及改进措施

6.1.2.1　A/O池除氮效能差的原因分析

为了确定A/O池除氮效能差的原因，2019年9月10日分别对厌氧池出水口、一级A池出水口、一级O池、二级A池出水口和二级O池进行取样测定，测定指标包括pH值、氨氮、总氮和溶解氧（DO），测定数据见表6-3。

表6-3　A/O池除氮效能分析基础数据

取水点	pH值	COD/mg·L⁻¹	氨氮/mg·L⁻¹	总氮/mg·L⁻¹	DO/mg·L⁻¹
厌氧池出水	7.80	3520	2112	3100	0
一级A池出水	7.93	763	9.3	805	0.23
一级O池	7.74	694	11.7	905	1.92
二级A池出水	7.70	863	9.7	780	0.18
二级O池	7.75	675	10	850	1.41

一级A池要同时接收厌氧池出水、一级O池内回流液、超滤浓水外回流液，此外，当一级A池水pH值低于7.4时，还接收加温池碳源补充原液。其中，厌氧池出水、一级O池内回流液、超滤浓水外回流液的流量比为（10~16）∶80∶120，由于加温池BOD较高，所以一级A池所接收的加温池碳源补充原液的流量（一级A池水pH值低于7.4时）远小于厌氧池进水的流量，更分别远小于一级O池内回流液和超滤浓水外回流液的流量。

由表6-3可知，一级A池出水溶解氧（DO）为0.23mg/L，一级A池池体水的溶解氧（DO）应该大于1mg/L。而厌氧池出水、一级O池内回流液、超滤浓水外回流液的流量比为（10~16）∶80∶120，其溶解氧（DO）浓度分别为0mg/L、1.92mg/L和1.41mg/L，这也可以说明一级 A 池池体水的溶解氧（DO）应该大于 1mg/L。由此可知，一级 A 池水处于好氧状态，已经失去了反硝化脱氮的功能，从而导致了一级 A/O 池的总氮浓度基本未变。

经与宁波现场运行专工确认，厂方并未将垃圾渗沥液原液泵入二级 A 池供给碳源。这就造成二级 A 池脱氮碳源缺乏，因而失去了反硝化脱氮的功能，导致了二级 A/O 池的总氮浓度基本未变。

6.1.2.2 改善 A/O 池除氮效能的措施

根据以上原因分析，建议采取以下措施改善 A/O 池除氮效能：

（1）控制一级 O 池的内回流比和外回流比，减小一级 O 池内回流液和超滤浓水外回流液的流量，将一级 A 池由好氧状态转变为缺氧状态，恢复一级 A 池的反硝化脱氮功能。

（2）进水分配部分碳源进入二级 A/O 段，将加温池垃圾渗沥液原液泵入二级 A 池，供给二级 A 池反硝化所需的碳源，以充分发挥二级 A 池的反硝化脱氮作用。

6.1.3 渗沥液处理系统沿程水质变化

6.1.3.1 紫外可见光谱分析

紫外可见光谱分析的目的是利用紫外可见光吸收光谱的数据（特定波长的吸光度和特定波长的吸光度比值），分析水样中有机物的类型。E_{254} 主要代表包括酚类、芳香族化合物等在内的具有不饱和 $C=C$、$C=O$ 等双键结构的难降解有机物质，可以间接反映待测物质中不饱和双键或者芳香族类有机物的相对含量[2]。E_{254}/E_{365} 可以反映 DOM 分子大小的比例，其比值越大，说明水样中的小分子物质比例越高[3]。E_{300}/E_{400} 和 E_{445}/E_{665} 常用于表征腐殖质的腐化程度，比值越大，其腐殖化程度越低[4~6]，E_{445}/E_{665} 还和有机物的分子量大小有关，当分子量降低时，该比值往往会增加[7]。

从各单元处理工艺出水中取样，采用 UV-2450 型紫外分光光度计进行紫外扫描分析，扫描波长范围为 200~800nm，光谱宽带 2nm，读数间隔 0.5nm，样品池 1 cm 石英，测定各溶液在 254nm、265nm、300nm、400nm、445nm、665nm 处的吸光度值，计算并比较 E_{254}/E_{2365}、E_{300}/E_{400} 与 E_{465}/E_{665} 的比值，结果见表 6-4。

表 6-4 各组合工艺单元 DOM 的特殊吸光度值

参数	E_{254}	E_{254}/E_{365}	E_{300}/E_{400}	E_{445}/E_{665}
加温池出水	10.00	2.07	2.19	5.03
厌氧池出水	4.75	2.83	4.13	6.96
2 号一级 A 池	4.31	2.89	3.20	2.01
2 号一级 O 池	4.59	2.94	3.26	2.02
2 号二级 A 池	4.49	2.88	3.39	2.45
2 号二级 O 池	4.93	2.55	2.93	2.42
UF 出水	4.12	3.05	3.38	1.86
NF 出水	0.57	2.32	2.74	1.10
NF 浓水	5.04	1.10	1.91	4.05

续表 6-4

参数	E_{254}	E_{254}/E_{365}	E_{300}/E_{400}	E_{445}/E_{665}
RO 出水	0.38	1.19	1.15	1.14
RO 浓水	1.54	3.74	5.87	1.26
一级物料出水	4.09	3.69	23.18	1.98
一级物料浓水	5.19	0.52	0.58	7.41

由表 6-4 可以得出以下结论。

(1) 生活垃圾焚烧发电厂加温池渗沥液的 E_{254} 值较大,说明渗沥液中的不饱和有机物含量较多[8];厌氧处理过后,E_{254} 值显著降低,说明厌氧反应中的厌氧微生物能够有效将渗沥液中的难降解组分及大分子有机物转化为易生物降解及小分子物质,从而降低了渗沥液中有机物的芳香性和复杂程度,提高了其可生化性。纳滤出水 ($E_{254}=0.57$) 和反渗透出水 ($E_{254}=0.38$) 中有机物以小分子饱和键结构有机物为主。纳滤浓水 E_{254} 值 (5.04) 和一级物料浓水 E_{254} 值 (5.19) 较大,说明难降解有机物质主要集中在浓水。

(2) 焚烧厂渗沥液中小分子物质含量较高,且经 UF 处理后 E_{254}/E_{365} 值有略微增大,这可能是因为经过 UF 膜截留之后,渗沥液中的悬浮物、胶体微粒等被大量去除 (仅针对有机物),从而剩下的小分子物质的占比增加。

(3) 纳滤进水 E_{300}/E_{400} 值 (2.74) 明显大于纳滤出水 (1.91) 和纳滤浓水 (1.15),说明纳滤膜截留的有机物以腐殖质为主;同时反渗透浓水 E_{300}/E_{400} 值 (5.87) 较高,说明反渗透浓水中腐殖质在有机物中的占比较小。

(4) 纳滤浓水 E_{445}/E_{665} 值 (4.05) 和一级物料浓水 E_{445}/E_{665} 值 (7.41) 最大,说明一级物料浓水中有机物腐殖化程度降低,分子量较小。

6.1.3.2 三维荧光光谱分析

三维荧光光谱分析的目的是在 220~440nm 激发波长下,测定有机物的荧光峰,根据有机物的荧光峰的波长及强度,可得知水样中有机物的类型;对比处理单元进、出水的三维荧光光谱,推断处理单元去除有机物的类型。

三维荧光光谱可以将不同发射、激发波长下渗沥液有机物的荧光峰进行表征,提供完整的光谱信息。三维荧光光谱分为 5 个区域 (表 6-5)[9~11],Ⅰ区为酪氨酸类蛋白质,Ⅱ区为色氨酸类蛋白质,Ⅲ为富里酸类物质,Ⅳ区为溶解性微生物代谢产物,Ⅴ区为腐殖酸类,图 6-2 为典型有机物三维荧光光谱的 5 个区域划分[9~11]。将焚烧厂各个处理单元的出水水样包括膜浓水水样进行三维荧光光谱扫描,结果见图 6-3。

表 6-5 三维荧光法区域划分

区域	有机物类型	激发波长/nm	发射波长/nm
Ⅰ	酪氨酸类蛋白质	220~250	250~330
Ⅱ	色氨酸类蛋白质	220~250	330~380
Ⅲ	富里酸类物质	220~250	380~550

区域	有机物类型	激发波长/nm	发射波长/nm
IV	溶解性微生物代谢产物	250~380	260~380
V	腐殖酸类腐殖质	250~500	380~550

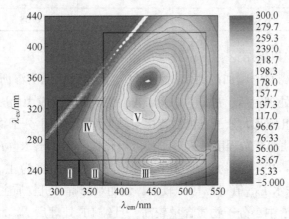

图6-2 典型有机物三维荧光光谱的5个区域划分

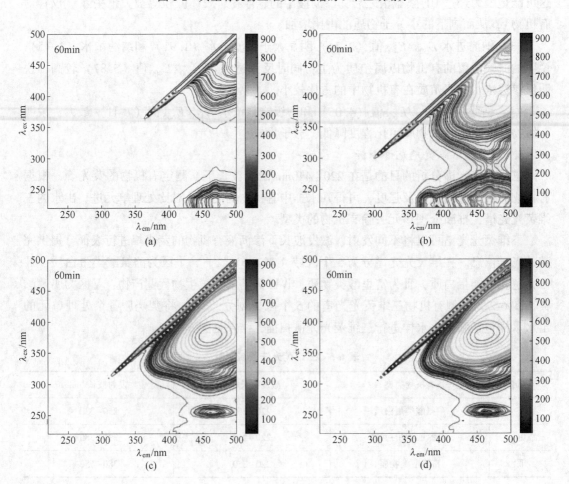

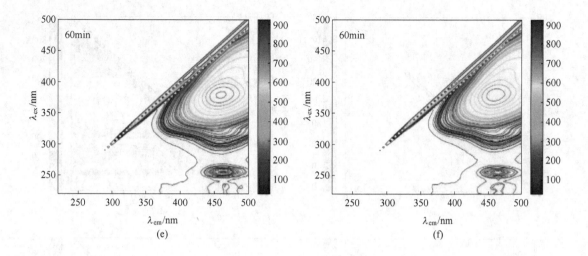

(e)

(f)

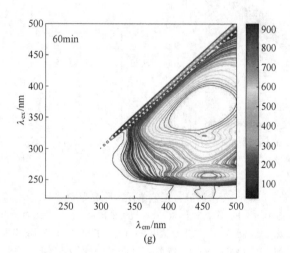

(g)

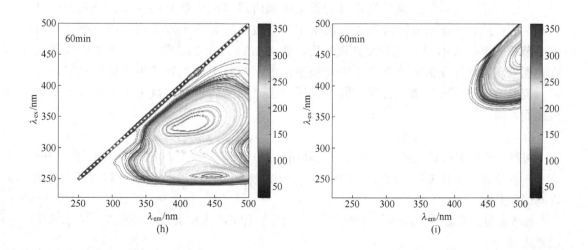

(h)

(i)

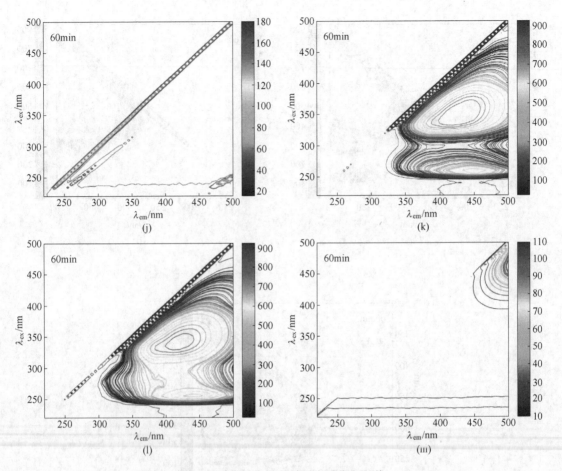

图 6-3 渗沥液各工艺单元水质荧光光谱

（a）渗沥液原液；（b）厌氧出水；（c）一级 A 池出水；（d）一级 O 池出水；

（e）二级 A 池出水；（f）二级 O 池出水；（g）UF 出水；（h）NF 出水；

（i）NF 浓水；（j）RO 出水；（k）RO 浓水；（l）一级物料出水；（m）一级物料浓水

三维荧光图谱显示，原始垃圾渗沥液至厌氧阶段有两个明显的主峰，分别位于Ⅲ区和Ⅴ区，这表明原始渗沥液和厌氧出水中含有较多的类富里酸类物质以及类腐殖酸类腐殖质。经过 A/O 池和膜深度处理之后，在 NF 浓水、RO 浓水、物料浓水中发现还有类腐殖质的峰（Ⅴ区）存在，表明垃圾渗沥液中类富里酸类物质可以得到很好地去除，但是类腐殖质比较难于去除，同时也说明膜表面极有可能是富里酸类物质聚集导致膜面污染。

6.1.3.3 红外光谱分析

每种分子都有由其组成和结构（所含基团类型）决定的独有的红外吸收光谱，将一束不同波长的红外射线照射到物质的分子上，根据物质的红外吸收光谱，可以判断物质所含基团的类型。

图 6-4 为渗沥液各工艺单元出水水质红外光谱，图 6-5 为渗沥液膜处理单元浓水水质红外光谱。

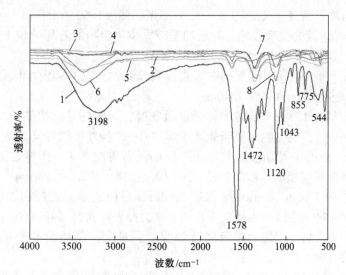

图 6-4 渗沥液各工艺单元水质红外光谱

1—原液；2—厌氧池出水；3—1AO；4—2AO；5—UF；6—NF；7—RO；8—物料膜出水

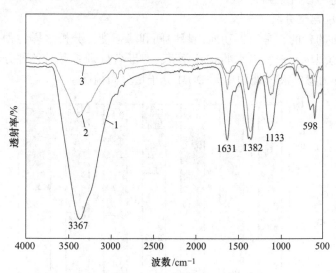

图 6-5 渗沥液膜处理单元浓水水质红外光谱

1—NF 浓水；2—RO 浓水；3—物料浓水

废水中溶解性有机物（DOM）具有较为丰富的官能团红外特征峰，结合已有的研究结果[12~17]对渗沥液生化处理水的红外图谱进行分析，可以得到如下结论：

（1）3198cm⁻¹和3367cm⁻¹处的强吸收峰，对应的是酚、醇分子间氢键的 O—H 伸缩振动宽峰（3500~3200cm⁻¹）。

（2）3000cm⁻¹附近的弱吸收峰，对应的是芳香类化合物的芳环结构上的 C—H 伸缩振动峰（3100~3000cm⁻¹）。

（3）1630cm⁻¹附近的中等强度吸收峰，对应的是羧酸、酮、酰胺、醌等过氧化合物的 C ═ O 伸缩振动峰（1680~1630cm⁻¹）；也可能对应酰胺的 N—H 弯曲振动峰（1655~

1590cm^{-1}）；也可能是芳烃类化合物 C ═ C 骨架振动峰（1650~1450cm^{-1}）。

（4）1580cm^{-1}附近的强吸收峰，对应的是芳香类化合物的芳环结构上的 C ═ C 伸缩振动峰（1600~1580cm^{-1}）。

（5）1472cm^{-1}和1382cm^{-1}附近的中等强度吸收峰，对应的是碳水化合物、脂肪族化合物的 C—H 弯曲振动峰（1465~1340cm^{-1}）。

（6）1120cm^{-1}和1133cm^{-1}处的中等强度吸收峰，对应的是脂肪醚的 C—O 伸缩振动峰（1150~1060cm^{-1}）；也可能对应脂肪族胺类的 C—N 伸缩振动峰（1220~1020cm^{-1}）。

（7）1043cm^{-1}处的中等强度吸收峰，对应的是芳香醚的 C—O 伸缩振动峰（1050~1000cm^{-1}）；也可能对应脂肪族胺类的 C—N 伸缩振动峰（1220~1020cm^{-1}）。

（8）855cm^{-1}和775cm^{-1}处的中等强度吸收峰，对应的是芳香烃类物质的面外 C—H 弯曲振动峰（880~680cm^{-1}）；也可能对应 N—H 的面外弯曲振动峰（900~650cm^{-1}）。

（9）598cm^{-1}和544cm^{-1}处的中等强度吸收峰，对应的是脂肪族有机卤化物的面外 C—X 伸缩振动峰（690~515cm^{-1}）。

即：渗沥液原液可能存在脂肪醚和芳香醚，胺和酰胺以及有机卤化物；在处理过程中，脂肪醚和芳香醚在 A/O 阶段被分解掉，脂肪胺和酰胺在膜深度处理过程中有效去除，但是在浓水里还是可以观察到。

6.1.3.4　凝胶色谱分析

凝胶色谱分析的目的，是根据物质出峰时间和峰强度，分析水样各种分子量大小物质的占比；对比各处理单元进、出水的凝胶色谱，判断各处理单元对各种分子量大小物质的去除作用。图 6-6 为渗沥液膜处理单元 DOM 分子量分布情况。

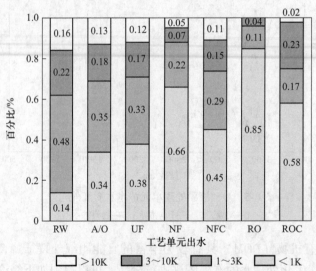

图 6-6　渗沥液膜处理单元 DOM 分子量分布情况

RW—渗沥液原水；A/O—厌氧/好氧出水；UF—超滤出水；
NF—纳滤出水；NFC—纳滤浓水；RO—反渗透出水；ROC—反渗透浓水

从图 6-6 可以看出，渗沥液分子量分布随着工艺流程具有一定的规律性，分子量大于10k 的有机物（渗沥液原水）占比从 0.16 降到了 0.05（NF 出水），在 RO 浓水为 0.02。因此，可以认为，渗沥液组成随工艺单元的变化是大分子物质含量逐渐减少至接近于 0，而中小分子占比则逐渐增加，NF 和 RO 对大分子的截留效果明显。

6.2 渗沥液深度处理膜系统的主要污染因子研究

由于纳滤膜、反渗透膜和物料系统膜的更换周期为3~4年，膜系统每日的截流量有限，而水质指标的测量存在一定的误差，所以无法通过物料衡算来判断膜污染因子。从现场联系取得一报废的纳滤膜，将其取回并对膜表面垢样和膜垢的浸泡液进行分析，由此对膜污染因子进行判断。

6.2.1 膜垢分析

6.2.1.1 红外光谱分析

红外光谱能给出有机质官能团结构信息，因而被广泛应用于膜垢有机分子官能团组成分析[18]。对焚烧厂纳滤系统的膜污垢进行红外光谱扫描，图6-7为膜边缘污垢和中间污垢的傅里叶红外光谱图，表6-6为不同波长范围内各官能团对应的特征峰。

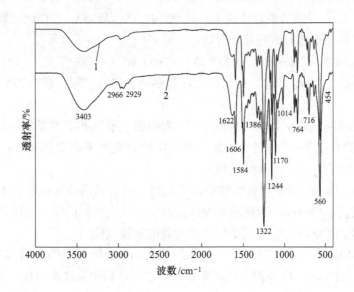

图6-7 膜边缘污垢和中间污垢的红外光谱图
1—膜边缘污垢；2—膜中间污垢

表6-6 NF膜污垢的红外光谱特征峰对应的官能团

波长/cm⁻¹	对应的官能团
3500~3300	糖、醇、酸 O—H 的伸展、氨基 N—H 的振动
3000~2850	脂肪族甲基或亚甲基的 C—H 的伸缩
1690~1580	芳香族、烯烃的 C ═ C 骨架振动；酰胺 I 带 C ═ O 振动，醌 C ═ O 振动；羟基 O—H 的弯曲振动
1386	酚羟基的 O—H 变形或 C—O 伸缩或 COO—基反对称伸缩或—OCH₃ 变形

波长/cm⁻¹	对应的官能团
1260~1150	醇、酯、醚及羧酸的 C—O 伸缩；硫酸盐的 S—O 键的反对称伸缩振动
1040~1010	硅酸盐的 Si—O 键的伸缩振动；β—糖苷键
870~610	C—N、N—H 及苯环 C—H 面外弯曲（多肽类、蛋白质）；C—O 键的面外弯曲振动
716	碳酸盐的 C—O 键的面内弯曲振动吸收峰
700~400	刚玉结构类氧化物 Al_2O_3、Fe_2O_3 的谱带

从图 6-7 可以看出，纳滤膜边缘污垢和中间污垢的红外光谱图有明显的相似性，谱图的波形和波峰位置基本一致，说明纳滤膜的边缘污垢和中间污垢组分基本一致。

从谱图中可以看出，膜垢在 1606cm⁻¹ 和 1584cm⁻¹ 处有明显的强吸收峰，说明可能存在不对称结构的 C＝C 或芳香环中的 C＝C 结构，而苯环类 C＝C 键的特征峰为 1690~1580cm⁻¹，说明膜垢中含有芳香族化合物。

在谱图上，3403cm⁻¹（—OH 伸缩振动）、2966cm⁻¹（—CH 伸缩）、1622cm⁻¹（C＝O 伸缩）和 1014cm⁻¹（β—糖苷键）处的吸收峰是多糖的典型谱图，说明膜垢中含有多糖有机物。

谱带区间 2940~2850cm⁻¹（峰 2929cm⁻¹）为脂肪族甲基和亚甲基的吸收峰所在位置，在 1386cm⁻¹ 和 870~610cm⁻¹ 的吸收峰进一步证实脂肪族甲基和亚甲基的存在，波峰比较平缓，说明膜垢中含有少量的脂肪族物质。

1463cm⁻¹ 和 716cm⁻¹ 吸收峰是碳酸根离子的特征峰，且两峰的强度较大，说明污垢中的碳酸盐含量较高；1244cm⁻¹ 为硫酸根的特征峰，此处为强特征峰，说明纳滤膜上的硫酸盐含量较多，因此可推断污垢中主要污染物为碳酸盐和硫酸盐。

在谱图中 3403cm⁻¹、1322cm⁻¹、1170cm⁻¹ 三处的吸收峰说明纳滤膜含有羧酸类物质，其中 1322cm⁻¹、1170cm⁻¹ 峰值较高且峰宽较窄，说明膜垢中羧酸类物质含量较高。

谱图中 560cm⁻¹ 为 Al_2O_3 的伸缩振动峰，454cm⁻¹ 为 Fe_2O_3 的伸缩振动峰，推测膜垢中还有 $Al(OH)_3$ 胶体、$Fe(OH)_3$ 胶体。

综合以上分析，焚烧厂纳滤膜的中间污垢和边缘污垢在污染物的组成上没有明显差别，污垢中主要有机组分官能团符合芳香族化合物、羧酸类、脂肪族和多糖物质特征；主要无机组分官能团符合碳酸盐以及 SiO_2 胶体、$Al(OH)_3$ 胶体、$Fe(OH)_3$ 胶体物质特征。

6.2.1.2 扫描电镜和能谱分析

扫描电子显微镜（SEM）用于分析纳滤膜面沉淀物的形貌，X 射线能谱分析（EDS）用于分析沉淀物的元素组成。取焚烧厂 NF 系统未清洗的 NF 膜，运用 SEM 技术对膜表面污垢层进行扫描分析，扫描结果如图 6-8 所示。

由图 6-8 可以清楚看到 NF 膜表面形成了较大型体的絮状污染物，而且扫描电镜图面清晰，这是由于膜表面导电性良好所致，表明 NF 膜表面污染物较多。

线扫描分析（SEM-EDS）联合扫描电镜与 X 射线能谱仪，以二次电子扫描像来选定

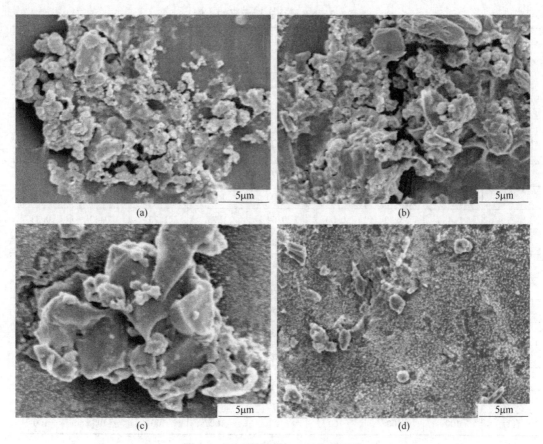

图 6-8　NF 膜污垢的 SEM 扫描照片

(a)、(b)：放大 5000 倍的 NF 膜端口垢样；(c)、(d)：放大 5000 倍的 NF 膜中间垢样

待分析的区域，使电子束沿着指定的直线（方向为膜进水端指向膜出水端）对试样进行轰击，同时用阴极射线管记录和显示元素 X 射线强度在该直线上的变化，从而取得元素在线度方向上的分布信息。取未清洗的 NF 膜端口样品和中间层样品，采用 SEM-EDS 技术以膜面污染层沿直线方向进行线扫描分析，对膜面污染物的分布情况与分布规律进行研究。表 6-7 为 EDS 分析检测出的膜垢所含主要元素及其相对含量，EDS 的分析结果如图 6-9 所示。

由图 6-9 和表 6-7 可以看出，污染物所含的元素主要是 C、N 和 O，且含少量的 Na、Si、Cl、K、Ca、Fe、Zn、Al、S。膜垢中主要元素是 C、N、O，膜端口及中间四个垢样的 C、N、O 总和所占重量比分别高达 86.74%、87.52%、94.11%、84.75%，说明膜垢中主要污染物为有机物；膜垢中 Al、Si、Ca、Fe、S 的含量都相对较高，由于 Al 和 Si 在渗沥液中很难形成无机沉淀，推测 Al、Si 可能主要以 SiO_2 胶体、$Al(OH)_3$ 胶体的形式出现；膜垢中 Mg、Fe、Ca 这些金属元素主要以无机沉淀的形式出现，如钙的碳酸盐和硫酸盐，其中 Fe 同时也有可能会以 $Fe(OH)_3$ 胶体的形式出现。纳滤膜污垢的形成过程可能是 Mg、Fe、Zn、Ca 无机沉淀在膜表面截留，然后 SiO_2、$Al(OH)_3$ 等胶体在范德华力和静电引力的作用下在其表面吸附，随着污垢的积累，膜孔逐渐变小，有机物、微生物不断在其表面吸附、积累，最后形成纳滤膜的污垢层，污垢层是有机物、无机沉淀、胶体和微生物共同作用的结果。

表 6-7 NF 膜面主要元素的比例

元素	质量分数/%				原子数分数/%			
	端口膜面		中间膜面		端口膜面		中间膜面	
	样1	样2	样1	样2	样1	样2	样1	样2
C	37.46	37.76	47.94	44.23	46.21	46.21	54.90	54.37
N	24.66	25.67	26.79	19.53	26.93	26.93	26.31	20.58
O	24.62	24.09	19.38	20.99	22.13	22.13	16.66	19.37
Na	0.30	0.00	0.62	0.91	0.08	0.00	0.37	0.58
Al	0.79	0.99	0.27	0.00	0.54	0.54	0.14	0.00
Si	1.45	3.30	0.00	0.64	1.73	1.73	0.00	0.33
S	0.63	0.00	0.92	0.00	0.20	0.00	0.18	0.00
Cl	0.61	0.48	0.92	2.42	0.18	0.20	0.36	1.01
K	0.49	0.47	0.33	1.22	0.57	0.18	0.12	0.42
Ca	0.73	1.57	1.00	1.56	1.32	0.57	0.34	0.57
Fe	8.26	5.00	0.00	2.66	0.13	1.32	0.00	0.70
Zn	0.00	0.56	0.00	2.92	0.00	0.13	0.00	0.66
Rb	0.00	0.00	1.46	0.00	0.00	0.00	0.24	0.00
Mg	0.00	0.13	0.00	0.00	0.00	0.00	0.00	0.00
合计	100	100	100	100	100	100	100	100

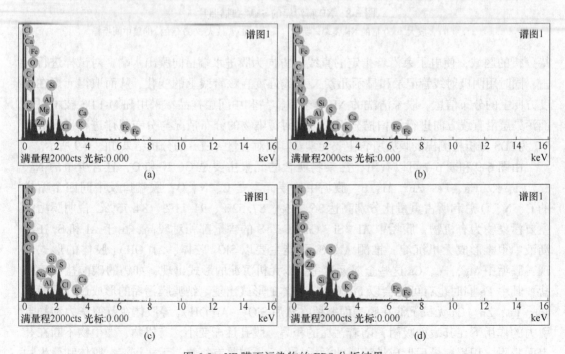

图 6-9 NF 膜面污染物的 EDS 分析结果

(a) NF 膜端口垢样 1；(b) NF 膜端口垢样 2；(c) NF 膜中间垢样 1；(d) NF 膜中间垢样 2

6.2.2 膜浸泡液分析

6.2.2.1 金属离子含量分析

用10%盐酸浸泡膜表面6h，膜面污染物基本都可以溶于浸泡液。使用原子吸收光谱法（AAS）和等离子发射光谱法（ICP）分析垢样浸泡液，其中浓度相对较高的采用AAS分析，浓度相对较低的采用ICP分析，分析结果见表6-8。

表6-8　垢样浸泡液金属含量

垢样成分	$Fe^{3+}/mg \cdot L^{-1}$	$Al^{3+}/mg \cdot L^{-1}$	$Zn^{2+}/mg \cdot L^{-1}$	$Mg^{2+}/mg \cdot L^{-1}$	$Ca^{2+}/mg \cdot L^{-1}$
端口膜面	3.1	4.9	1.7	12.6	157.0
中间膜面	6.1	8.2	2.9	11.6	213.2

从表6-8可得知，垢样浸泡液存在一定浓度的Fe^{3+}、Al^{3+}、Zn^{2+}、Mg^{2+}以及较高浓度的Ca^{2+}，说明无机盐沉淀聚集是导致膜面污染的主要原因，这与6.2.1.2中的EDS分析结果一致。

6.2.2.2 红外光谱分析

利用红外光谱仪对浸泡垢样液进行分析，根据物质的红外吸收光谱，判断浸泡液中物质所含基团的类型，由此得知膜垢物质（膜截留物质）的类型。垢样浸泡液的红外光谱分析结果如图6-10所示。

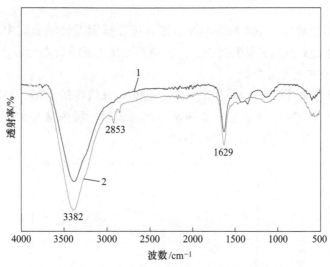

图6-10　垢样浸泡液红外光谱分析
1—端口膜面；2—中间膜面

$3382cm^{-1}$处的强吸收峰，对应的是酚、醇分子间氢键的O—H伸缩振动宽峰（3500~$3200cm^{-1}$）。

谱带区间2940~$2850cm^{-1}$（峰$2853cm^{-1}$）为脂肪族甲基和亚甲基的吸收峰所在位置。

$1629cm^{-1}$处的强吸收峰，对应的是羧酸、酮、酰胺、醌等过氧化合物的C═O伸缩振动峰（1680~$1630cm^{-1}$）；也可能是芳烃类化合物C═C骨架振动峰（1650~$1450cm^{-1}$）。

污垢中主要有机组分官能团符合芳香族化合物、羧酸类和脂肪族物质特征，这与6.2.1.1 中的膜垢样的红外光谱分析结果一致。

6.2.2.3 三维荧光光谱分析

采用三维荧光光谱分析判断纳滤膜去除（截留）有机物的类型，垢样浸泡液的三维荧光光谱分析结果如图 6-11 所示。

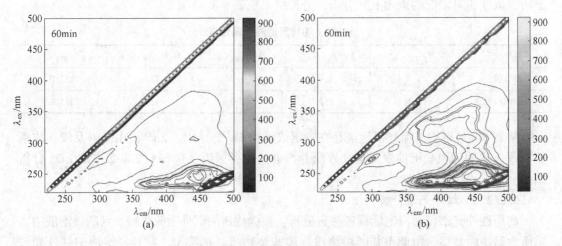

图 6-11 垢样浸泡液三维荧光光谱分析
（a）NF 膜端口垢样；（b）NF 膜中间垢样

从图 6-11 中可以看出，主要峰聚集在Ⅲ区，可以推测垢样浸泡液中有类富里酸类物质，即膜面污染物主要为类富里酸类物质，这与 6.1.3.2 三维荧光光谱分析结果一致。

6.2.2.4 紫外可见光谱分析

采用紫外可见光谱分析判断纳滤膜去除（截留）有机物的类型。纳滤膜垢样浸泡液的紫外可见光谱分析结果分别如图 6-12 所示，纳滤膜垢样浸泡液与纳滤进水、出水、浓液的特殊紫外可见波长吸光度及比值见表 6-9。

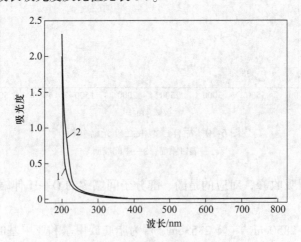

图 6-12 膜垢浸泡液紫外可见光谱
1—端口膜面；2—中间膜面

表6-9 垢样浸泡液与纳滤进水、出水、浓液的特殊紫外可见波长吸光度及比值

样品类型		E_{254}	E_{254}/E_{365}	E_{300}/E_{400}
垢样浸泡液	膜边	0.10	6.53	6.33
	膜中	0.12	5.71	5.30
纳滤进水		4.12	3.05	3.38
纳滤出水		0.57	2.32	2.74
纳滤浓水		5.04	1.10	1.91

根据6.1.3.1紫外可见光谱分析的依据，可以得出以下结论：

（1）浸泡液E_{254}值远小于纳滤进水、出水、浓液的E_{254}值，纳滤膜截留的有机物绝大部分为饱和烃类有机物；

（2）浸泡液E_{254}/E_{365}值明显大于纳滤进水、出水、浓液的E_{254}/E_{365}值，纳滤膜截留的有机物以小分子量有机物为主；

（3）浸泡液E_{300}/E_{400}值明显大于纳滤进水、出水、浓液的E_{300}/E_{400}值，纳滤膜截留的有机物腐殖化程度低。

即，纳滤膜膜面污染物以小分子量的饱和烃类有机物和类富里酸物质为主，这与6.1.3.2中的三维荧光光谱分析结果一致。

6.3 深度处理膜系统污染物削减技术研究

6.3.1 纳滤进水混凝预处理实验

6.3.1.1 纳滤进水混凝实验

混凝沉淀是处理渗沥液常用的方法之一，工艺简单、操作方便。对生化处理后的渗沥液进行混凝沉淀预处理，可以快速降低渗沥液中的难降解大分子腐殖质类有机物，减轻后续膜处理系统的膜污染和清洗压力，提高膜通量[19~22]。

实验选取氯化铁（$FeCl_3$）、聚合硫酸铁（PFS）、硫酸亚铁（$FeSO_4$）、氯化铝（$AlCl_3$）、聚合氯化铝（PAC）、聚合硫酸铝铁（PAFC）作为混凝药剂，分别配制100g/L的溶液。考察不同药剂不同投加量（10mg/L、30mg/L、50mg/L、75mg/L、100mg/L、150mg/L、200mg/L）对渗沥液的混凝处理效果，固定助凝剂聚丙烯酰胺（PAM）浓度为2mg/L（配制溶液1 g/L），混凝药剂在六联搅拌机开启前加入，以200r/min快速搅拌2min，紧接着以60r/min慢速搅拌18 min，在快速搅拌结束之后加入PAM。

在固定药剂投加量（50mg/L）条件下，将各烧杯中的水样pH调节在3.5~8，得出每种药剂的最佳pH点。投加量50mg/L条件下，不同药剂不同pH混凝去除COD效果如图6-13所示，最优pH条件各种药剂不同投加量下的混凝去除COD效果如图6-14所示。

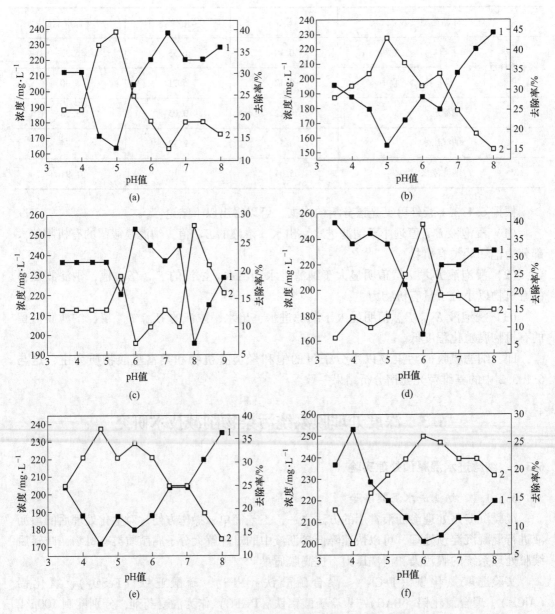

图 6-13　各种药剂不同 pH 下的 COD 混凝去除效果（投加量为 50mg/L）

(a) PFS；(b) PAC；(c) PAFC；(d) $AlCl_3$；(e) $FeCl_3$；(f) $FeSO_4$

1—COD；2—去除率

　　由图 6-13 可得，投加 PAC 的最佳 pH=5.0，PFS 的最佳 pH=5.0，PAFC 的最佳 pH=8.0，$AlCl_3$ 的最佳 pH=6.0，$FeCl_3$ 的最佳 pH=4.5，$FeSO_4$ 的最佳 pH=6.0。

　　从图 6-14 可以看出，投加 PAC 的混凝效果要明显优于其他种类的混凝剂，而 PAC 投加浓度在 100mg/L 时，COD 去除效率达到最大，达到 61%。

　　表 6-10 为纳滤进水混凝处理的技术经济分析，由表可知采用 PAC 作为混凝剂去除 60% 的 COD 时（原水 COD 为 272mg/L），混凝剂药剂费仅为 0.2 元/t。

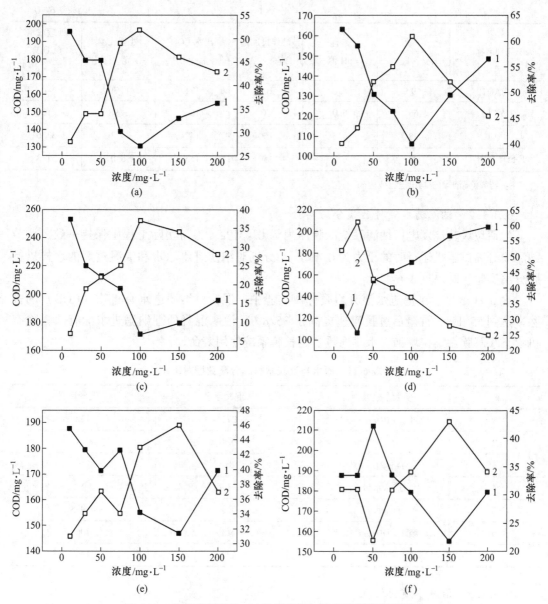

图 6-14　各种药剂最佳 pH 条件下投加量对混凝效果的影响

（a）PFS，最佳 pH＝5.0；（b）PAC，最佳 pH＝5.0；（c）PAFC，最佳 pH＝8.0；

（d）AlCl₃，最佳 pH＝6.0；（e）FeCl₃，最佳 pH＝4.5；（f）FeSO₄，最佳 pH＝6.0

1—COD；2—去除率

表 6-10　纳滤进水混凝处理的技术经济分析（进水 COD 为 272mg/L）

药剂名称	单价 /元·kg⁻¹	最佳 pH 值	最佳投加量 /mg·L⁻¹	出水 COD /mg·L⁻¹	处理成本 /元·t⁻¹	处理成本（COD） /元·g⁻¹
PFS	2.8	5.0	100	131	0.28	1.98
PAC	2	5.0	100	106	0.20	1.2

药剂名称	单价 /元·kg^{-1}	最佳 pH值	最佳投加量 /mg·L^{-1}	出水COD /mg·L^{-1}	处理成本 /元·t^{-1}	处理成本 （COD） /元·g^{-1}
PAFC	9	8.0	100	171	0.30	3
AlCl$_3$	66	6.0	30	106	1.98	12
FeCl$_3$	28	4.5	150	147	4.2	33.6
FeSO$_4$·7H$_2$O	24	6.0	150	155	6.0	51.3

注：药剂价额来源于阿里巴巴或国药。

6.3.1.2 纳滤进水混凝后膜分离实验

生活垃圾焚烧发电厂纳滤系统的膜压力为0.4MPa，为与实际工程中保持一致，调节纳滤膜分离试验机运行时的压力为0.4MPa，分别对纳滤进水原水和混凝过后的水样进行膜分离实验，结果见表6-11。

表6-11表明，纳滤进水混凝后膜分离实验中，混凝对纳滤进水有机物（COD）的去除率达到55.1%，混凝后过膜流速提高了35.8%，说明混凝处理纳滤进水能有效去除有机物，缓解膜污染，增加淡水膜通量，延长膜系统使用寿命。

表6-11 原水与混凝水样膜分离数据对比

序号	实验参数或指标	未混凝原水	混凝后
1	进水COD/mg·L^{-1}	272	122
2	压力/MPa	0.4	0.4
3	流速/L·h^{-1}	81	110
4	进水水量/L	1	1
5	出水水量/L	0.9	0.935
6	淡水COD/mg·L^{-1}	215	106
7	浓水COD/mg·L^{-1}	227	106

6.3.1.3 沿程水质变化

A 紫外可见光谱分析

采用紫外可见光谱分析判断水样中有机物的类型；对比各处理单元进、出水紫外可见光谱，初步分析各处理单元对各种有机物的去除作用。

测定各水在254nm、300nm、365nm、400nm处的吸光度值，并比较E_{254}/E_{365}与E_{300}/E_{400}比值，结果见表6-12。

表6-12 膜分离前后各水质DOM的特殊吸光度值

水样类型	E_{254}	E_{254}/E_{365}	E_{300}/E_{400}
纳滤进水	4.53	3.05	3.38
未混凝出水	2.88	4.40	5.96

续表 6-12

水样类型	E_{254}	E_{254}/E_{365}	E_{300}/E_{400}
未混凝浓水	2.93	4.20	5.91
混凝后纳滤进水	0.338	0.65	6.75
混凝后纳滤出水	0.205	0.59	7.87
混凝后纳滤浓水	0.225	0.58	7.07

E_{254} 主要代表包括酚类、芳香族化合物等在内的具有不饱和 C＝C、C＝O 等双键结构的难降解有机物质，可以间接反映待测物质中不饱和双键或者芳香族类有机物的相对含量[2]。混凝后纳滤进水的 E_{254}（0.338）远远小于未混凝处理的纳滤进水（4.53），说明混凝能够去除大部分不饱和有机物质；混凝后纳滤进水的 E_{300}/E_{400} 值（6.75）明显高于未混凝处理的纳滤进水（3.38），说明混凝能够去除腐殖质类有机物。

B 三维荧光光谱分析

采用三维荧光光谱可得知水样中有机物的类型；对比各处理单元进、出水的三维荧光光谱，可得知各处理单元去除有机物的类型。

三维荧光光谱可以将不同发射、激发波长下渗沥液有机物的荧光峰进行表征，提供完整的光谱信息。将上述 6 种水样进行三维荧光光谱扫描，结果如图 6-15 所示。

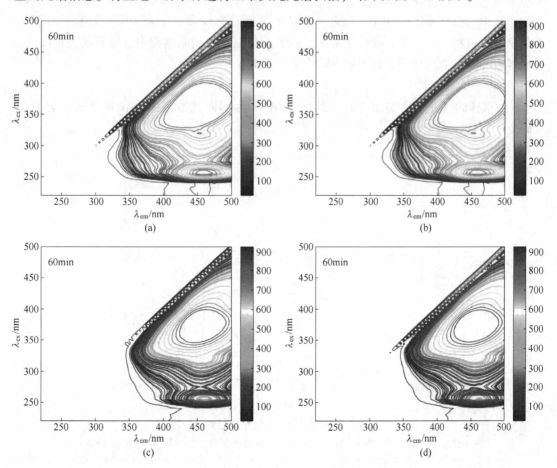

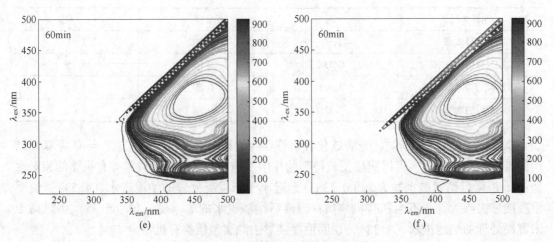

图 6-15　纳滤混凝水样三维荧光光谱

(a) 未混凝纳滤进水；(b) 混凝后纳滤进样；(c) 未混凝膜出水；

(d) 未混凝膜浓水；(e) 混凝后膜出水；(f) 混凝后膜浓水

如图 6-15 所示，各溶液 DOM 的荧光光谱中出现两个主峰，一个主峰位于Ⅲ区，属于富里酸类物质。纳滤膜出水和浓水的三维荧光光谱均发生了明显的蓝移，这表明纳滤膜出水和浓水中的极性基团（羧基、氨基、羟基等）明显减少了，膜表面的污染物很可能是类富里酸有机物。另一个主峰位于Ⅴ区，很明显在混凝和纳滤过程中皆没有明显的变化，说明混凝和纳滤对腐殖质类有机物去除效果不明显。

C　红外光谱分析

6 种水样的红外光谱如图 6-16 所示，表 6-13 为不同波数范围内各官能团对应的特征峰。

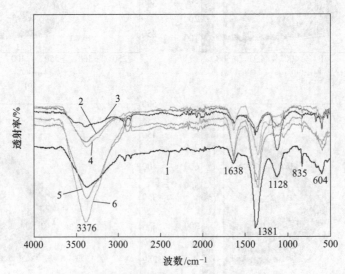

图 6-16　纳滤进水混凝前后水质红外分析图

1—纳滤进水；2—未混凝出水；3—未混凝浓水；4—纳滤混凝；5—混凝出水；6—混凝浓水

表 6-13　波峰统计及对应的官能团

波峰位置/cm⁻¹	对应的官能团
3376	C—H 伸缩振动吸收（3300~2800cm⁻¹）
	分子间氢键 O—H 伸缩振动（3500~3200cm⁻¹）
	胺的 N—H 伸缩振动吸收（3500~3100cm⁻¹）
	酰胺的 N—H 伸缩振动吸收（3500~3100cm⁻¹）
1638	胺的 N—H 变形振动（1640~1560cm⁻¹）
	酰胺 C＝O 伸缩振动（1680~1630cm⁻¹）
	C＝C 伸缩（1675~1640cm⁻¹）
1381	C—H 弯曲振动（1465~1340cm⁻¹）
1128	C—O 伸缩振动（1300~1000cm⁻¹）
835	有机卤化物 C—Cl（850~550cm⁻¹）
604	有机卤化物 C—Cl（850~550cm⁻¹）
	有机卤化物 C—Br（690~515cm⁻¹）

由图 6-16 和表 6-13 分析得出，纳滤进水在混凝和纳滤膜处理之后，在 $3376cm^{-1}$、$1638cm^{-1}$、$1381cm^{-1}$、$1128cm^{-1}$ 峰高明显变小，说明对各类有机物的去除效果明显。

6.3.1.4　纳滤进水系统设计优化建议

建议在纳滤进水系统的微滤单元之前加一混凝沉淀处理单元，对纳滤进水进行混凝沉淀预处理，可以采用图 6-17 所示的混凝沉淀一体化设备。

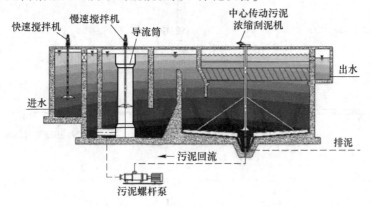

图 6-17　混凝沉淀处理一体化设备

混凝沉淀一体化设备出水接微滤膜，再进纳滤膜。日处理量为 $30m^3/h$ 的混凝沉淀一体化设备单价仅为 15 万元；加药通过自动控制系统加药，不涉及人员手动加药问题；只会在电耗方面略有增加，实际工程应用是可行的。

6.3.2　纳滤膜清洗技术研究

6.3.2.1　不同化学洗脱液的清洗效果

使用 AAS 和 ICP 分析不同清洗条件下清洗液中的金属离子含量，其中浓度相对较高的采用 AAS，浓度相对较低的采用 ICP，以此分析并对比每种清洗液的清洗效果，并得出最佳的清洗液种类及其适宜的清洗浓度和清洗时间。

对于膜清洗效果的评价，在总结已有文献[23~26]的基础上，选取了氢氧化钠（NaOH）、盐酸（HCl）、柠檬酸（$C_6H_8O_7$）、乙二胺四乙酸二钠（Na_2EDTA）、十二烷基硫酸钠（SDS）、过氧化氢（H_2O_2）这六种药剂，分别在不同浓度和不同清洗时间下，对不同药剂清洗后的洗脱液进行成分分析，结果如图 6-18 所示。

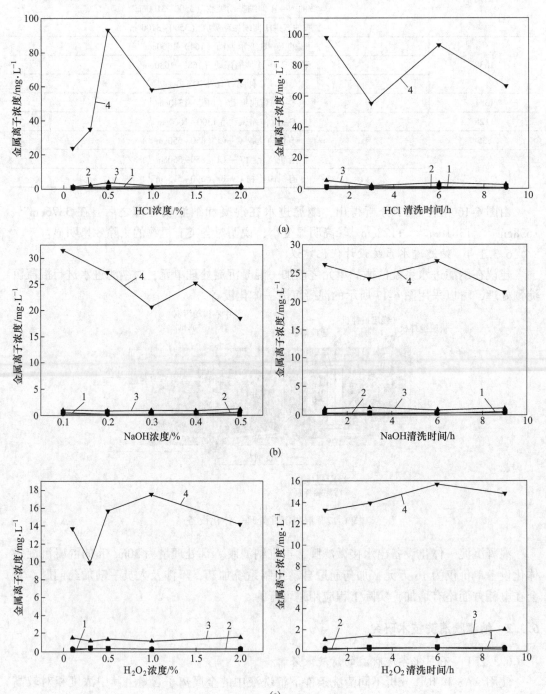

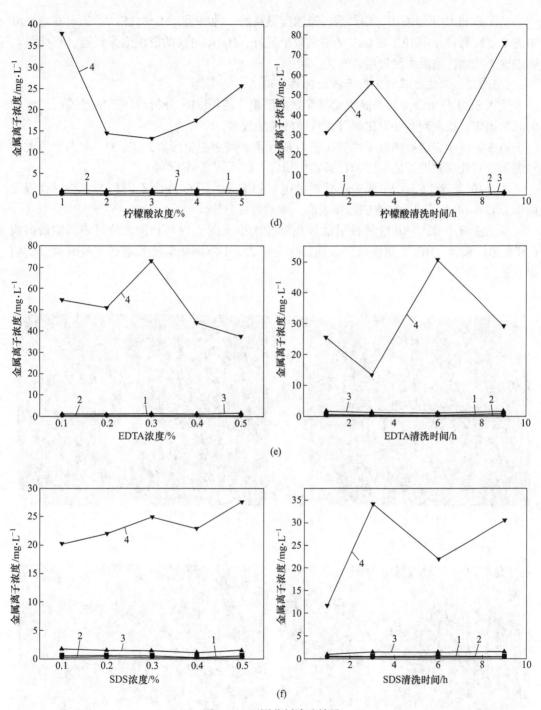

图 6-18　不同药剂清洗效果

（a）HCl 清洗效果（左图 25℃，9h；右图 25℃，0.5%）；（b）NaOH 清洗效果（左图 25℃，9h；右图 25℃，0.1%）；
（c）H$_2$O$_2$ 清洗效果（左图 25℃，9h；右图 25℃，1.0%）；（d）柠檬酸清洗效果（左图 25℃，9h；右图 25℃，1.0%）；
（e）EDTA 清洗效果（左图 25℃，9h；右图 25℃，0.3%）；（f）SDS 清洗效果（左图 25℃，9h；右图 25℃，0.5%）
1—Fe；2—Zn；3—Mg；4—Ca

从图 6-18 中可以看出，Ca^{2+} 是污染浓度最高的一种离子，Mg^{2+}、Fe^{3+}、Zn^{2+} 在清洗液中的浓度较低；其中 HCl 对 Ca^{2+} 的清洗效果最好，H_2O_2 对膜的清洗效果最差，可能是对膜表面无机物污染层去除效果差有关。

6.3.2.2　清洗过程中膜表面污染物的变化

使用 SEM 分析清洗后纳滤膜面沉淀物的形貌，使用 EDS 分析清洗后纳滤膜面沉淀物的元素组成，以此判断并对比每种清洗液的清洗效果。

EDS 能够半定量检测原子序数高于 O 的元素。膜面主要元素为 C、O、和 H，因此所检测到的其他元素即可能是膜面污染物中所含有的元素（Au 除外）。

图 6-19 为清洗后的 NF 膜表面污垢的电镜扫描图，图 6-20 为不同药剂清洗后膜表面能谱，表 6-14 为不同药剂清洗后膜表面元素质量百分比。

从清洗液中 Ca^{2+} 浓度、清洗后的膜垢颗粒大小（图 6-19）和清洗后膜表面能谱面积（图 6-20）来看，HCl 的清洗效果最佳，这与 6.3.2.1 不同化学洗脱液的清洗效果分析结果一致。

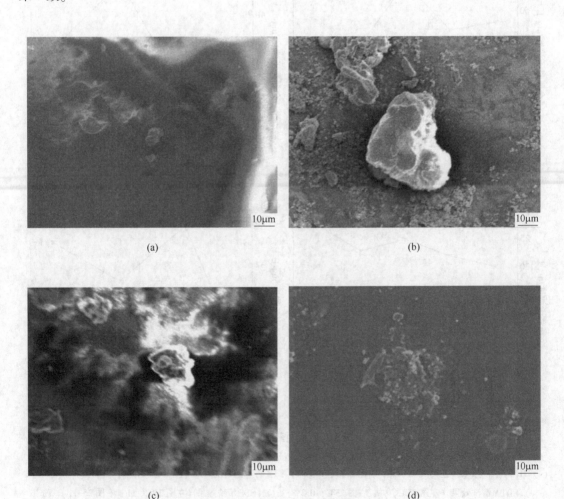

(a)

(b)

(c)

(d)

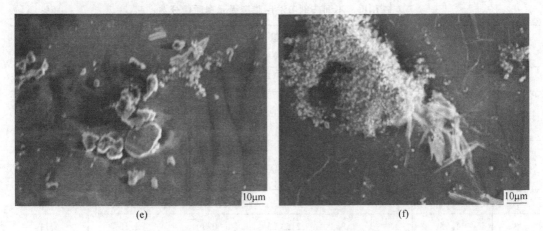

(e)   (f)

图 6-19 清洗后的 NF 膜表面污垢的电镜扫描图

（a）1h 0.5% HCl 清洗后的膜；（b）6h 0.1% NaOH 清洗后的膜；（c）6h 1%H₂O₂ 清洗后的膜；

（d）9h 1% 柠檬酸清洗后的膜；（e）6h 0.3%EDTA 清洗后的膜；（f）3h 0.5%SDS 清洗后的膜

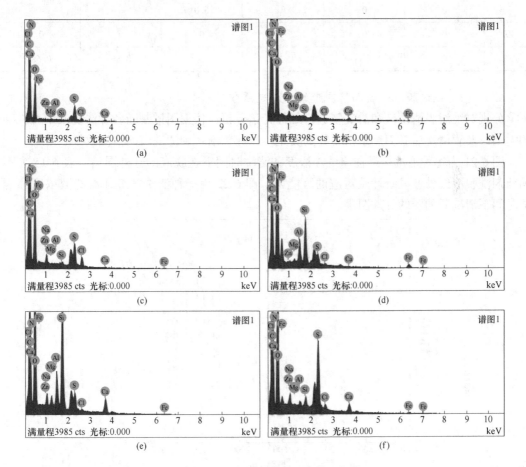

图 6-20 不同药剂清洗后膜表面能谱

（a）1h 0.5% HCl 清洗后的膜；（b）6h 0.1% NaOH 清洗后的膜；（c）6h 1% H₂O₂ 清洗后的膜；

（d）9h 1% 柠檬酸清洗后的膜；（e）6h 0.3% EDTA 清洗后的膜；（f）3h 0.5% SDS 清洗后的膜

表6-14 不同药剂清洗后膜表面元素质量分数 （%）

元素	盐酸 (1h, 0.5%)	氢氧化钠 (6h, 0.1%)	过氧化氢 (6h, 1%)	柠檬酸 (9h, 1%)	EDTA (6h, 0.3%)	SDS (3h, 0.5%)
C	51.12	51.59	62.33	30.79	39.87	51.38
N	4.99	6.05	12.34	7.94	8.38	8.98
O	13.45	28.77	19.87	37.87	35.21	25.24
Mg	0	0	0	0.25	0.57	0
Al	0	0	0	1.83	2.04	0.27
Si	0	0	0.18	4.22	8.14	0.6
S	11.95	0	2.53	0.8	1.13	6.11
Cl	3.96	0.65	1.84	0.28	0.25	0.79
Ca	14.52	12.31	0.19	0	3.55	1.95
Fe	0	0	0	16.01	0	4
Zn	0	0	0	0	0	0
Na	0	0.63	0.72	0	0.86	0.68

6.3.2.3 纳滤膜清洗液和清洗膜的红外光谱分析

分别对纳滤膜清洗液和清洗膜进行红外光谱分析，根据图谱判断各种清洗液中有机物的类型以及膜清洗后膜面剩余污染物的类型，以此判断各种清洗液的清洗效果。

图6-21为每种清洗剂最佳清洗液浓度和清洗时间下洗脱液的红外图谱，表6-15为不同药剂洗脱液红外波峰统计及对应的官能团，图6-22为每种清洗剂最佳清洗液浓度和清洗时间下清洗后的膜的红外图谱。

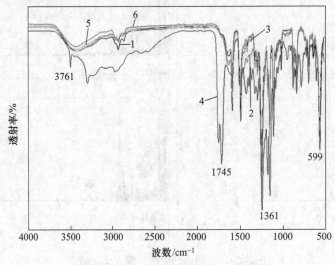

图6-21 不同药剂洗脱液的红外图谱

1—1h 0.5%盐酸；2—6h 0.1%氢氧化钠；3—6h 1%过氧化氢；4—9h 1%柠檬酸；5—6h 0.3% EDTA；6—3h 0.5% SDS

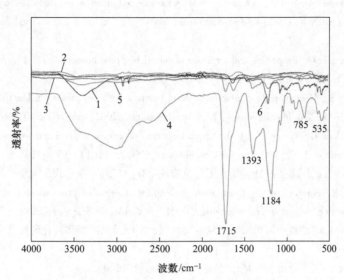

图 6-22　不同药剂清洗后纳滤膜的红外图

1—1h 0.5%盐酸；2—6h 0.1%氢氧化钠；3—6h 1%过氧化氢；4—9h 1%柠檬酸；5—6h 0.3% EDTA；6—3h 0.5% SDS

表 6-15　不同药剂洗脱液红外波峰统计及对应的官能团

波峰位置/cm⁻¹	对应的官能团
1745、1715	C ＝ O 伸缩（1750~1700cm⁻¹）
1361、1393	C—H 弯曲振动（1465~1340cm⁻¹）
1184	C—O 伸缩振动（1300~1000cm⁻¹）
785	有机卤化物 C—Cl（850~550cm⁻¹）
599、535	有机卤化物 C—Cl（850~550cm⁻¹）
	有机卤化物 C—Br（890~515cm⁻¹）

　　从图 6-21、图 6-22 和表 6-15 来看，由于柠檬酸在 1750~1700cm⁻¹ 区域有 C ＝ O 伸缩振动吸收峰（1715cm⁻¹），在 1465~1340cm⁻¹ 区域有 C—H 弯曲振动峰（1393cm⁻¹），在 1300~1000cm⁻¹ 区域有明显的 C—O 伸缩振动峰（1184cm⁻¹），所以柠檬酸清洗液的以上峰的峰强均明显大于其他清洗液。从图 6-22 可以看出 HCl 清洗效果明显，经 HCl 清洗后，膜的红外图谱没有明显的吸收峰。

　　综上所述，0.5%（体积比）HCl 清洗 1h 效果最佳。目前，生活垃圾焚烧发电厂膜系统酸清洗药剂为 pH＝2 的 HCl，与实验所用 0.5%（体积比）HCl 浓度相当，目前清洗方案比较理想。

参 考 文 献

[1] 国家环境保护总局《水和废水监测分析方法》编委会. 水和废水监测分析方法. 第四版（增补版）
　　[M]. 北京：中国环境出版社，2002.

［2］ Cerdán M, Sánchez-Sánchez A, Jordá J, et al. Characterization of water dissolved organic matter under woody vegetation patches in semi-arid Mediterranean soils ［J］. Science of the Total Environment, 2016, 553: 340~348.

［3］ Klavins M, Purmalis O. Properties and structure of raised bog peat humic acids ［J］. Journal of Molecular Structzrre, 2013, 1050: 103~113.

［4］ Ki H K, Hyun S S, Heekyung P. Characterization of humic substances present in landfill leachates with different landfill ages and its implications ［J］. Water Research, 2002, 36(16): 4023~4032.

［5］ Artinger R, Buckau G, Geyer S, et al. Characterization of ground water humic substances: influence of sedimentary organic carbon ［J］. Applied Geochemistry, 2000, 15(1): 97~116.

［6］ 高星. 垃圾焚烧发电厂渗滤液处理组合工艺及特性 ［D］. 广州: 华南理工大学, 2014.

［7］ Chen H, Zheng B, Song Y, et al. Correlation between molecular absorption spectral slope ratios and fluorescence humification indices in characterizing CDOM ［J］. Aquatic Sciences, 2011, 73(1): 103~112.

［8］ 党岩. 垃圾焚烧厂渗滤液中富里酸对厌氧生物处理的影响及其降解和转化研究 ［D］. 北京: 北京林业大学, 2016.

［9］ 许金钩, 王尊本. 荧光分析法 ［M］. 北京: 科学出版社, 2006.

［10］ 张丽. 高级氧化技术处理垃圾渗滤液的实验研究 ［D］. 北京: 北京工业大学, 2014.

［11］ Chen W, Westerhoff P, Leenheer J A, et al. Fluorescence excitation-emission matrix regional integration to quantify spectra for dissolved organic matter ［J］. Environmental Science & Technology, 2003, 37(24): 5701~5710.

［12］ 张宏忠, 方少明, 松全元, 等. 吸收光谱法在垃圾渗滤液膜处理技术中的应用研究 ［J］. 光谱学与光谱分析, 2006, 26(8): 1449~1453.

［13］ 李增霞. 垃圾焚烧厂渗滤液电解法深度处理工艺研究 ［D］. 重庆: 重庆大学, 2015.

［14］ 穆永杰. 臭氧深度处理垃圾焚烧渗滤液及控制 MBR 污染的研究 ［D］. 北京: 北京林业大学, 2013.

［15］ Zheng Z, He P J, Shao L M, et al. Phthalic acid esters in dissolved fractions of landfill leachates ［J］. Water Research, 2007, 41(20): 4696~4702.

［16］ Kanokkantapon V, Marhaba T F, Panyapiyophol B, et al. FTIR evaluation of functional groups involved in the formation of haloacetic acids during the chlorination of raw water ［J］. Journal of Hazardous Material, 2006, 136(2): 188~196.

［17］ Kim H C, Yu M J. Characterization of natural organic matter in conventional water treatment processes for selection of treatment process focused on DBPs control ［J］. Water Research, 2005, 39(19): 4779~4789.

［18］ 李堃宇. 反渗透膜处理垃圾焚烧厂与填埋场渗滤液结垢机理研究 ［D］. 重庆: 重庆大学, 2016.

［19］ Amokrane A, Comel C, Veron J. Landfill leachates pretreatment by coagulation-flocculation ［J］. Water Research, 1997, 31(11): 2775~2782.

［20］ Bilal A, Jinwoo C, Hyun S S, et al. Using EEM-PARAFAC to probe NF membrane fouling potential of stabilized landfill leachate pretreated by various options ［J］. Waste Management, 2020, 102: 260~269.

［21］ Trebouet D, Schlumpf J P, Jaouen P, et al. Stabilized landfill leachate treatment by combined physico-chemical-nanofiltration processes ［J］. Water Research, 2001, 35(12): 2935~2942.

［22］ Mariam T, Nghiem L D. Landfill leachate treatment using hybrid coagulation-nanofiltration processes ［J］. Desalination, 2010, 250(2): 677~681.

［23］ 高新, 蔡斌, 周俊, 等. 非氧化性修复剂在恢复 NF/RO 膜出水水质的应用研究 ［J］. 现代农业科技, 2019(20): 166~168.

［24］蔡斌，秦普丰，高新，等.非氧化性杀菌剂缓解 NF/RO 膜运行压力上涨的效果研究［J］.现代农业科技，2017(22)：141，142.

［25］Dong Ying，Wang Zhiwei，Zhu Chaowei，et al. A forward osmosis membrane system for the post-treatment of MBR-treated landfill leachate［J］. Journal of Membrane Science，2014，471：192~200.

［26］Ibrar I，Yadav S，Altaee A，et al. Treatment of biologically treated landfill leachate with forward osmosis：Investigating membrane performance and cleaning protocols［J］. Science of the Total Environment，2020，744：140901.

第7章 东南亚地区生活垃圾焚烧发电厂水处理工程技术的适用性分析

东南亚发展中国家的"垃圾围城"现象日益严重,生活垃圾焚烧发电是发展中国家垃圾处理技术的发展趋势。东南亚发展中国家的生活垃圾组成、生活垃圾焚烧发电工艺以及生活垃圾焚烧发电厂渗沥液特性与我国非常相似,我国的生活垃圾焚烧发电厂的渗沥液处理工艺和海水淡化-除盐工艺适用于东南亚"一带一路"沿线国家。

7.1 垃圾发电在东南亚的发展趋势

7.1.1 东南亚地区城市生活垃圾产生情况

7.1.1.1 东南亚地区概况

东南亚地区共有11个国家:越南、老挝、柬埔寨、泰国、缅甸、马来西亚、新加坡、印度尼西亚、文莱、菲律宾、东帝汶。

东南亚位于亚洲东南部,包括中南半岛和马来群岛两大部分。中南半岛因位于中国以南而得名,南部的细长部分叫马来群岛。马来群岛散布在太平洋和印度洋之间的广阔海域,是世界最大的群岛,共有两万多个岛屿,分属印度尼西亚、马来西亚、东帝汶、文莱和菲律宾等国。

东南亚地跨赤道,属于亚洲纬度最低的地区,经纬度位置范围为东经92°~140°、南纬10°~北纬28°26′。东南亚地处热带,面临广大海域,属热带湿润气候区。中南半岛大部分地区为热带季风气候,一年中有旱季和雨季之分,农作物一般在雨季播种,旱季收获。马来群岛的大部分地区属热带雨林气候,终年高温多雨,分布着茂密的热带雨林。农作物随时播种,四季都有收获。

东南亚是当今世界经济发展最有活力和潜力的地区之一,文莱、柬埔寨、印度尼西亚、老挝、马来西亚、缅甸、菲律宾、新加坡、泰国和越南10个成员国于1967年8月8日成立了东南亚国家联盟(东盟),东盟10国均属"一带一路"沿线国家,除新加坡外,其余国家经济比较落后,均属发展中国家。

新加坡属经济发达国家,2018年人均国内生产总值达到6.4万美元,2008年41%的生活垃圾以焚烧方式处理,其余大多(95%)得到回收[1]。本章所讨论的东南亚地区不包括经济发达且垃圾焚烧处理比例较高的新加坡和不属于"一带一路"沿线国家的东帝汶。

7.1.1.2 东南亚地区城市生活垃圾组成特征

影响城市生活垃圾组成的因素主要有国内人均生产总值(GDP)、城市化水平、家庭规模、就业比例、气候条件等[2~13]。

东南亚地区同属发展中国家，地理位置和气候条件相近，其城市生活垃圾组成比较接近，东南亚地区的人均国民生产总值和城市生活垃圾组成见表7-1[14,15]。

表7-1 东南亚地区人均国民生产总值和城市生活垃圾组成

国 家	人均国民生产总值/美元		垃圾分数（质量分数）/%					
	1995 年统计值	2025 年预测值	有机物	纸板	塑料	玻璃	金属	其他
文莱	260	750	44	22	12	4	5	13
柬埔寨	220	700	55	3	10	8	7	17
印度尼西亚	980	2400	62	6	10	9	8	4
老挝	350	850	46	6	10	8	12	21
马来西亚	3890	9440	62	7	12	3	6	10
缅甸	240	580	54	8	16	7	8	7
菲律宾	1050	2500	41	19	14	3	5	18
泰国	2740	6700	48	15	14	5	4	14
越南	240	950	60	2	16	7	6	9

数据来源：World Bank, 2001 （1. Solid waste management in Asia, 2000；2. Waste management in Thailand, 2007；3. Solid waste management with a special attention to Malaysia, 2001）。

由表7-1可知，东南亚地区城市生活垃圾组成比较接近，有机垃圾是含量最多的组分，其中马来西亚、印度尼西亚、越南、柬埔寨和缅甸五国的有机垃圾占比超过了50%；其次的主要组分是塑料，各国的生活垃圾塑料含量均超过了10%。

表7-2、表7-3和表7-4分别为印度尼西亚[15]、泰国[16]和越南[17]一些重要省市的城市生活垃圾组成。

表7-2 印尼7个典型城市的生活垃圾组成

城 市	垃圾组成（质量分数）/%						
	厨余类	纸类	木竹类	橡塑类	纺织类	混合类	不可燃类
雅加达（雨季）	36.95	23.22	1.41	24.21	1.32	8.21	4.68
南唐格朗 BSD 区（雨季）	43.12	16.67	3.97	20.37	2.12	8.47	5.29
南唐格朗 BSD 区（旱季）	36.38	18.09	3.70	18.79	2.09	17.91	3.03
梭罗（雨季）	10.84	1.42	23.34	41.49	16.67	1.98	4.27
万隆科技大学（雨季）	51.79	14.38	3.48	11.82	1.83	12.77	3.92
万隆科技大学（旱季）	38.11	13.34	4.34	12.88	14.64	12.59	4.10
万隆填埋场（雨季）	15.15	17.09	5.06	20.77	12.41	26.09	3.45
日惹（旱季）	7.28	18.60	7.66	15.26	0.89	39.54	10.77
巨港（旱季）	25.99	18.70	1.03	23.96	0.18	28.53	1.60
巴里克隆孔（旱季）	15.60	9.85	22.73	17.38	1.66	31.10	1.68
巴里登巴萨（旱季）	21.34	8.61	25.00	6.60	0.07	37.38	0.99
平均值	27.50	14.54	9.25	19.41	4.90	20.42	3.98
垃圾采样时间为 2018 年							

注：1. 不可燃类包括：粒径小于10mm，分类比较困难的有机混合物；

2. 混合类包括：炉灰、灰渣、尘土等；各种废弃的砖、瓦、瓷、石块、水泥块等块状物品；各种废弃的玻璃和玻璃制品；各种废弃的金属和金属制品（不包括纽扣电池）；各种废弃的电池、油漆、杀虫剂等。

表 7-3 泰国典型城市的生活垃圾组成

城 市	垃圾组成(质量分数)/%									
	餐厨垃圾	纸	塑料	橡胶/皮革	纺织物	木料	玻璃	金属	陶瓷	其他
曼谷	42.68	12.09	10.88	2.57	4.68	6.90	6.63	3.54	3.93	6.11
暖武里府	45.36	8.61	10.85	2.40	3.53	8.17	6.88	4.34	5.00	4.87
春武里府	39.99	14.06	15.95	3.17	3.54	4.60	9.10	3.55	3.03	3.01
清迈府	29.26	12.17	18.33	3.09	4.01	14.32	6.75	3.86	4.44	3.48
彭世洛府	45.30	10.87	16.91	1.92	1.77	8.61	7.12	4.16	1.53	1.82
呵呖府	41.56	11.13	17.29	2.42	1.92	11.85	6.12	3.10	1.80	2.82
普吉府	44.13	14.74	15.08	2.28	2.07	5.26	9.67	3.44	1.39	1.95
宋卡府	37.80	9.95	13.87	3.99	2.83	5.99	10.26	3.70	3.29	8.33

数据来源:泰国曼谷自然资源与环境部污染防治部门,2006

表 7-4 越南胡志明市生活垃圾组成

状 态	垃圾组成(质量分数)/%									
	餐厨垃圾	纸	纺织物	木料	塑料	橡胶与皮革	尿布	金属	无机物	贝壳和骨头
湿重	69	3	5	1	15	1.1	3	0.2	1.9	0.9
干重	51.6	4.2	7.2	1.9	23	2.3	1.8	0.6	5.2	2.2

数据来源:越南胡志明市自然资源与管理部,2009

表 7-2 中,厨余类垃圾(有机物)的质量百分比平均值仅为 27.5%,纸类和橡塑类垃圾的平均值分别达到 14.54% 和 19.41%。表 7-3 中,只有 Chiang Mai 的生活垃圾中的厨余类垃圾(有机物)占比低于 30%,但其纸类和塑料类的占比分别达到 12.17% 和 18.33%。表 7-4 中,不可燃烧物(金属+无机物+贝壳和骨头)的占比仅为 3.0%(湿重) 和 8.0%(干重)。所以印度尼西亚、泰国和越南典型城市生活垃圾的低位热值均符合焚烧处理的热值要求。

表 7-5 为印度尼西亚城市生活垃圾的工业、元素、热值分析数据[15],表 7-6 为马来西亚城市生活垃圾物理特性、元素、热值分析数据[18]。

表 7-5 印度尼西亚城市生活垃圾的工业、元素、热值分析数据

垃圾类型	工业分析(质量分数)/%				元素分析(质量分数)/%						低位热值/kJ·kg⁻¹
	含水率	干基			干燥无灰基						
		灰分	挥发分	固定碳	碳	氢	氮	硫	氧	氯	
厨余类	69.93	16.56	67.32	16.12	50.76	5.80	2.06	0.32	41.06	0.33	2693.21
纸类	45.33	10.13	78.26	11.62	48.56	5.81	0.58	0.41	42.24	0.40	7654.68
木竹类	35.77	9.62	72.67	17.70	50.84	5.08	1.59	0.26	39.00	0.21	8382.84
橡塑类	32.95	7.56	89.65	2.79	77.38	10.98	0.48	0.57	10.60	0.82	24257.54

垃圾类型	工业分析（质量分数）/%				元素分析（质量分数)/%						低位热值/kJ·kg⁻¹
	含水率	干基			干燥无灰基						
		灰分	挥发分	固定碳	碳	氢	氮	硫	氧	氯	
纺织类	32.17	5.08	84.85	10.07	57.51	4.46	0.48	0.41	36.57	0.31	11917.37
混合类	50.74	27.18	60.39	12.43	51.27	5.75	1.95	0.44	40.58	0.46	5486.23
加权平均值	48.49	20.61	68.93	10.46	58.91	7.12	1.14	0.42	32.41	0.50	8609.79

注：垃圾采样时间为2018年。

表7-6 马来西亚城市生活垃圾物理特性、元素、热值分析数据

垃圾特性		餐厨垃圾	庭院垃圾	纸	塑料	玻璃	金属	纺织物	总/加权平均值
物理特性	湿重比例/%	41.06	2.45	20.93	22.23	3.63	1.96	7.74	100.00
	水分含量/%	37.23	0.885	14.65	0.680	0	0	0.085	53.53
	干重比例/%	25.77	2.43	17.86	22.08	3.63	1.96	7.73	46.47
化学特性：元素分析，湿基	有机碳/%	48.00	47.8	43.50	0	0	0	55.00	34.24
	无机碳/%	0	0	0	60.00	0.50	4.50	0	13.44
	氢/%	6.40	6.00	6.00	22.80	0.10	0.60	6.60	9.63
	氧/%	37.60	38.00	44.00	7.20	0.40	4.30	31.20	29.69
	氮/%	0.40	0.30	0.20	0.10	0.00	0	0.10	0.24
	硫/%	2.60	3.40	0.30	0.00	0.10	0	4.60	1.57
	灰分/%	5.00	4.50	6.00	10.0	98.90	0.46	2.50	9.43
低位热值/kJ·kg⁻¹									7530

从表7-5和表7-6来看，印度尼西亚和马来西亚的城市生活垃圾的低位热值分别达到了8.61MJ/kg和7.53MJ/kg。根据世界银行的报告，当废弃物热值超过6MJ/kg时便可作热处置能源化处理[15]，所以印度尼西亚和马来西亚的城市生活垃圾均可在焚烧处理的同时进行热量回收。

7.1.2 东南亚地区城市生活垃圾处理技术的发展趋势

生活垃圾处理处置是与发展中国家社会和经济发展密切相关的问题，也是东南亚"一带一路"沿线各国面临的共同难题。

焚烧、堆肥和卫生填埋是生活垃圾处理处置的主要方式。当发展中国家的经济发展到一定程度时，城市化速度加快，人口极速增加，由此城市生活垃圾产生量也极速增加。2012年世界银行对东南亚主要国家城市生活垃圾的调查数据表明，马来西亚、印度尼西亚、缅甸、泰国、老挝、越南和菲律宾7个主要东南亚国家2025年生活垃圾产量将是2012年的1.44~3.74倍[19]（见表7-7）。

表 7-7 东南亚主要国家城市生活垃圾产生量

国 家	世界银行 2012 年调研值			2025 年预估值			2025 年生活垃圾日产量与 2012 年的比值
	城市人口 /千人	生活垃圾人均日产量 /kg	生活垃圾日产量 /t	城市人口 /千人	生活垃圾人均日产量 /kg	生活垃圾日产量 /t	
马来西亚	14419	1.52	21918	27186	1.9	51655	2.36
印度尼西亚	118546	0.52	61644	178730	0.85	151921	2.46
缅甸	12763	0.44	5616	24720	0.85	21012	3.74
泰国	22289	1.77	39452	29063	1.95	56673	1.44
老挝	191	0.7	1342	3776	1.1	4154	3.10
越南	24019	1.46	35068	40505	1.8	72909	2.08
菲律宾	58630	0.5	29315	86417	0.9	77776	2.65

如果发展中国家垃圾处理设施的建设不能跟上城市生活垃圾增长的速度，极易出现大量生活垃圾露天堆放（倾弃）的现象，即"垃圾围城"现象。据统计，2009 年前后东南亚国家城市生活垃圾处理方式以露天倾弃为主，各国的处理量占比均在 50%~80% 范围内[14,20]（见表 7-8）。

表 7-8 东南亚国家不同垃圾处理方式的垃圾处理量占比

国 家	垃圾处理量占比/%				
	堆肥	露天倾弃	卫生填埋	焚烧	其他
越南	10	70	8	2	10
泰国	10	65	5	5	15
菲律宾	10	75	10	5	5
缅甸	5	80	10	3	5
马来西亚	10	50	30	5	5
老挝	5	65	20	2	10
印度尼西亚	15	60	10	2	13
柬埔寨	5	80	5	2	5
文莱	6	70	5	3	5

焚烧发电将是东南亚"一带一路"沿线国家城市生活垃圾处理方式的主要增长点。作为典型的东南亚发展中国家，印度尼西亚面临严重的"垃圾围城"难题，2012 年该国生活垃圾产量达到了 6 万吨/日，据推测，2025 年将达到 15 万吨/日。而目前印度尼西亚的垃圾处理设施极为落后，垃圾填埋为目前处理城市生活垃圾的主要途径。然而，与其他

处理方式相比，垃圾填埋会占据大量土地，例如 Supiturang 已建造的垃圾填埋场面积超过了 25 公顷，且其容量的 75% 已填满。其次，被填埋的垃圾发酵会持续产生大量的甲烷气，不仅会加剧温室效应，还有爆炸的风险。如 Leuwigajah 填埋场曾经发生过甲烷爆炸事故，该事故直接造成了数百人的伤亡。目前，印度尼西亚的政府部门以及固废处置行业的相关公司已意识到了高效生活垃圾处置方法的紧迫性，总统令 No. 35/2018 便提出大力发展环境友好型垃圾热处置电厂的要求。根据印尼能源部的公告，截至 2022 年，将修建 12 个垃圾电厂，预计每日处理垃圾 16000 吨，发电 234MW，印尼的生活垃圾发电行业的发展已进入前所未有的高峰期[15]。

马来西亚高度曝光的 2006 年巴生谷的饮用水源垃圾渗沥液污染事件使《2007 固体废物及公众洁净管理法案》得以通过，联邦政府批准了集中和协调的固体废物管理，马来西亚总理达图·斯里·纳吉布·敦·拉扎克，兼任内阁固体废物管理委员会工作主持人，在 2007 年表示未来将建造一批焚烧厂[21]，马来西亚城市生活垃圾的焚烧处理占比将逐年提升，预计 2020 年占到本国垃圾处理总量的 16.8%（见表 7-9）。

表 7-9 马来西亚城市生活垃圾主要处理方式的占比随时间变化

年 份	垃圾处理量占比/%				
	堆肥	露天倾弃	卫生填埋	焚烧	其他
2006[22]	1.0	59.4	30.9	0	8.7
2009[14,20]	10	50	30	5	5
2020[22]	8.0	0	44.1	16.8	31.1

7.1.3 我国与东南亚地区在垃圾焚烧领域合作的前景分析

东南亚"一带一路"沿线国家同属发展中国家，都面临城市化速度加快、城市人口快速增加、"垃圾围城"现象日益严重等问题。

东南亚"一带一路"沿线国家的生活垃圾具有共同的特点：水分含量较高，纸类、木竹类和橡塑类等高热值组分含量较高，低位热值高于垃圾热处置能源化处理的 6MJ/kg 的要求。这满足垃圾焚烧技术在东南亚"一带一路"沿线国家推广应用的基本要求。

Fazeli 和 Bakhtvar[23] 全面分析了垃圾焚烧技术广泛应用于马来西亚所面临的障碍，问题主要有两方面：一是必须达到严格的排放标准，尽量减少对环境的影响，使公众相信垃圾焚烧对他们的健康没有威胁；二是垃圾焚烧费用远远超过卫生填埋，必须投入巨额的资金。

我国生态环境部 2014 年 4 月 28 日修订颁布了《生活垃圾焚烧污染控制标准》（GB 18485—2014），上海市人民政府 2013 年 12 月 4 日批准了《生活垃圾焚烧大气污染物排放标准》（DB 31/768—2013）地方标准，表 7-10 为国标、上海地标及欧盟大气污染物排放限值对比，其中上海市的地方标准与欧盟的排放限值完全一致，因此我国企业完全有能力将垃圾焚烧大气污染物排放值控制在东南亚"一带一路"沿线国家的要求限值范围内。

表7-10 国内外大型城市垃圾焚烧炉机组的排放限值（日均值）对比

污 染 物	排 放 限 值		
	欧盟	中国	上海
二噁英/呋喃（TEQ）/ng·m^{-3}	0.1	0.1	0.1
Cd（Cd+Tl）/μg·m^{-3}	50	100	50
Pb（锑、砷、铅、铬、钴、铜、锰、镍、钒）/μg·m^{-3}	500	1000	500
Hg/μg·m^{-3}	50	50	50
PM（颗粒物）/mg·m^{-3}	10	20	10
HCl/mg·m^{-3}	10	50	10
SO$_2$/mg·m^{-3}	50	80	50
NO$_x$/mg·m^{-3}	200	250	200

2015年3月28日国家发展改革委、外交部、商务部联合发布的《推动共建丝绸之路经济带和21世纪海上丝绸之路的愿景和行动》（以下简称《愿景和行动》）中提到的，要拓展环保行业的合作，积极推动各种清洁、可再生能源合作，加强面向基层民众的科技环保合作的要求。东南亚是海上丝绸之路必经之地，也是建设21世纪海上丝绸之路的重点地区。《愿景和行动》强调指出"沿线各国资源禀赋各异，经济互补性较强，彼此合作潜力和空间很大。以政策沟通、设施联通、贸易畅通、资金融通、民心相通为主要内容"。

其中，资金融通是"一带一路"建设的重要支撑。资金融通方面的合作包括：深化金融合作，推进亚洲货币稳定体系、投融资体系和信用体系建设；共同推进亚洲基础设施投资银行、金砖国家开发银行筹建，有关各方就建立上海合作组织融资机构开展磋商。加快丝路基金组建运营。深化中国—东盟银行联合体、上合组织银行联合体务实合作，以银团贷款、银行授信等方式开展多边金融合作。支持沿线国家政府和信用等级较高的企业以及金融机构在中国境内发行人民币债券。符合条件的中国境内金融机构和企业可以在境外发行人民币债券和外币债券，鼓励在沿线国家使用所筹资金。

综上，不管是从技术还是政策方面来看，我国都具备与东南亚地区在垃圾焚烧领域合作的优良条件：（1）东南亚地区的生活垃圾满足垃圾焚烧技术推广应用的最基本的热值要求；（2）我国企业有能力达到东南亚地区严格的排放标准，消除当地公众对垃圾焚烧带来的健康威胁的顾虑；（3）我国政府鼓励境内金融机构和企业筹集资金，并可使用所筹资金解决东南亚地区垃圾焚烧所需的巨额资金投入。因此，我国与东南亚地区在垃圾焚烧领域的合作是具有非常美好愿景的，可帮助"一带一路"沿线国家有效解决日益严重的"垃圾围城"现象。

7.2 水处理工程技术的适用性分析

7.2.1 渗沥液处理工艺适用性分析

7.2.1.1 垃圾焚烧工艺适用性分析

中国与东南亚"一带一路"沿线国家同属发展中国家，城市生活垃圾组成比较接近，国内的生活垃圾焚烧工艺应该也适用于东南亚"一带一路"沿线国家。

　　表 7-11 为中国与印度尼西亚典型城市生活垃圾组成的对比。表中数据显示印尼厨余垃圾的占比明显低于中国的厨余垃圾，这是因为中印两国人民日常的饮食习惯不同；而印尼木竹类和混合类垃圾则相反，显著高于中国。印尼的园林种植业比中国发达，导致了木竹类垃圾的增多，热带水果出口贸易是印尼的经济支柱之一，种植过程会产生大量园林垃圾并混入生活垃圾中。混合类垃圾含量偏高说明相比于中国，印尼生活垃圾包含更多粒径小于 10mm 的垃圾颗粒。

表 7-11　中国与印度尼西亚典型城市生活垃圾组成对比

城　市	垃圾组成（质量百分比）/%						
	厨余类	纸类	木竹类	橡塑类	纺织类	混合类	不可燃类
北京（夏季）[24]	64.58	14.31	0.28	12.44	2.06	3.62	4.39
北京（冬季）[24]	48.42	13.36	0.90	7.56	3.95	4.18	8.32
杭州[25]	56.00	11.00	1.00	19.00	3.00	8.00	5.00
广州[26]	37.76	8.10	2.26	25.55	20.44	3.34	2.55
深圳[27]	45.98	18.44	2.89	15.90	3.28	—	13.61
印度尼西亚典型城市平均值[15]	27.50	14.54	9.25	19.41	4.90	20.42	3.98

　　虽然中国与印度尼西亚典型城市生活垃圾组成相差较大，但根据文献对比，两个地区的生活垃圾的工业分析和元素分析结果比较接近（见表 7-12）；另外根据 2020 年深圳市生活垃圾进厂吨垃圾发电量推算出垃圾的低位热值在 7400~7800kJ/kg 之间，与文献 [15] 中印度尼西亚典型城市垃圾热值相近（8609.79kJ/kg），因此国内的生活垃圾焚烧工艺适用于东南亚"一带一路"沿线国家。根据表 7-12，印尼典型城市生活垃圾含水率和中国深圳生活垃圾含水率都较高，在 48% 左右，通常垃圾运至焚烧厂后需先在垃圾池内堆酵数天以降低入炉垃圾含水率，而在此过程中会产生大量高浓度渗沥液。

表 7-12　印度尼西亚和深圳城市生活垃圾工业、元素、热值分析数据表

城市	工业分析（质量分数）/%				元素分析（质量分数）/%					
	含水率	干基			干燥无灰基					
		灰分	挥发分	固定碳	碳	氢	氮	硫	氧	氯
印度尼西亚典型城市	48.49	20.61	68.93	10.46	58.91	7.12	1.14	0.42	32.41	0.50
深圳[29]	48.17	27.06	72.93	—	49.31	6.35	0.45	0.31	33.33	0.43

　　泰国普吉岛（Phuket Island）垃圾焚烧发电厂的垃圾焚烧工艺即是一个典型的例子。泰国普吉岛垃圾焚烧发电厂建造于 1999 年，设计发电量为 2.5MW，每天处理的垃圾为 300t。所收集的垃圾为混合垃圾（未分类），垃圾的平均组成为餐厨垃圾 23.5%、庭院垃圾 11.2%、塑料 19.0%、纸类 25.7%、橡胶与皮革类 5.0%、纺织类 2.1%、不可燃物 13.6%。由于垃圾含水率较高，垃圾运至焚烧厂后需先置于垃圾池内堆酵 4~5 天，此时每天会产生约 50t 的渗沥液，同时垃圾的含水率降至 40%~42%[28]。

7.2.1.2 生活垃圾焚烧发电厂渗沥液处理工艺适用性分析

我国生活垃圾焚烧发电厂渗沥液水质与填埋场（或模拟垃圾柱）新鲜渗沥液非常相近（表 7-13），其共同特点是 pH 呈弱酸性、碳和氮含量高、BOD_5/COD 一般大于 0.4。

表 7-13 生活垃圾焚烧发电厂与填埋场新鲜渗沥液水质比较

渗沥液来源	COD /mg·L^{-1}	BOD$_5$ /mg·L^{-1}	NH$_3$-N /mg·L^{-1}	TKN /mg·L^{-1}	SS /mg·L^{-1}	pH 值	BOD$_5$/COD
填埋 6 个月的模拟垃圾柱[30]	45000~52000	—	1200~1400	1800~2100	—	5.6	0.5~0.7
填埋场新鲜渗沥液[31]	35000~50000	21000~25000	2020	2370	2630~3930	5.6~7.0	>0.5
焚烧厂 1[32]	59400	30900	1225	—	6822	5.96	0.52
焚烧厂 2[33]	49800	19200	1200	—	1120	6.4	0.39
焚烧厂 3[34]	35000~75000	20000~40000	2000~2500	—	—	5.5~8.5	>0.5
焚烧厂 4[35]	48800	29500	1528	—	11314	—	0.60

有关东南亚地区垃圾焚烧发电厂渗沥液水质的文献很少，根据生活垃圾焚烧发电厂渗沥液水质与填埋场新鲜渗沥液的相似性，可以从当地填埋场（或模拟垃圾柱）新鲜渗沥液的水质来研究当地垃圾焚烧发电厂的渗沥液特性。

Tränkler 等人[36]研究了当地降雨条件下各种卫生填埋垃圾柱的渗沥液特性，为此建立了五个垃圾柱，其垃圾组成和覆盖层情况如下：

（1）1 号卫生填埋垃圾柱（SL-1）：新鲜城市生活垃圾（有机垃圾 59%、塑料 24%、玻璃 7%、皮革/橡胶 5%、黑色金属 1%，湿基水分含量 47%），平均压实密度 460kg/m^3，覆盖层从下至上为 "10cm 砾石层+20cm 黏土层+40cm 覆土层"。

（2）2 号卫生填埋垃圾柱（SL-2）：垃圾组成和水分含量同 SL-1，覆盖层从下至上为 "10cm 砾石层+60cm 沙子、淤泥和黏土混合物"。

（3）3 号卫生填埋垃圾柱（SL-3）：垃圾组成同 SL-1，垃圾填埋延迟 8 天，湿基水分含量为 22%，覆盖层为 "60cm 堆肥、沙子、淤泥和黏土混合物"。

（4）预处理填埋垃圾柱（PL）：预先分类并机械粉碎的蔬菜市场的已堆肥垃圾，人工压实密度 948.5kg/m^3，湿基水分含量 21%，覆盖层同 SL-1，垃圾 12 个月稳定，实验仅进行 15 个月。

（5）无压实垃圾柱（OC）：垃圾组成为 64% 有机垃圾、22% 塑料、14% 纸类，人工粉碎至 5~10cm，密度为 215kg/m^3，覆盖层为 25mm 沙层。

从以上垃圾组成和覆盖层情况来看，1 号和 2 号卫生填埋垃圾柱更接近实际卫生填埋场，其渗沥液特性也应该更接近当地垃圾焚烧发电厂的渗沥液。

图 7-1 为五个垃圾柱渗沥液累积产生量随填埋时间变化情况，图 7-2 为渗沥液 pH 值随填埋时间变化情况，图 7-3 和图 7-4 为渗沥液有机物（COD）浓度分别随填埋时间和季节变化的情况，图 7-5 为渗沥液总凯氏氮（TKN）浓度随填埋时间变化情况。

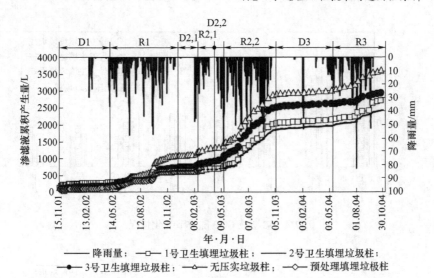

图 7-1　模拟降雨条件和垃圾柱渗沥液累积产生量随时间变化情况

D—旱季；R—雨季

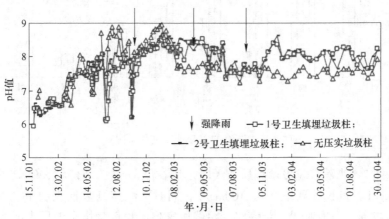

图 7-2　渗沥液 pH 值随填埋时间变化情况

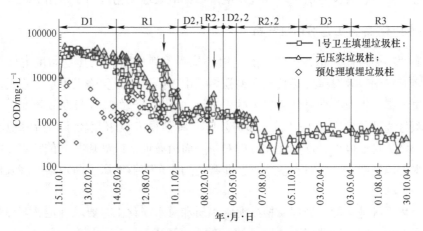

图 7-3　渗沥液 COD 随填埋时间变化情况

D—旱季；R—雨季

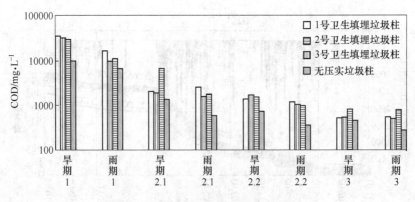

图 7-4　渗沥液 COD 随季节变化情况

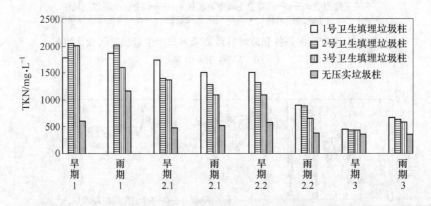

图 7-5　渗沥液 TKN 随季节变化情况

从图 7-2~图 7-5 来看，垃圾填埋后数天内，其渗沥液 pH 为弱酸性，COD 迅速上升至 30000~45000mg/L，TKN 达到 1800~2100mg/L，同时文献监测数据表明 BOD/COD 达到 0.5。由此可以推断，东南亚"一带一路"沿线国家生活垃圾焚烧发电厂渗沥液特性与我国存在高度相似性，我国生活垃圾焚烧发电厂渗沥液处理工艺适用于东南亚地区。

7.2.2　海水淡化-除盐工艺适用性分析

东南亚"一带一路"沿线国家，除老挝外均为沿海国家，尤其是印度尼西亚、菲律宾和马来西亚三国，其海岸线绵长且岛屿众多。由于生活垃圾焚烧发电厂潜在的环境污染和公众健康危害，以及公众对焚烧工艺的先进性和环保措施的安全性认识不足，生活垃圾焚烧发电项目选址及建设过程中的"邻避效应"将使得人口密度较小的沿海地区或岛屿成为生活垃圾焚烧发电项目选址优先考虑对象。而沿海地区或岛屿共同的特点是海水资源丰富、淡水资源稀缺，所以海水淡化工艺非常适用于东南亚地区生活垃圾焚烧发电厂除盐水制备。

海水淡化系统进水的预处理应根据海水水质和海水淡化工艺要求确定，当原海水悬浮性固体和泥沙含量超过所选用澄清器（池）的进水要求时，宜设置预沉池。

反渗透法海水淡化系统的预处理应根据海水水质和系统规模等因素确定采用混凝、澄清、介质过滤或超（微）滤工艺。典型的工艺包括：

(1) 海水→混凝、澄清→多介质过滤→细砂过滤；

(2) 海水→混凝、澄清→介质过滤→超（微）滤；

(3) 海水→混凝、澄清→超（微）滤；

(4) 海水→多介质过滤→细砂过滤；

(5) 海水→超（微）滤。

蒸馏法海水淡化系统的预处理工艺应根据海水水质及淡化工艺确定，多级闪蒸淡化工艺可仅设置加酸脱气装置；多效蒸馏淡化工艺的预处理装置应根据蒸馏装置对进水水质的要求设置，可采用混凝、澄清工艺。

海水淡化后的除盐单元技术包括两级反渗透、一级除盐、混床除盐、电除盐，除盐系统的单元技术组合方式应该根据海水水质和海水淡化工艺确定，具体组合方式见表7-14。

表 7-14　海水除盐系统选择

序号	系统名称	代号	进水水质	出水水质	
				电导率 /μS·cm^{-1}	SiO$_2$ /μg·L^{-1}
1	两级反渗透→ 一级除盐→ 混床	RO（海水膜）→ RO→ H→ OH→ H/OH	适用于海水	<0.1	<10
2	蒸馏→ 一级除盐→ 混床	MSF 或 MED→ H→ OH→ H/OH	适用于海水，允许蒸馏装置产水含盐量有较大范围的变化	<0.1	<10
3	蒸馏→ 混床	MSF 或 MED→ H/OH	适用于海水，蒸馏装置产水含盐量约5mg/L	<0.1	<10
4	蒸馏→ 反渗透→ 电除盐	MSF 或 MED→ RO→ 电除盐	适用于海水	<0.1	<10

1. 表中符号：H 为强酸阳离子交换器；OH 为强碱阴离子交换器；RO 为反渗透装置；H/OH 为阴阳混合离子交换器；电除盐为电除盐装置；MSF 为多级闪蒸装置；MED 为低温多效蒸馏装置；

2. 电导率测定温度为25℃。

赵冬阳等人[37]为印度尼西亚龙目岛 2×25 MW 电厂设计了海水淡化除盐水制备工艺，产出的除盐水可供给电厂锅炉补给水、生活用水、机修化验用水、消防用水、辅机闭式冷却水系统除盐水补水。该电厂海水淡化除盐水制备工艺流程为：海水原水→原水加压泵→多介质过滤器→活性炭过滤器→保安过滤器→高压泵→一级反渗透装置→一级反渗透缓冲水箱→一级中间水泵→保安过滤器→高压泵→二级反渗透装置→二级反渗透缓冲水箱→二级中间水泵→混床→除盐水箱→除盐水泵→主厂房锅炉补给水和辅机闭冷水系统除盐水补水。一级反渗透膜组采用聚酰胺材质的 DOW203 mm（8 英寸）海水淡化反渗透膜元件，二级反渗透膜组采用聚酰胺材质的 DOW 苦咸水反渗透膜元件。其中混床单元产水电导率为 0.15~0.19 μS/cm，满足不大于 0.2 μS/cm 的要求，成品除盐水（锅炉补给水）直接费用成本为 6.23 元/t。

参 考 文 献

[1] Zhang Dongqing, Keatb T S, Gersberg R M. A comparison of municipal solid waste management in Berlin

and Singapore [J]. Waste Management, 2010, 30: 921~933.

[2] Othman S N, Noor Z Z, Abba A H. Review on life cycle assessment of integrated solid waste management in some Asian countries [J]. Journal of Cleaner Production, 2013, 41: 251~262.

[3] Namlis K G, Komilis D. Influence of four socioeconomic indices and the impact of economiccrisis on solid waste generation in Europe [J]. Waste Management, 2019, 89: 190~200.

[4] Ghinea C, Drăgoi E N, Comăniță E D, et al. Forecasting municipal solid waste generation using prognostic tools and regression analysis [J]. Journal of Environmental Management, 2016, 182: 80~93.

[5] Lebersorger S, Beigl P. Municipal solid waste generation in municipalities: Quantifying impacts of household structure, commercial waste and domestic fuel [J]. Waste Management, 2011, 31: 1907~1915.

[6] Intharathirat R, Salam P A, Kumar S, et al. Forecasting of municipal solid waste quantity in a developing country using multivariate grey models [J]. Waste Management, 2015, 39: 3~14.

[7] Denafas G, Ruzgas T, Martuzevičius D, et al. Seasonal variation of municipal solid waste generation and composition in four East European cities [J]. Resources, Conservation and Recycling, 2014, 89: 22~30.

[8] Grazhdani D. Assessing the variables affecting on the rate of solid waste generationand recycling: An empirical analysis in Prespa Park [J]. Waste Management, 2016, 48: 3~13.

[9] 徐礼来, 闫祯, 崔胜辉. 城市生活垃圾产量影响因素的路径分析——以厦门市为例 [J]. 环境科学学报, 2013, 33(4): 1180~1185.

[10] 王景甫, 周宇, 李静岩, 等. 北京市生活垃圾的现状及其变迁 [J]. 生态经济, 2014, 30 (2): 62~64.

[11] 王琛, 李晴, 李历欣. 城市生活垃圾产生的影响因素及未来趋势预测——基于省际分区研究 [J]. 北京理工大学学报 (社会科学版), 2020, 22 (1): 49~56.

[12] 汪浩, 谢加封, 王茜. 基于多因素敏感性分析法的城市生活垃圾减量化研究 [J]. 生物学杂志, 2018, 35 (5): 69~71, 78.

[13] 龙吉生. 生活垃圾焚烧发电厂发电量变化趋势分析 [J]. 环境卫生工程, 2020, 28 (1): 30~34

[14] Ngoc U N, Schnitzer H. Sustainable solutions for solid waste management in Southeast Asian countries [J]. Waste Management, 2009, 29: 1982~1995.

[15] 甄宗傲. 印尼城市生活垃圾理化特性及热转化特性的实验研究 [D]. 杭州: 浙江大学, 2020.

[16] Udomsri S, Petrov M P, Martin A R, et al. Clean energy conversion from municipal solid waste and climate change mitigation in Thailand: Waste management and thermodynamic evaluation [J]. Energy for Sustainable Development, 2011, 15: 355~364.

[17] Vermaa R L, Borongana G, Memon M. Municipal Solid Waste Management in Ho Chi Minh City, Viet Nam, Current Practices and Future Recommendation [J]. Procedia Environmental Sciences, 2016, 35: 127~139.

[18] Tan S T, Hashim H, Lim J S, et al. Energy and emissions benefits of renewable energy derived frommunicipal solid waste: Analysis of a low carbon scenario in Malaysia [J]. Applied Energy, 2014, 136: 797~804.

[19] Daniel H, Perinaz B T. What a waste: A Global Review of Solid Waste Management. Urban Development & Local Government [R]. Washington, D C, USA. The World Bank. 2017.

[20] Aleluia J, Ferrão P. Characterization of urban waste management practices in developing Asian countries: A new analytical framework based on waste characteristics and urban dimension [J]. Waste Management, 2016, 58: 415-429.

[21] Abd Kadir S A S, Yin C Y, Sulaiman M R, et al. Incineration of municipal solid waste in Malaysia: Salient issues, policies and waste-to-energy initiatives [J]. Renewable and Sustainable Energy Reviews,

2013, 24: 181~186.

[22] Agamuthu P, Fauziah S H, Kahlil K. Evolution of solid waste management in Malaysia: impacts and implications of the solid waste bill [J]. Journal of Material Cycles and Waste Management, 2009, 11: 96~103.

[23] Fazeli A, Bakhtvar F, Jahanshalo L. Malaysia's stand on municipal solid waste conversion to energy: A review [J]. Renewable and Sustainable Energy Reviews, 2016, 58: 1007~1016.

[24] Zhang H B, Zhang H Y, Wang G Q, et al. Analysis of physical composition and heavy metals pollution of municipal solid waste (MSW) in Beijing [J]. IOP Conference Series: Earth and Environmental Science, 2018, 128: 012061.

[25] Havukainen J, Zhan Mingxiu, Dong Jun, et al. Environmental impact assessment of municipal solid waste management incorporating mechanical treatment of waste and incineration in Hangzhou, China [J]. Journal of Cleaner Production, 2017, 141: 453~461.

[26] Tang Yuting, Ma Xiaoqian, Lai Zhiyi, et al. NO_x and SO_2 emissions from municipal solid waste (MSW) combustion in CO_2/O_2 atmosphere [J]. Energy, 2012, 40: 300~306.

[27] 吴浩, 王艳宜, 吴燕琦, 等. 深圳市生活垃圾分类对垃圾焚烧影响的研究 [J]. 环境卫生工程, 2016, 24 (1): 40~43.

[28] Menikpura S N M, Sang-Arun J, Bengtsson M. Assessment of environmental and economic performance of Waste-to-Energy facilities in Thai cities [J]. Renewable Energy, 2016, 86: 576~584.

[29] 黄昌付. 深圳市生活垃圾理化组分的统计学研究 [D]. 深圳: 华中科技大学, 2012.

[30] 曹占峰, 何品晶, 邵立明, 等. SBR 法处理垃圾填埋场新鲜渗滤液的实验研究 [J]. 环境污染治理技术与设备, 2005, 6 (2): 33~36.

[31] Izzet O, Mahmut A, Ismail K, et al. Advanced physico-chemical treatment experiences on young municipal landfill leachate [J]. Waste Management. 2003, 23: 441~446.

[32] 方芳, 刘国强, 郭劲松等. 三峡库区垃圾填埋场和焚烧厂渗滤液水质特征 [J]. 重庆大学学报, 2008, 31 (1): 77~82.

[33] 兰建伟, 颜学宏, 曾贤桂. 垃圾焚烧厂中沥滤液的处理 [J]. 工程设计与建设, 2004, 36 (5): 39~42.

[34] 闵涛, 姚琴. 垃圾焚烧发电厂渗滤液处理工程实例分析 [J]. 环境卫生工程, 2019, 27 (5): 57~59.

[35] 王罕, 蒋文化, 马三剑. UASB+MBR+NF 处理焚烧垃圾渗滤液的设计及运行 [J]. 工业水处理, 2014, 34 (11): 87~89.

[36] Tränkler J, Visvanathan C, Kuruparan P, et al. Influence of tropical seasonal variations on landfill leachate characteristics: Results from lysimeter studies [J]. Waste Management, 2005, 25: 1013~1020.

[37] 赵冬阳, 王政, 张雷. 印度尼西亚龙目岛 2×25MW 电厂化水站工艺设计 [J]. 工业水处理, 2015, 35 (4): 96~99.